"十四五"职业教育河南省规划教材

全国电力行业"十四五"规划教材

# 风电机组运行与维护

FENGDIAN JIZU
YUNXING YU WEIHU

主　编　雷　莱　杨建华　杨　华

副主编　李献忠　梁东义　杨小琨

参　编　周建强　魏顺航　李玉娜　张慧丽　赵津津

　　　　许海园　董　岩　张亚灵　连俊涛　王建春

主　审　王福忠　李清东

中国电力出版社
CHINA ELECTRIC POWER PRESS

## 内 容 提 要

　　本书系统地介绍了风力发电机组的工作原理、主要组成系统及其运行与维护技术。全书共分为十个项目，主要包括风力发电基础，风力发电机组主要组成部分，偏航系统、变流器、液压系统、变桨系统的运行与维护，风电机组的防雷与接地系统，智能风电场通信网络技术，风电场调度运行，风电机组维修保养工器具的使用等内容。

　　本书在立足基础知识的前提下突出新技术应用，结构清晰，应用实例丰富，实用性强，可作为高等职业院校风力发电工程技术、新能源装备技术等相关专业风力发电运维课程的教材，也可作为风电行业新入职员工、安全管理人员、风电场运行检修人员技能培训教材使用。

**图书在版编目(CIP)数据**

风电机组运行与维护/雷莱，杨建华，杨华主编. —北京：中国电力出版社，2024.5
ISBN 978-7-5198-8425-3

Ⅰ.①风… Ⅱ.①雷…②杨…③杨… Ⅲ.①风力发电机－发电机组－运行②风力发电机－发电机组－维修 Ⅳ.①TM315

中国国家版本馆 CIP 数据核字(2024)第 106972 号

---

出版发行：中国电力出版社
地　　址：北京市东城区北京站西街 19 号(邮政编码 100005)
网　　址：http://www.cepp.sgcc.com.cn
责任编辑：李　莉 (010 63412538)
责任校对：黄　蓓　王小鹏
装帧设计：王红柳
责任印制：吴　迪

---

印　　刷：北京锦鸿盛世印刷科技有限公司
版　　次：2024 年 5 月第一版
印　　次：2024 年 5 月北京第一次印刷
开　　本：787 毫米×1092 毫米　16 开本
印　　张：11.75
字　　数：292 千字
定　　价：46.00 元

---

**版 权 专 有　侵 权 必 究**
本书如有印装质量问题，我社营销中心负责退换

# 前　言

本书配套
数字资源

　　碳达峰和碳中和的提出，是党中央、国务院应对国内外经济发展环境和能源转型发展趋势做出的重大战略决策，也是中国立足新发展阶段、贯彻新发展理念、构建新发展格局、推动高质量发展的内在要求，体现了中国政府走绿色低碳发展道路的坚定决心，更彰显了中国主动承担应对气候变化的国际责任、推动构建人类命运共同体的大国担当。

　　中国政府明确提出，到 2030 年，我国风电、太阳能发电总装机容量将达到 12 亿 kW 以上。2022 年，中国可再生能源装机总量首次超过煤电装机，其中风电作为碳排放最低、最具经济性的发电技术，贡献了突破性增长量，标志着中国向着"双碳"目标迈出了坚实的一步，中国风电进入里程碑式的全新发展阶段。据中国风能协会统计，截至 2023 年底，全国风电装机容量约为 4.4 亿 kW，同比增长 20.7%。到 2030 年，风电将以每年新增装机 390GW 的速度快速增长。服务"双碳"目标、培养优秀高素质风电运维技术人员，是推动绿色发展、建设美丽中国的核心举措之一。

　　本书在编写过程中，突出高职教学特色，遵循技术技能人才成长规律，融入课程思政元素，知识传授与技术技能培养、工匠精神塑造、爱国情怀激发并重，引入行业标准和技术规范，内容体现先进性和实用性。本书主动适应数字化时代"线上学习、碎片化学习、自主学习"的学习方式变革，作为省级专业教学资源库课程、省级一流核心课程和省级课程思政示范项目，配套丰富的数字化资源，方便读者学习。

　　本书为产教融合教材，编写团队有多年从事风电教学的教师，也有来自生产一线、长期从事风电设备运行维护和风电场管理工作、具有丰富现场实践经验的企业人员。主要编写人员包括郑州电力高等专科学校杨建华（编写项目一和项目三）、雷莱（编写项目二、项目六和项目七）、杨小琨（编写项目四）、李献忠（编写项目八和项目十）、梁东义（编写项目九）和金风科技股份有限公司杨华（编写项目五和附录），全书由雷莱统稿。本书由河南理工大学王福忠教授和中国华电集团高级培训中心有限公司李清东高级工程师主审，在此表示感谢。本书编写过程中，参阅了大量出版物和资料。郑州电力高等专科学校周建强、魏顺航、李玉娜、张慧丽、赵津津、许海园、董岩、张亚灵，华润新能源投资有限公司中西分公司连俊涛，湖南理工职业技术学院王建春等为本书的编写提供了大量帮助，在此一并表示感谢。

　　由于风力发电技术涉及面广，知识发展更新快，加之编者水平有限，书中难免有疏漏和不当之处，恳请广大读者朋友批评指正。

编者

2024 年 5 月

# 目　　录

前言
项目一　风力发电基础 ……………………………………………………… 1
　　任务1　风力发电认知 …………………………………………………… 1
　　任务2　风能资源基本理论 ……………………………………………… 2
　　任务3　风力发电机组的分类及结构特点 ……………………………… 8
　　任务4　风力发电机组运行维护概论 …………………………………… 11
项目二　风力发电机组主要组成部分 ……………………………………… 19
　　任务1　风轮 ……………………………………………………………… 19
　　任务2　叶片 ……………………………………………………………… 22
　　任务3　主轴与主轴承 …………………………………………………… 24
　　任务4　齿轮箱 …………………………………………………………… 26
　　任务5　发电机 …………………………………………………………… 29
　　任务6　机舱底盘及机舱罩 ……………………………………………… 31
　　任务7　塔架及基础 ……………………………………………………… 33
项目三　偏航系统运行与维护 ……………………………………………… 37
　　任务1　偏航系统认知 …………………………………………………… 37
　　任务2　偏航系统检修与维护 …………………………………………… 42
　　任务3　偏航系统运行故障处理 ………………………………………… 47
项目四　变流器运行与维护 ………………………………………………… 51
　　任务1　变流器认知 ……………………………………………………… 51
　　任务2　变流器检修与维护 ……………………………………………… 54
　　任务3　变流器定期维护 ………………………………………………… 58
　　任务4　变流器运行故障处理 …………………………………………… 60
项目五　液压系统运行与维护 ……………………………………………… 67
　　任务1　液压系统认知 …………………………………………………… 67
　　任务2　液压系统检修与维护 …………………………………………… 71
　　任务3　液压系统运行故障处理 ………………………………………… 75
项目六　变桨系统运行与维护 ……………………………………………… 83
　　任务1　变桨系统认知 …………………………………………………… 83
　　任务2　变桨系统检修与维护 …………………………………………… 86
　　任务3　变桨系统运行故障处理 ………………………………………… 92
项目七　风电机组的防雷与接地系统维护 ………………………………… 97
　　任务1　防雷与接地系统认知 …………………………………………… 97
　　任务2　防雷与接地系统维护 …………………………………………… 106

**项目八　智能风电通信网络技术** ……………………………………………………… 115
　　任务 1　风电场感知层设备及接口 …………………………………………………… 115
　　任务 2　风电场通信网络工程建设及运维检修 ……………………………………… 121
　　任务 3　网络安全技术 ………………………………………………………………… 129
**项目九　风电场调度运行** ………………………………………………………………… 131
　　任务 1　风力发电机组风功率预测 …………………………………………………… 131
　　任务 2　风力发电机组调度与运行 …………………………………………………… 137
**项目十　风电机组维修保养工器具的使用** ……………………………………………… 145
　　任务 1　常规维护工具 ………………………………………………………………… 145
　　任务 2　常用测量工具 ………………………………………………………………… 154
　　任务 3　安全工器具使用注意事项 …………………………………………………… 165
**附　录** ……………………………………………………………………………………… 171
　　附表 1　风电作业危险点辨识 ………………………………………………………… 171
　　附表 2　风电机组检修作业预控措施 ………………………………………………… 172
　　附表 3　风电场建设 …………………………………………………………………… 175
　　附表 4　风电机组安装及调试 ………………………………………………………… 176
　　附表 5　变电站内设备安装及定检 …………………………………………………… 178
　　附表 6　电气设备故障处理 …………………………………………………………… 180
　　附表 7　站外巡检作业 ………………………………………………………………… 180
　　附表 8　停电送电操作 ………………………………………………………………… 181
**参考文献** …………………………………………………………………………………… 182

# 项目一　风力发电基础

视频1.1
风力发电
基本原理

## 学习背景

随着煤炭和石油等传统能源的过度开发以及全球能源危机的时代，风能和太阳能等新能源越来越受到世界的关注。新能源不仅可以缓解能源危机，而且与传统能源相比，它更加环保，可以循环使用很长时间。风力发电是风能利用的一种重要形式，也是可再生能源中技术最成熟，发展规模最大，商业发展前景最广阔的项目之一。风力发电因其无污染，可再生和成熟的技术而受到青睐。

## 学习目标

1. 了解风力发电的基本原理；
2. 掌握风能及其相关概念；
3. 了解风力发电机组的分类；
4. 了解风力发电机组运维的主要内容。

## 任务1　风力发电认知

最简单的风力发电机可以看作是由叶轮和发电机两部分构成，如图1-1所示。风力发电是利用风力带动风车叶片旋转，再通过增速机将旋转的速度提升，来促使发电机发电。简单地说，就是把风的动能转换为机械能，再把机械能转换为电能。

但图1-1所示的风力发电机发出的电时有时无，电压和频率不稳定，是没有实际应用价值的。一阵狂风吹来，风轮越转越快，系统就会被摧垮。为了解决这些问题，现代风机增加了齿轮箱、偏航系统、液压系统、制动系统和控制系统等，现代风力发电机系统示意如图1-2所示。

齿轮箱可以将很低的风轮转速（600kW的风机通常为27r/min）变为很高的发电机转速（通常为1500r/min），同时也使得发电机易于控制，实现稳定的频率和电压输出。偏航系统可以使风轮扫掠面积总是垂直于主风向。要知道600kW的风机机舱总重20多吨，使这样一个系统随时对准主风向也有相当的技术难度。

风轮是把风的动能转变为机械能的重要部件，它由螺旋桨形的叶轮组成。当风吹向桨叶时，桨叶上产生气动力驱动风轮转动。桨叶的材料要求强度高、质量轻，目前多用玻璃钢或其他复合材料（如碳纤维）来制造。在停机时，叶片尖部要甩出，以便形成阻尼。液压系统就是用于调节叶片桨矩、阻尼、停机、刹车等状态的。

控制系统贯穿风力发电机的每个部分，相当于风电系统的神经中枢。风力资源丰富的地区通常都是边远地区或是海上，分散布置的风力发电机组通常要求能够无人值班运行和远程监控，这就对风力发电机组的控制系统的自动化程度和可靠性提出了很高的要求。就

600kW 风机而言，一般在 4m/s 左右的风速自动启动，在 14m/s 左右发出额定功率。然后，随着风速的增加，一直控制在额定功率附近发电，直到风速达到 25m/s 时自动停机。现代风机的存活风速为 60～70m/s，也就是说在此风速下风机也不会被吹坏。要知道，通常所说的 12 级飓风，其风速范围也仅为 32.7～36.9m/s。风机的控制系统，要在这样恶劣的条件下，根据风速与风向的变化对机组进行优化控制，在稳定的电压和频率下运行，自动地并网和脱网；并监视齿轮箱、发电机的运行温度，液压系统的油压，对出现的任何异常进行报警，必要时自动停机。

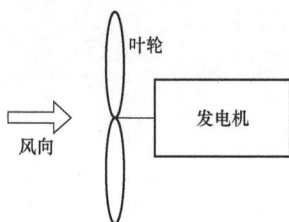

图 1-1　风力发电的原理示意

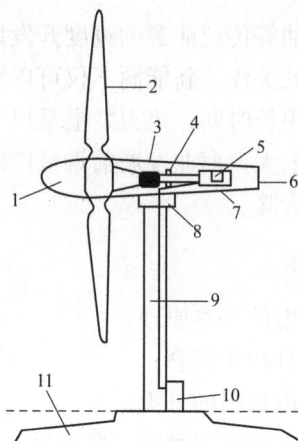

图 1-2　现代风力发电机系统示意

1—轮毂；2—叶片；3—齿轮箱；4—制动系统；5—控制系统；6—机舱；
7—发电机；8—偏航系统；9—塔架；10—风电机组供电系统；11—基座

## 任务 2　风能资源基本理论

### 2.1　风的形成

风的形成是空气流动的结果，一般由以下几个原因造成：

（1）太阳辐射，这是地球上大气运动能量的来源，由于地球的自转和公转，地球表面接受太阳辐射的能量是不均匀的，热带地区多而极地地区少，从而形成大气的热力环流。

（2）地球自转，在地球表面运动的大气都会受地转偏向力作用而发生偏转。

（3）地球表面海陆分布不均匀。

（4）大气内部南北之间热量、动量的相互交换。

以上各种因素构成了地球大气环流的平均状态和复杂多变的形态。简而言之，太阳的辐射造成地球表面受热不均，引起大气层中的压力分布不均，空气沿水平方向运动形成风。

1. 大气环流

地球在自转，使水平运动的空气受到偏向的力，称为地转偏向力，又称为科里奥利力，简称偏向力或科氏力。这种力使北半球气流向右偏转，南半球气流向左偏转，所以地球大气运动除受温度影响外，还受地转偏向力的影响。气流真实运动是由于这两个因素综合作用的结果。同时在地球上由于地球表面受热不均，引起大气层中空气压力不均衡，因此形成地面与高空的大气环流，也称为"三圈环流"。各环流圈的高度以热带最高，中纬度次之，极地最低。

"三圈环流"在地面流场上形成了低纬度东北信风带、中纬度西风带和高纬度东风带，而在高空流场上形成了低纬度西风带、中纬度东风带和高纬度西风带。"三圈环流"是一个理想的环流模型，由于地球上海陆分布得不均匀，因此实际的环流要复杂得多；在南半球，大气环流与"三圈环流"较接近。"三圈环流"在地面流场形成的风带在大洋上较有规律，而在陆地上由于气压受季节变化的影响，变化较大。另外，在高空流场上，都是西风占主导风向。

2. 季风环流

大范围地区的盛行风随季节而有显著改变的现象，称为季风。季风环流也是大气环流的一个组成部分。亚洲东部的季风环流最为典型。海陆热力性质的差异，导致冬夏间海陆气压中心的季节变化，是形成季风环流的主要原因。

在亚洲东部，世界最大的大洋太平洋和世界最大的大陆亚欧大陆，海陆的气温对比和季节变化比其他任何地区都要显著。所以，海陆热力性质差异引起的季风，在东亚最为典型，范围大致包括我国东部、朝鲜半岛和日本等地区。

冬季，东亚盛行来自蒙古-西伯利亚高压（亚洲高压）前缘的偏北风，低温干燥，风力强劲，此偏北风强烈时即为寒潮；夏季，东亚盛行来自太平洋副热带高压西北部的偏南风，高温、湿润和多雨。偏南气流和偏北气流相遇，往往会形成大范围的降雨带。

海陆热力性质的差异是形成季风的主要原因，但不是唯一原因。气压带和风带的季节移动等也是形成季风的原因。例如，我国西南地区及印度半岛一带的西南季风，就是南半球的东南信风夏季北移越过赤道，在地转偏向力影响下向右偏转而成的。

我国位于亚洲的东南部，所以东亚季风和南亚季风对我国天气气候变化都有很大影响。我国季风区与非季风区界线为大兴安岭-阴山-贺兰山-巴颜喀拉山-冈底斯山，以东为季风区，以西为非季风区。形成我国季风环流的因素很多，主要是由于海洋陆地之间的差异，行星风带的季节转换以及地形特征等综合形成的。

3. 局地环流

局地环流是一种中、小尺度（几千米、几十千米至100多千米）的区域性环流。由下垫面性质的不均匀性（如城市与乡村、绿洲与沙漠、湖泊与内陆等）、地形起伏、坡向差异等局地的热力和动力因素所引起的。局地环流主要分为海陆风和山谷风两种。

## 2.2　风速

1. 风速的定义

从气象学角度、对风速给出如下定义：

风速是指空气移动的速度，即在单位时间内空气移动的距离。

（1）平均风速，指给定时间内瞬时风速的平均值，给定时间可以从几秒到数年不等。

（2）瞬时风速，指在无限小时间段内的平均风速。

（3）最大风速，在指定时间段或某个期间平均风速的最大值。

（4）极大风速，在给定时段内或者某段时期内瞬时风速的最大值。

但是，用平均风速来判断一个地区的风况存在着明显缺陷，它不包含空气密度和风频等相关信息。因此，年平均风速即使相同，其风速概率分布形式也并不一定相同，通过计算得出的可利用风能小时数和理论发电量有很大的差异。在前期风力发电项目评估中，由原始测风数据整理所得到理想状态下的风力发电机组可用率，并不能反映风机运行后的实际值，它只能作为风电场设计时的参考值，而风速的概率分布参数是风能计算资料中重要的数据，也是评估风机有功功率的计算基础。

2. 风速的时间变化

（1）日变化。以日为基数发生的变化。月或年的风速（或风功率密度）日变化是求出一个月或一年内，每日同一钟点风速的月平均值或年平均值，得到2～3点的风速（或风功率密度）变化。

（2）月变化。一般指一年时间段中以月为单位的逐月风速的周期变化。有些地区，在一个月中，有时会发生周期为一天或者几天的平均风速变化，是由热带气旋和热带波动的影响造成的。

（3）年变化。以年为基数发生的变化。风速（或风功率密度）年变化是指1～12月的平均风速（或风功率密度）变化。

（4）年际变化。以30年为基数发生的变化。风速年际变化是指1～30年的年平均风速变化。

3. 风速的分布

风速的分布是反映风统计特性的一个重要形式。根据长期观察的结果表明，年度风速频率分布曲线最具代表性。因此，应具有风速的连续记录，并且测风资料的长度至少有完整自然年一年及以上的观测记录。

关于风速的分布，国外有过不少的研究，近年来国内也有探讨。风速分布一般服从正偏态分布，风力越大的地区，分布曲线越平缓，峰值降低右移。这说明风力大的地区，一般大风速所占比例也多。如前所述，由于地理、气候特点的不同，各种风速所占的比例有所不同。通常用于拟合风速分布的线形很多，有瑞利分布、对数正态分布、y分布、双参数的威布尔分布等，也可用皮尔逊曲线进行拟合。但普遍认为威布尔分布双参数曲线适用于风速统计描述的概率密度函数。

威布尔分布是一种单峰的、两参数的分布函数簇。其概率密度函数式可表达为

$$f(v)=kv^{k-1}/A^k\exp\left[-(v/A)^k\right] \tag{2-1}$$

式中：$A$和$k$是威布尔分布的两个参数，$k$为形状参数，$A$为尺度参数。

当$A=1$时，称为标准威布尔分布（见图1-3）。形状参数$k$的改变对分布曲线形式有很大的影响。当$0<k<1$时分布的众数为0，分布密度为$f(v)$的减函数；当$k=1$时，分布呈指数型；当$k=2$时，成为瑞利分布（见图1-4）；当$k=3.5$时，威布尔分布接近于正态分布。$k$越大，表示风速变化范围越小。

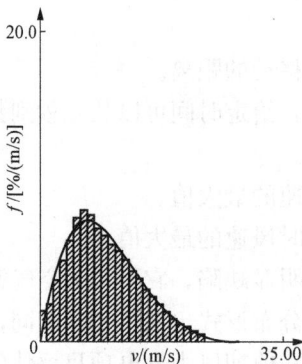

图1-3　风速的威布尔分布　　　　　　图1-4　瑞利分布

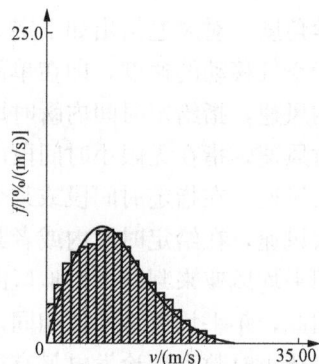

威布尔分布参数的方法有多种，根据可供使用的风速统计资料的不同情况可以作出不同的选择。通常可采用的方法有累积分布函数拟合威布尔曲线方法（即最小二乘法）；平均风速和标准差估计威布尔分布参数方法；平均风速和最大风速估计威布尔分布参数方法等。

### 2.3　风能和风功率密度

1. 风能的定义

风能是指流动的空气所具有的能量，或每秒在面积 $A$ 上以速度 $v$ 自由流动中获得的能量，即获得的功率 $W$。它等于扫风面积、风速、气流动压的乘积，即

$$W = Av\left(\frac{\rho v^2}{2}\right) = \rho A v^3 / 2 \qquad (2-2)$$

式中　$W$——能量，W；

$\rho$——空气密度，$kg/m^3$，标准状况下一般取 $1.225kg/m^3$；

$V$——风速，m/s；

$A$——扫风面积，$m^2$。

实际上，对一个地点来说空气密度为常数，当扫风面积一定时，风速是决定风能多少的关键因素。

2. 风功率密度

风功率密度是指气流垂直通过单位面积的风能。它是表征一个地方风能资源多少的指标。因此在与风能公式相同的情况下，将扫风面积定为 $1m^2 (A = 1m^2)$ 时，风能具有的功率（$W/m^2$）为

$$w = \rho v^3 / 2 \qquad (2-3)$$

衡量风能的大小，要视常年平均风能的多少而决定。由于风速的随机性很大，必须通过一定时间的观测来了解它的平均状况。因此，在一段时间（如一个自然年）内的平均风功率密度可以将式（2-3）对时间积分后平均，即

$$\overline{w} = 1/T \int_0^T \rho v^3 / 2 \, \mathrm{d}t \qquad (2-4)$$

式中　$\overline{w}$——平均风功率密度，$W/m^2$；

$T$——总时数，h。

GB/T 18710—2002《风电场风能资源评估方法》给出了风电场风功率密度等级的 7 个级别，见表 1-1。

表 1-1　　　　　　　　　　　　　风功率密度等级表

| 风功率密度等级 | 10m 高度 | | 30m 高度 | | 50m 高度 | | 应用于并网风力发电 |
|---|---|---|---|---|---|---|---|
| | 风功率密度/$(W/m^2)$ | 年平均风速参考值/$(m/s)$ | 风功率密度/$(W/m^2)$ | 年平均风速参考值/$(m/s)$ | 风功率密度/$(W/m^2)$ | 年平均风速参考值/$(m/s)$ | |
| 1 | <100 | 4.4 | <160 | 5.1 | <200 | 5.6 | 可以开发 |
| 2 | 100~150 | 5.1 | 160~240 | 5.9 | 200~300 | 6.4 | 可以开发 |
| 3 | 150~200 | 5.6 | 240~32 | 6.5 | 300~400 | 7.0 | 资源较好 |
| 4 | 200~250 | 6.0 | 320~400 | 7.0 | 400~500 | 7.5 | 资源较好 |
| 5 | 250~300 | 6.4 | 400~480 | 7.4 | 500~600 | 8.0 | 资源很好 |
| 6 | 300~400 | 7.0 | 480~640 | 8.2 | 600~800 | 8.8 | 资源很好 |

| 风功率密度等级 | 10m 高度 | | 30m 高度 | | 50m 高度 | | 应用于并网风力发电 |
|---|---|---|---|---|---|---|---|
| | 风功率密度/（W/m²） | 年平均风速参考值/（m/s） | 风功率密度/（W/m²） | 年平均风速参考值/（m/s） | 风功率密度/（W/m²） | 年平均风速参考值/（m/s） | |
| 7 | 400～1000 | 9.4 | 640～1600 | 11.0 | 800～2000 | 11.9 | 资源很好 |

**注** 1. 不同高度的年平均风速参考值是按风切变指数为 1/7 推算的。

2. 与风功率密度上限值对应的年平均风速参考值，按海平面标准大气压及风速频率符合瑞利分布的情况推算。

3. 风力等级

风力等级（windscale）简称风级，是风强度（风力）的一种表示方法。国际通用的风力等级是由英国人蒲福（Beaufort）于 1805 年拟定的，故又称"蒲福风力等级（Beaufortscale）"。

最初根据风对炊烟、沙尘、地物、渔船、海浪等的影响大小将风力等级分为 0～12 级，共 13 个等级（见表 1-2）。自 1946 年以来，风力等级又做了一些修订，由 13 级变为 17 级。

表 1-2　　　　　　　　　　　　　　　风级表

| 风级 | 名称 | 风速（m/s） | 风速/（km/h） | 陆地地面物象 | 海面波浪 | 浪高/m | 最高/m |
|---|---|---|---|---|---|---|---|
| 0 | 无风 | 0～0.2 | <1 | 静烟直上 | 平静 | 0 | 0 |
| 1 | 弱风 | 0.3～1.6 | 1～5 | 烟示风向 | 微波峰无飞沫 | 0.1 | 0.1 |
| 2 | 轻风 | 1.6～3.4 | 5～11 | 感觉有风 | 小波峰未破碎 | 0.2 | 0.3 |
| 3 | 微风 | 3.4～5.5 | 11～19 | 旌旗展开 | 小波峰顶破裂 | 0.6 | 1 |
| 4 | 和风 | 5.5～8.0 | 19～28 | 吹起尘土 | 小浪白沫波峰 | 1 | 1.5 |
| 5 | 清风 | 8.0～10.8 | 28～38 | 小树摇摆 | 中浪折沫峰群 | 2 | 2.5 |
| 6 | 强风 | 10.8～13.9 | 38～49 | 电线有声 | 大浪白沫离峰 | 3 | 4 |
| 7 | 劲风（疾风） | 13.9～17.2 | 49～61 | 步行困难 | 破峰白沫成条 | 4 | 5.5 |
| 8 | 大风 | 17.2～20.8 | 61～74 | 折毁树枝 | 浪长高有浪花 | 5.5 | 7.5 |
| 9 | 烈风 | 20.8～24.5 | 74～88 | 小损房屋 | 浪峰倒卷 | 7 | 10 |
| 10 | 狂风 | 24.5～28.5 | 88～102 | 拔起树木 | 海浪翻滚咆哮 | 9 | 12.5 |
| 11 | 暴风 | 28.5～32.6 | 102～117 | 损毁重大 | 波峰全呈飞沫 | 11.5 | 16 |
| 12 | 台风（飓风） | 32.6～37.0 | 117～134 | 摧毁极大 | 海浪滔天 | 14 | — |
| 13 | — | 37.0～41.4 | 134～149 | — | — | — | — |
| 14 | — | 41.4～46.1 | 149～166 | — | — | — | — |
| 15 | — | 46.1～50.9 | 166～183 | — | — | — | — |
| 16 | — | 50.9～56.0 | 183～201 | — | — | — | — |
| 17 | — | 56.0～61.3 | 201～220 | — | — | — | — |
| 17 级以上 | — | >61.3 | >220 | — | — | — | — |

#### 2.4　风的测量

自动测风系统一般由六部分组成，包括传感器、主机、数据存储装置、电源、安全与保护装置。按照 GB/T 18709—2002《风电场风能资源测量方法》规定，风电场风的测量参数包括 10min 平均风速、风向、温度、气压、湿度、湍流强度、每日极大风速。

除雷达测风仪外，测风塔采用的风速记录方式是通过信号的转换来实现的，一般有以下四种方法：

（1）机械式。当风速感应器旋转时，通过蜗杆带动蜗轮转动，再通过齿轮系统带动指针旋转，从刻度盘上直接读出风的行程，再除以时间得到平均风速。

（2）电接式。由风杯驱动的蜗杆，通过齿轮系统连接到一个偏心凸轮上，风杯旋转一定圈数，凸轮使相当于开关作用的两个触头闭合或打开，完成一次接触，表示一定的风程。

（3）电机式。风速感应器驱动一个小型发电机的转子，输出与风速感应器转速成正比的交变电流信号，输送到风速的指示系统。

（4）光电式。风速旋转轴上装有一圆盘，盘上有等距的孔导通红外光源，圆盘正下方有一个光电半导体，风杯带动圆盘旋转时，由于孔的不连续性，形成光脉冲信号。

#### 2.5　我国风能资源分布特点

我国风能资源丰富，风能资源总储量约为 32.26 亿 kW，可开发利用的风能储量约 10 亿 kW，其中，陆地上风能储量约 2.53 亿 kW（陆地上离地 10m 高度资料计算），海上可开发和利用的风能储量约 7.5 亿 kW。

（1）西北地区风能资源。西北地区由于地处高原，加上地表起伏较小，风能资源相当丰富，是全国风能资源最丰富的区域。据统计和预测，高达 3 亿 kW 的庞大可开发的风能资源量蕴含在这一区域，风能资源集中度相当高，具备优越的风能资源条件，可以建设千万千瓦级风电基地。按统计分析可得，新疆可开发风能资源总量大约有 2.34 亿 kW，占到全国可开发风能储量的四分之一左右，可见风能资源非常多。但由于风能资源分布比较分散，在很多偏远地区，由于交通和电网的限制，使可开发量和储量在很多地方都不匹配。新疆 31.2% 以上的风能资源都堆积在了九大风区，也就是说整个新疆仅有 7.58% 面积年平均风功率密度大于 $150W/m^2$。甘肃风能资源总储量为 2.37 亿 kW，占全国总储量的 7.3%。祁连山脉在酒泉地区南部，马鬃山为代表的北山山系在北部，平坦的沙漠戈壁位于中部，成为东西风的通道，形成两山夹一谷的有利地形，风能资源丰富，对于建设大型风力发电场具有很好的天然地理优势。

西北风能的特点是能量足，但具有很强的时间和空间上的不确定性，这增加了风力发电的不确定和不稳定性。从已并网风机运行来看，该地区，如新疆等省区，风电场发电功率经常在 250~300MW 变动，且变化非常迅速，时间间隔很短，数分钟之内就可能产生大范围的变动。而对于同电网系统频率的协调，受到风机技术的影响，风电机组本身的调节能力相当不足，频率不稳定的状况进一步严重化。因此，对于避免大规模风电频率变动对电网的冲击，一方面要求系统的正、负向旋转备用容量要预留充足，另一方面系统调峰速率要能够满足风功率瞬时骤变的条件。

（2）东北地区风能资源分布。黑龙江省是东北地区风能资源最丰富的省份，风能资源较丰富区占到该省三分之二以上的区域。松花江下游到饶河一带是主要风能资源丰富区域，具有一个狭长地形条件，能将风集中地贯穿南北。以年平均风能密度而论，全省风能资源丰富区可达 100～140W/m²，居全国中上等水平。辽宁省风能资源的主要分布区域为辽河平原及辽东半岛，风能较丰富区是环潮的海风地带。而风能可利用区则是远离渤海湾的抚顺、本溪一线。然而受地形地貌、经济发展等因素的影响，东北地区风能资源的开发利用率不足。

（3）华北地区风能资源分布。华北地区是北方经济发展的重要地区，位于北纬 32°～42°，东经 110°～120°，包括北京、天津两个直辖市，河北、山西两个经济大省以及内蒙古自治区。河北省风能资源丰富，主要分布在张家口、承德坝上地区和沿海秦皇岛、唐山、沧州地区。张家口风能丰富区主要分布在低山丘陵区和高原台地区。这一大片地区交通便利、风电场建设条件好，非常适宜建设大型风电场。其中部分山区也具有丰富的风能资源。承德地区年平均风速可达 5～7.96m/s，主要集中在这一地区的西部和西北部。沿海地区风能资源年平均风速可达 5m/s 左右，属于风能资源丰富区。

内蒙古地区风能资源丰富，其中赤峰地带，视野开阔、海拔较高的平流层位置风能资源较好，70m 高度平均风速达到了 8.0～9.3m/s，功率密度达到 700～1200W/m²，是比较少见的可以组成大规模风电场的场址；通辽、兴安盟地区风能资源处于平均水平；呼伦贝尔地区地处大兴安岭地区，森林覆盖面积较大，地面粗糙度大，风能资源相对较差。

（4）沿海地区风能资源。东南沿海地区风能丰富带包括山东、江苏、上海、浙江、福建、广东和广西以及海南，这些沿海近 10km 宽的地带蕴藏了大量的可开发风能资源，拥有比较广阔的可开发风电的海域面积，约为 180000km²；在冬春季，来自北方西伯利亚的冷空气南下入侵，大范围影响该区域；夏秋之际的台风由南至北逆袭入侵，也能影响该地区，所以这一地区由海岸向内陆丘陵连绵，特别是东南沿海，在距海岸 50km 之内均为风能丰富地区。尤其是在台湾海峡"狭管效应"两面夹击的作用下，深海海域的风能资源比浅海区域蕴藏的风能资源更多。

江苏的东部沿海一线属于温带亚热带湿润性气候，冬季多偏北风，夏季盛行东南风，风速较大且稳定，风能资源品质高且资源丰富。而且，江苏拥有大量理想的风电选址区域，沿海大部分海岸、浅海辐射区域，例如沙洲和滩涂，有利于风能资源的开发。另外，江苏近海具有更为可观的风电可开发规模，风能品质较高，技术开发量约为 18000MW，可开发面积约 3600km²。在江苏东台海域附近其水深一般不超过 15m，与陆上比较，风能功率密度要大25%～30%。浙江省属亚热带季风气候区，是海上风能资源丰富的海洋大省。浙江省拥有2878 个面积 500m²。以上的岛屿，海岸线长达 6486km，海上风能资源丰富，具有得天独厚的海上风电条件。

# 任务 3　风力发电机组的分类及结构特点

风力发电机组通过风轮将风能转化为机械能，再通过发电机将机械能转化为电能。可根据风力发电机组结构类型、控制方式和组合方式的不同，分别进行分类。

## 3.1　按风力发电机组旋转主轴的方向分类

### 1. 水平轴风力发电机组

风轮的旋转轴与风向或地面平行，叶轮需随风向变化而调整位置称为水平轴风力发电机组，如图 1-5 所示。水平轴风力发电机组叶片旋转空间大，转速高，结构简单，效率比垂直轴风力发电机组高。

## 2. 垂直轴风力发电机组

风轮的旋转轴垂直于地面或气流方向称为垂直轴风力发电机组，如图1-6所示。垂直轴风力发电机组的风轮围绕一个垂直轴旋转，其主要优点是可以接受来自任何方向的风。缺点是具有较大的启动力矩，在风轮尺寸、质量和成本一定的情况下提供的功率输出较低。

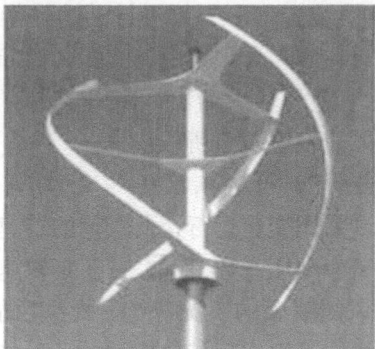

图1-5　水平轴风力发电机组　　　　　图1-6　垂直轴风力发电机组

### 3.2　按叶片工作原理分类

按叶片受力形成转矩的机理，风力发电机组分为升力型风力发电机组和阻力型风力发电机组。阻力型的气动力效率远小于升力型，故当今大型并网型风力发电机组的风轮全部为升力型。

### 3.3　按风力发电机组接受风的方向分类

1. 上风向风力发电机组

风先通过风轮再经过塔架的风力发电机组称为上风向风力发电机组。上风向风力发电机组具有对风装置，能随风向改变而转动，如图1-7所示。

2. 下风向风力发电机组

风先通过塔架再经过风轮的风力发电机组称为下风向风力发电机组，如图

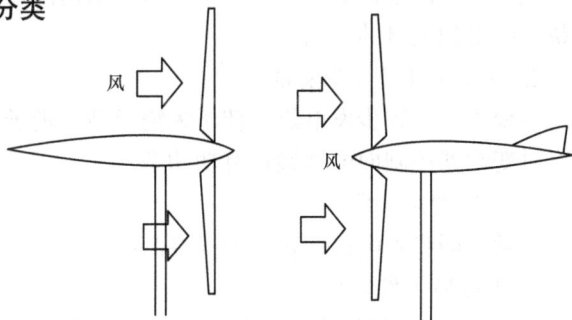

图1-7　上风向和下风向风力发电机组

1-7所示。下风向风力发电机组，一部分空气通过塔架后再吹向叶轮，塔架就干扰了流过叶片的气流，风能利用系数较低，同时使疲劳载荷的幅值增大，因此下风向风力发电机组当前很少采用。

### 3.4　按叶片与轮毂的连接方式分类

1. 定桨距风力发电机组

定桨距风力发电机组是指叶片与轮毂的连接是固定的，当风速变化时，叶片节距角不能随之变化，当风速高于风轮的额定风速时，叶片能够自动地将功率限制在额定值附近。运行中的风力发电机组在突甩负载的情况下，叶尖扰流器使风力发电机组能够在大风情况下安全停机。

2. 变桨距风力发电机组

变桨距风力发电机组是指整个叶片绕叶片中心轴旋转，使叶片攻角在一定范围内变化，以便调节输出功率不超过设计允许值。在机组出现故障需要紧急停机时，一般应先使叶片顺桨，这样可以保证机组运行的安全可靠性。

### 3.5　按风力发电机组转速的控制方式分类

#### 1. 定速恒频风力发电机组

定速恒频风力发电机组在正常运行时,风力发电机组保持恒速运行,转速由发电机的级数和齿轮箱决定。这种风力发电机组的优点是结构和控制都非常简单,造价较低。主要缺点在于:无功不可控,需要电容器组或动态无功补偿装置(SVG)进行无功补偿;叶片与轮毂刚性连接,风速波动较大时产生较大的机械负载,容易导致齿轮箱故障,对叶片要求也较高;输出功率波动较大;发生失速时,难以保证恒定的功率输出,输出功率有所降低。因此,定速恒频风力发电机组已经逐渐被变速恒频风力发电机组所取代。

#### 2. 变速恒频风力发电机组

变速恒频风力发电机组根据风轮的气动特性,采用变速运行,使风轮的转速跟随风速的变化,保持基本恒定的最佳叶尖速比,获取最大风能利用系数。优点:一是转速可以随风速的变化而变化,使风力发电机组始终保持在最大风能捕获的工况运行,提高风能的利用率;二是由于含有电力电子变流器,变速恒风力发电机组可以实现与电网的柔性连接,增加运行和控制的灵活性。缺点是发电机结构较复杂,风轮转速和发电机控制较复杂,运行维护难度较大,需增加一套变流设施。

### 3.6　按风力发电机组的发电机类型分类

#### 1. 笼式异步发电机

笼式异步发电机的转子为笼型,由于结构简单可靠、廉价,易于接入电网,故而在中小型机组中得到大量的使用。

#### 2. 绕线式双馈异步发电机

绕线式双馈异步发电机的转子为绕线型,定子与电网直接连接输送电能,绕线型转子也可经过变频器控制向电网输送有功功率。

#### 3. 电励磁同步发电机

电励磁同步发电机的转子为线绕凸极式磁极,由外接直流电流励磁产生磁场。

#### 4. 永磁同步发电机

永磁同步发电机的转子为铁氧体材料制造的永磁体磁极,通常为低速多极式,不像电励磁同步发电机那样需要结构复杂、体积庞大的励磁绕组,在同功率等级下,减小了发电机的体积。

### 3.7　按功率传递的机械连接方式分类

#### 1. 有齿轮箱型风力发电机组

(1)双馈式风力发电机组。双馈式风力发电机组的叶轮通过多级齿轮增速箱驱动发电机,主要结构包括风轮、传动装置、发电机、双馈变流器、控制系统等。双馈式风力发电机组系统将齿轮箱传输到发电机主轴的机械能转化为电能,通过发电机定子、转子传送给电网。发电机定子绕组直接与电网连接,转子绕组与频率、幅值、相位都可以按照要求进行调节的变流器相连。

(2)半直驱风力发电机组。半直驱风力发电机组是指风轮带动齿轮箱来驱动同步发电机发电,它介于直驱和双馈式之间,齿轮箱的调速没有双馈式的高,发电机也由双馈式异步发电机变为同步发电机。半直驱风力发电机组结合了两种风力发电机组的优势,在满足传动和载荷设计的同时,结构更为紧凑,质量轻。实际上,当风力发电机组容量越来越大,齿轮箱、发电机、机座等部件的体积也越来越大时,加工变得困难,难以保证精度,且运输、装配、吊装极为不易，半直驱风力发电机组可以在体积不大的情况下满足风力发电机组运输和吊装的要求。

（3）高速同步风力发电机组。高速同步风力发电机组的叶轮通过多级齿轮增速箱驱动同步发电机，主要结构包括风轮、传动装置、同步发电机、全功率变流器、控制系统等。高速同步风力发电机组系统将齿轮箱传输到发电机的机械能转化为电能，通过全功率变流器整流逆变后将电能传送给电网。

（4）高速鼠笼式风力发电机组。高速鼠笼式风力发电机组的叶轮通过多级齿轮增速箱驱动同步发电机，主要结构包括风轮、传动装置、鼠笼式异步发电机、全功率变流器、控制系统等。高速鼠笼式风力发电机组系统将齿轮箱传输到发电机的机械能转化为电能，通过全功率变流器整流逆变后将电能传送给电网。

2. 无齿轮箱的直驱风力发电机组

直驱风力发电机组采用多级发电机与叶轮直接连接进行驱动的方式。由于齿轮箱是目前兆瓦级风力发电机组中易过载和损坏率较高的部件，因此，无齿轮箱的直驱风力发电机组具备低风速时高效率、低噪声、机组结构紧凑、运行维护成本低等诸多优点。其缺点在于功率变（转）换器造价昂贵、控制复杂，用于直接驱动发电的发电机，工作在低转速、高转矩状态下，发电机设计困难、级数多、体积大、造价高、运输困难。

## 任务4　风力发电机组运行维护概论

风力发电机组运行维护随着风电行业发展已积淀多年经验，通过摸索、总结、归纳管理要素来评判风电场运行维护效果，包括交付管理、专业管理及评价要素三类。其中交付管理主要指在合同期内执行的管理动作，涉及计划类工作，包括定期检修、预防性维护、交接与验收；非计划类工作包括巡检消缺、技术改造、大部件更换、故障处理、预警及监测、风功率预测。专业管理主要指通过现代科学管理方法，对运行维护过程做的专项管理，包括安全管理、质量管理、供应链管理、合同管理、计划与进度管理、成本管理及信息化支撑管理。评价要素主要指通过评价要素对运行维护的结果进行评判。涉及指标评价，包括可靠性指标、发电性能指标、可利用率指标、运行经济性指标；投资回报评价，包括资产运营收益率、年度可利用小时数、基础电价。风力发电机组运行维护总纲见表1-3。

表1-3　　　　　　　　　　风力发电机组运行维护总纲

| 分类 | | 管理要素 | 分类 | 管理要素 | 分类 | | 管理要素 |
|---|---|---|---|---|---|---|---|
| 交付管理 | 计划类工作 | 1. 定期检修 | 专业管理 | 1. 安全管理 | 评价要素 | 指标评价 | 1. 可靠性指标 |
| | | 2. 预防性维护 | | 2. 质量管理 | | | 2. 发电性能指标 |
| | | 3. 交接 & 验收 | | 3. 供应链管理 | | | 3. 可利用率指标 |
| | 非计划类工作 | 1. 巡检、消缺 | | 4. 合同管理 | | | 4. 运行经济性指标 |
| | | 2. 技术改造 | | 5. 计划 & 进度管理 | | 投资回报评价 | 1. 资产运营收益率 |
| | | 3. 大部件更换 | | 6. 成本管理 | | | 2. 年度利用小时数 |
| | | 4. 故障处理 | | 7. 信息化支撑 | | | 3. 基础电价 |
| | | 5. 预警及监测 | | | | | |
| | | 6. 风功率预测 | | | | | |

#### 4.1　基本概念及目的意义

1. 基本概念

对风电场风力发电机组及其他设备通过计划性、非计划性交付工作，辅以科学管理专项管理方法，实现风电场设备安全可靠运行，降低运维成本，达成预期经济效益的管理动作。

2. 目的与意义

通过现代化科学管理方法，集服务、制造等整个供应链体系，高效协作、相互支持，提高风力发电机组健康水平、有效可利用率小时、延长工作寿命、降低人工及维护成本，最终实现设备创造最高的经济价值，保障风电场投资回报率，为社会持续不断地提供绿色、环保、优质的清洁能源。

示例：黑龙江某风电场通过科学的管理方法，标准的运行维护管理标准，实现年度"0"故障运行，有效提升风电场投资回报，降低运行维护成本。

#### 4.2　风机运行维护的主要内容

1. 交付管理

指风电场运行维护过程中必须执行的任务，可保障机组稳定运行、项目高效工作。其中运行维护过程中需要必要的工具清单，工具类型涉及个人配置工具、项目配置工具、专项特殊工具三类。

2. 计划类工作

指工作内容的发生有固定周期，且根据特定要求固定周期执行的可计划工作，涉及定期检修、预防性维护、交接与验收。

（1）定期检修。

1）基本概念：风力发电机机组根据设计全生命周期内，规定的固定时间为基础进行检查、维修，即通过对机组元器件的磨损和老化的规律，制定标准作业标准，确定检修等级、检修内容、预防性更换备件及材料等的检修方式，以保障机组安全、稳定、高效运行。

2）分类说明：根据检修周期不同，分为500h、半年度检修、年度检修三类。500h检修为机组安装或重要部件更换后稳定运行500h，需对机组设备进行的检修；半年度检修为每隔6个月进行检修工作；年度检修为每隔12个月进行的检修工作。

（2）预防性维护。

1）基本概念：为消除风力发电机组上设备器件在特定区域、环境、周期、季节下可能产生的工作失效，降低运行风险，而制定的一项对设备状态进行早发现、早治疗的预防性维护行为。

2）分类说明：根据季节变化分为春夏季预防性维护和秋冬季预防性维护。风力发电设备在经历了冬季低温、夏季高温两个极端状态后重新适应新环境变化，在提前进入季节前做的预防性维护工作。春夏季预防性维护一般在每年3～5月，秋冬季预防性维护一般在每年的9～11月。

（3）交接与验收。

1）基本概念：根据合同周期节点，在质保期运维开始或结束前，与客户做设备、文件材料、交付记录等验收工作，以保证如期、高质量完成节点交付工作。

2）分类说明：根据项目进度阶段分为预验收及最终交接验收两类，其中预验收节点，指风力发电机组由建设期进入质保运维期，机组安装建设结束，转为生产进入运维阶段。最终交接是指机组质保期结束，设备转交给业主运维的节点。

　3. 非计划类工作

　发生时间为非固定周期类工作，是根据事件的发生而触发的工作。涉及巡检消缺、故障处理、技术改造、大部件更换、预警及在线监测、风功率预测。

　（1）巡检与消缺。

　1）基本概念：巡检相对于定期检修和预防性维护等级更低、灵活度更高，是一种有依据、有计划、有实施、有总结、有复盘的风机维护活动，发现事故前电气设备量变，揪出隐患位置与缺陷，制定消缺计划，持续观察，找出根因，推广应用到同类工作。

　2）分类说明：通过执行等级归类，分为日常巡检和专项巡检，日常巡检指利用目视做常规性、定期性的巡视检查。专项检查指根据某一类、同机型等共性问题开展的针对某一项或几项的检查。

　（2）故障处理。

　1）定义说明：故障是系统不能执行规定功能的状态而导致机组无法正常运行。通常而言，故障是指系统中部分元器件功能失效而导致整个系统功能恶化的事件。

　2）分类说明：根据故障等级分为常规故障、大部件故障。常规故障指一般类可由运维人员通过专业知识、工作经验，配备必备工具、备件可以处理的故障；大部件故障指需要集供应链系统资源并动用大型吊车处理停机的故障。

　（3）技术改造。

　1）定义说明：为了提高机组性能、产品可靠性、加大产品适应性、降低成本等目的，采用适用的新技术、新工艺、新材料等对现有设备、工艺条件进行的改造。

　2）分类说明：根据改造的类别分为安全符合性改造、合规及问题处置类改造、产品适应性改造、产品升级优化四类。其中安全符合性改造指为满足国家或地区最新安全标准或客户新增安全要求进行的改造；合规及问题处置类改造指在役机组为满足合同要求或解决故障问题而进行的改造，或新产品未达到设计要求而进行的改造；产品适应性改造指在役机组为满足合同要求或因未有效识别环境特征导致问题而进行的改造，或因认知不足导致环境适应性无法达到质量要求而进行的改造；产品升级优化指因程序升级（硬件改动导致的程序升级）、技术升级或纠错而进行的改造。

　（4）大部件更换。

　1）定义说明：风力发电机组因大型部件、设备损坏导致需要动用大型吊车进行更换的动作。

　2）分类说明：根据风电机组部件可分为齿轮箱、发电机、叶片、底座、轮毂、变桨与偏航轴承（含齿圈）、电控柜、塔筒等部件。

　（5）预警及在线监测。

　1）定义说明：在机组异常状态发生前，根据以往总结的规律或观测得到的可能性前兆，通过信息化或者专业的监测设备，持续对风力发电继续进行监测，进而再发出的警示或报告。以避免突然发生重大问题而减轻最大程度损失的行为。

　2）分类说明：按监测手段分类，可分为振动监测、噪声监测、温度监测、声发射、压力监测、油液监测。

（6）风功率预测。

1）定义说明：由于风电场风能的随机性、间歇性特点，给电网的运行调度带来极大困难，影响电网的安全稳定运行，并成为制约风电大规模接入的关键技术问题。而风功率预测是以风电场历史功率、风速、地形地貌、数值天气预报等作为数据输入建立风电场输出功率的预测模型，结合风电机组的设备状态及工况，得到风电场未来的输出功率。

2）分类说明：根据预测时间尺度，分为短期预测和超短期预测。短期预测指至少预测未来 3 天的功率，分辨率不大于 15min；超短期预测指未来 0～4h 的风功率预测，分辨率不大于 15min。

### 4.3　专业管理

1. 安全管理

（1）定义说明：为实现风带产能安全管理目标而进行的有关决策、计划、组织和控制等方面的活动，运用安全管理原理、方法和手段，分析和研究各种不安全因素，从技术、组织和管理上采取有力的措施，解决和消除各种不安全因素，防止事故发生。

（2）管理目标：根据风电场自身生产运行实际情况，制定总体和年度生产与职业健康目标，明确目标的制定、分解、实施、检查、考核等环节要求，并按照各级单位、部门和人员的安全生产职责，将目标分解，并纳入整体生产经营目标，并对安全生产目标、指标实施情况进行评估和考核，并结合实际及时进行调整，确保落地实施。

（3）管理要求：安全管理主要涉及安全教育和培训、安全监督与检查、相关方安全管理、环境管理、职业健康管理、应急管理及安全事故事件管理。基本作业资质要求如下：

1）年龄：满足 18 周岁。

2）无禁忌证：高血压、心脏病、恐高症、反复发作的支气管哮喘、精神病服用精神类药物、眩晕症、贫血、癫痫病等。

3）具备特种作业证：登高证、低压电工证、高压电工证。

4）掌握技能要求：具备机械、电气、安装知识，掌握安全操作规范，并经过培训且考试合格。

5）合格穿戴劳保用品：系安全带、戴安全帽、穿防护鞋、穿工作服，噪声环境必须佩戴耳塞、用电场景戴绝缘手套、粉尘环境戴防尘口罩、有飞溅的环境须戴护目镜。

2. 质量管理

（1）定义说明：是指确定风电场的质量方针、目标和职责，并通过质量管理体系中的质量策划、控制、保证和改进使其实现质量目标的全部活动。

（2）管理目标：质量是企业赖以生存和发展的保障，通过建立和完善质量体系，确定质量方针、目标和职责等质量管理活动，确保风力发电机组服务全过程质量符合规定、规范现场质量工作，执行和落地相关作业标准和要求，以确保机组可靠、稳定运行。

（3）管理要求：质量管理主要涉及质量文化管理、质量策划管理、质量控制管理、质量改进管理、质量预防管理。

3. 供应链管理

（1）定义说明：为保障风电场运行维护过程中，对所需的物资、服务事件的需求而进行的采购、使用、储备等行为而进行的计划、组织和控制活动。

（2）管理目标：为保障供应系统采购计划准确性、到场及时性，结合公司现有库存结构、需求预测及现场历史消耗数据制定科学的采购计划，在满足现场需求的前提下合理控制库存水平。降低风电场积压、仓储成本，加速资金周转，进而促进盈利，降低运维成本。

（3）管理要求：供应链管理包括供应商管理、采购计划管理、仓储管理、物流管理四类。

4. 合同管理

（1）定义说明：指合同当事人双方或数方确定各自权利和义务关系的协议，依法享有的合同受经济和刑事法律的约束，而合同管理是指合同当事人根据合同条款进行的监督和管理，保障合同顺利执行。

（2）管理目标：为了确保合同履约的准确性，根据合同分解的风险项及执行预控措施，保障所有合同条款全部按时执行。风电场合同执行包含风电机组采购服务合同、相关方服务合同、日常管理服务合同等。

（3）管理要求：合同管理包括合同评审、合同分解、合同存档、合同履约、合同评价与优化、合同变更、合同终止。

5. 计划与进度管理

（1）定义说明：对风电场运行维护过程中的计划性工作，进行控制项目活动起始和完成日期的过程。计划进度管理影响因素包括天气（风速、雷雨、冰雪等特殊天气）、作业人员、客户要求、合同要求、技术维护标准等。

（2）管理目标：通过分析计划性工作的类型、作业顺序、目标周期及资源需求，编制项目运行维护计划与进度，以确保风电场运行维护井然有序、资源匹配应用效果最大化、成本最优。

（3）管理要求：计划与进度管理包括制定计划、分解目标进度周期、识别影响进度的因素、计划与进度目标实现偏差、关键事件影响复盘推进、实施总结、复盘优化。

6. 成本管理

（1）定义说明：指在风电场生产运行维护过程中，对各项发生的成本进行核算、分析、决策和控制等一系列科学管理行为。

（2）管理目标：根据风电场投资回报目标分解每年度、每事项成本预算，对比实际发生偏差。通过管理方法实现运维成本最优。其中运维成本通过子项成本分类可分为人工费用、物料与运输费用、项目管理费用、服务外包费用等。

（3）管理要求：成本管理包括成本预算管理、经营成本管理、资产与资金管理、风控及税务管理。

7. 信息化支撑管理

（1）定义说明：为支持风电场运行维护工作，提高工作效率，通过利用信息技术，搭建信息化平台，以促进信息交互和知识共享，方便统计、记录、分析，提高运维效率，降低运维综合成本。

（2）管理目标：以客户价值为中心，经营为导向，以风电场运行维护业务执行过程为主线，建立业务、财务、人员行为、指标数据、作业记录、数据统计等全过程记录信息化框架，通过数据分析与应用，信息化平台满足业务管理需求，提供可视化管理、数据化决策支持，达到服务响应和效率的提升。

（3）管理要求：信息化支撑管理包括信息化现状梳理、信息化平台规划、信息化开发策划与组织、信息化验收标准。

#### 4.4 运维维护评价要素

1. 指标维护评价要素

（1）可靠性指标。可靠性指产品、系统在一定时间内，一定条件下无故障地执行指定功能的能力和可能性，风电机组的可靠性与设计、生成、安装、调试与维护的质量好坏有直接关系，涉及的指标有平均检修间隔时间（MTBI）、平均无故障运行时间（MTBF）、平均检修间隔时间（MTBR）、平均故障修复时间（MTTR）、平均机组检修总耗时（MTOTI）、故障频次（FTAF）和平均机组故障总耗时（MTOTF）。

1）MTBI：指两次定期或非定期工作之间间隔的时间。故障次数的计入以现场维护开关切换至"本地"为一次，该指标可评估机组作业频次，及不同类型的检修影响结果。具体公式如下：

$$MTBI=统计周期内小时数×统计机组台数/检修次数$$

2）MTBF：指风力发电机组两次相邻故障之间的无故障运行时间，该指标直接衡量风电机组整体可靠性，综合评价风电机组故障频次和故障维修能力。公式如下：

$$MTBF=（统计周期内小时数×机组数量-系统无连接时间-故障停机小时数）/总故障次数$$

3）MTBR：反映需要现场人工去现场作业的故障平均发生时间，公式如下：

$$MTBR=（统计周期内小时数×机组数量-系统无连接时间-故障停机小时数-无需现场作业故障时间)/（总故障次数-无需现场作业故障次数）$$

4）MTTR：指在规定的条件下和规定的期间内，风电机组的故障维修总时间（即故障持续总时间：故障发生时间起至系统恢复时间）与风电机组故障次数之比，它是衡量维修服务团队响应速度、故障诊断、修复效率和备件保障能力的综合指标。公式如下：

$$MTTR=统计范围内的故障造成的统计时间总和/故障次数$$

5）FTAF：为风电机组在一定的统计周期内单台机组平均发生故障的次数，计算公式如下：

$$FTAF=8760/（MTBF+MTTR）［次/（单台机组·年）］$$

6）MTOTI：指一年内因机组检修停机消耗的总时间，综合反映风电机组运行质量和检修服务团队响应速度、检修技术水平、故障处理能力、检修效率和管理能力。计算公式如下：

$$MTOTI=8760×MTTI/MTBI$$

7）MTOTF：指一年内机组故障停机消耗的总时间，综合反映机组运行质量和维修服务团队响应速度、故障诊断、修复效率和备件保障能力。计算公式如下：

$$MTOTF=8760×MTTR/（MTBF+MTTR）$$

（2）发电性能指标。

1）功率曲线符合性（PCC）。功率曲线是表征风电机组输出功率和风速对应关系的曲线，是衡量风电机组发电性能的传统方法。通常使用按功率曲线及其估算的年发电量（AEP）来表征风电机组功率特性。计算公式如下：

$$K=（实测推算年发电量/保证推算发电量）×100\%$$

其中　　　实测推算年发电量$=\sum$风频分布值$×8760×$实测功率曲线值

　　　　　保证推算年发电量$=\sum$风频分布值$×8760×$保证功率曲线值

因功率曲线测量的影响因素较多，测量结果存在较大不确定性，故而常用上网电量符合率来表征功率曲线符合性，计算公式如下：

上网电量符合率＝（考核期实际计算的上网电量/保证功率曲线推算的上网电量）
$$\times 100\%$$

2）功率特性偏离（PPSD）。功率特性偏离是衡量风力发电机组发电性能控制水平的一种方法，风电机组的功率曲线是通过散点分布图绘制而成，功率特性偏离即是指在实测功率曲线的标准偏差的条带范围内，测量散点的分散程度。

由于功率特性偏离的评价主要揭示风电机组的控制水平，所以用于评价功率特性偏离的数据可以使用来自风电场 SCADA 系统的数据。

（3）可利用率指标。可利用率是反映风电机组在已运行期间的故障水平及服务和备件供应的及时性以及环境和电网条件满足机组运行范围的程度的综合性指标，目前有两种评价可利用率的方法，一种为基于发电量的风电机组可利用率（PBA），另一种为基于时间的风电机组可利用率（TBA）：

1）机组可利用率（PBA）。指在一定的考核时间内风电机组无故障可使用时间占考核时间的百分比，计算公式如下：

PBA＝（1－机组损失发电量/（实际发电量＋机组损失发电量＋非机组原因损失发电量）
$$\times 100\%$$

注：机组损失发电量＝$\Sigma$（某机组自身原因停机时段的并网点上网电量/该时段运行机组
　　　　　台数）/线路损失折减系数

非机组原因损失发电量＝$\Sigma$（某机组非自身原因停机或调度限发时段的并网点上网电量/
　　　　　线路损耗折减系数－调度限发时段该机组发电量）/该时段运行
　　　　　机组台数

2）时间可利用率（TBA）。指在一定的考核时段内风电机组无故障可使用时间占考核时间的百分比，计算公式如下：

TBA＝[可用小时数/（可用小时数＋不可用小时数）]$\times 100\%$

注：日历时间包括统计时间和无效数据时间，统计时间又区分为可用小时数和不可用小时数。

（4）运维经济性指标。

1）度电维修成本（O&MCOE/kWh）：特定风电场的度电维修成本是评价风电机组运行质量的综合指标，计算公式如下：

O&MCOE/kWh＝（年均备件成本＋年均维修成本）/年均实际上网电量

2）单位千瓦维修成本（O&MCOE/kW）：指一定的统计周期内，统计样本机组的维修成本和备品备件成本之和与其装机容量（kW）之比，与发电量无关，可在一定程度上评价风电机组的维修成本和故障损失，计算公式如下：

O&MCOE/kW＝（年均维修成本＋年均备件成本）/统计样本装机容量

2. 资产回报评价要素

资产回报率也称资产收益率，是指投出或者使用资金与相关回报之比例，用于衡量每单位资产创造净利润指标，是直接评估风电场的价值创造率，具体公式如下：

资产回报率＝税后净利润/总资产$\times 100\%$

（1）资产运营收益率。资产运营收益率是衡量和考核风电场整体利润的重要指标，通过评估风电机组在不同风速段下理论发电量标准值及电网政策，制定详细的年度电量计划，对基础电量及交易电量合理科学化分配制定，通过整体资源合理调配、协调，实现资源利用最优化配合。

$$资产报酬率＝(利润总额＋利息支出)/(期初资产总额＋期末资产总额)/2×100\%$$

（2）年利用小时数。年利用小时数指反映发电设备生产能力利用程度及其水平的指标，因风电场装机容量大小不同，用发电量衡量电费收益不准确，故而用发电量小时数来衡量，当小时数越高，说明设备的使用越充分，每度电摊销的固定资产投资越低，在电价相同的情况下，投资回报越快，具体核算公式如下：

$$年利用小时数＝年总发电量/装机容量$$

（3）基础电价。大家知道风电场设备发电量越多，理论上收益越高，随着电力市场化，基础电价的波动也是影响风电场投资回报率的一个重要因素。基础电价为按电网要求并网时段所议定的电价，包含基础电价＋补贴电价。超出特定区域设定的年利用小时之外的电量，参与电力交易，以实时交易单价为准。

**【小贴士】**

**十年百变 ｜ 风力发电：助力中国实现"双碳"目标**

中国风力发电量持续领跑全球，截至 2024 年一季度，全国风电累计装机容量突破 4.5 亿千瓦，稳居世界第一，为实现"双碳""目标注入强劲动能。

从西北戈壁到东南海域，风电布局不断深化。新疆哈密千万千瓦级风电基地于 2023 年全面投运，年发电量超 180 亿千瓦时，可减少碳排放 150 万吨，替代燃煤约 55 万吨。内蒙古乌兰察布"风光储氢一体化"示范项目建成后，每年可输送绿电超 500 亿千瓦时，成为亚洲陆上单体规模最大的风电工程。

东南沿海加速推进海上风电集约化开发。福建漳浦六鳌海上风电场二期于 2024 年初并网，采用 18 兆瓦国产超大容量机组，单台机组年发电量可达 7200 万千瓦时，可满足 3.6 万户家庭全年用电。广东阳江青洲海域百万千瓦级海上风电项目全面投产，年减排二氧化碳达 350 万吨，创下全球深远海风电开发新标杆。

十年来，中国风电产业实现跨越式发展。2023 年，全国新增风电装机容量达 7500 万千瓦，同比增长 36%；全年发电量突破 8500 亿千瓦时，占全国总发电量 9.2%，利用率保持在 97% 以上。

《"十四五"可再生能源发展规划》中期评估显示，我国陆上风电技术成本下降 40%，海上风电实现 10 兆瓦以上机组规模化应用。2024 年，国家能源局启动"千乡万村驭风计划"，推动分散式风电与乡村振兴深度融合。作为全球清洁能源转型的核心引擎，中国风电正以技术创新与产业协同加速能源结构转型，为碳达峰碳中和提供坚实保障。

来源：国家能源局、中国可再生能源学会权威数据整合

**【拓展】**

拓展1.1
中国风电发展
历程及展望　　　　拓展1.2
带你认识
风力发电

# 项目二　风力发电机组主要组成部分

视频2.1
风力发电机组
主要组成部分

## 学习背景

近年来，随着亚洲各国风力发电市场的发展及对清洁能源重视程度的提高，世界风力发电的发展中心已经从欧美转向以中国、印度为首的亚太地区，风力发电产业已呈现出"席卷全球、遍地开花"的发展态势。目前全球范围内已有 60 多个国家致力于风力发电产业的发展，其中中国在近十年内实现了爆发式的增长，是世界风力发电发展的主要力量。风能作为最主要的清洁能源给国家带来了明显的社会效益和经济效益。

## 学习目标

1. 掌握风力发电机组主要组成部分；
2. 了解常见类型风力发电机。

并网型风力发电机组如图 2-1 所示，它的整体结构一般由风轮（包括叶片、轮毂和变桨控制）、机舱（包括主轴、齿轮箱、联轴器、发电机、机舱底盘）、塔架、基础等组成。

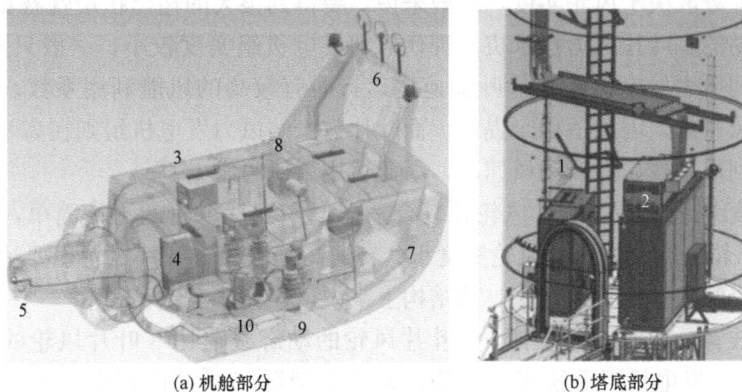

(a) 机舱部分　　　　　　　　(b) 塔底部分

图 2-1　并网型风力发电机组

1—主控柜、水冷柜；2—变流系统；3—发电机开关柜；4—机舱柜；5—主轴滑环；
6—测风系统；7—机舱罩；8—发电机冷却系统；9—偏航系统；10—液压系统、润滑加脂

# 任务 1　风　　轮

## 1.1　概述

风轮的作用是把风的动能转换成风轮的旋转机械能。风轮应尽可能设计得最佳，以提高其能量转换效率。

风轮一般由一个、两个或两个以上的几何形状一样的叶片和一个轮毂组成。风力发电机

组的空气动力特性取决于风轮的几何形式，风轮的几何形式取决于叶片数、叶片的弦长、扭角、相对厚度分布以及叶片所用翼形等。

风轮的设计是一个多学科的问题，涉及空气动力学、机械学、气象学、结构动力学、控制技术、风载荷特性、材料疲劳特性、试验测试技术等。

风轮的功率大小与风轮直径存在一定关系，对风力发电机组来说，追求的目标是最经济的发电成本。

由于风轮的噪声与风轮转速直接相关，大型风力发电机组应尽量降低风轮转速，因为当叶尖线速度达到 70～80m/s 时，会产生很高的噪声。在风轮转速确定的情况下，可以通过改变叶片外形来改善其空气动力特性以降低噪声。如改变叶尖形状、降低叶尖载荷等。

风轮是风力发电机组最关键的部件，风轮的费用约占风力发电机组造价的 20%～30%，而且它至少应具有 20 年的设计寿命。除了空气动力设计外，还应确定叶片数、叶片结构和轮毂形式。图 2-2 所示为垂直轴自变叶片风轮。

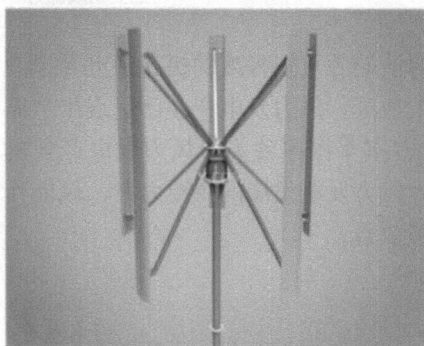

图 2-2　垂直轴自变叶片风轮

### 1.2　风轮的几何参数

**1. 叶片数**

风轮的叶片数取决于风轮实度，一般来说，要得到很大的输出扭矩就需要较大的风轮实度，如美国早期的多叶片风力提水机。现代风力发电机组实度较小，一般只需要 1～3 个叶片。叶片数多的风力发电机组在低叶尖速比运行时有较高的风能利用系数，既有较大的转矩，而且启动风速低，因此适用于提水。而叶片数少的风力发电机组则在高叶尖速比运行时有较高的风能利用系数，但启动风速高，因此适用于风力发电。

从经济角度考虑，1～2 叶片风轮比较合适，但 3 叶片风轮的平衡简单，风轮的动态载荷小。2 叶片风轮也有其优点，风轮实度小、转速高。假如 3 叶片风轮也要达到 2 叶片的高转速，那么每个叶片的弦长会很小，从结构上来说可能无法实现。

根据美国波音公司的研究结论，2 叶片风轮的动态载荷比 3 叶片风轮的动态载荷大得多；3 叶片使风力发电机组系统运行平稳，基本上消除了系统的周期载荷，输出稳定的转矩。如果说 2 叶片风轮的动态载荷比较大，那么单叶片风轮的动态载荷会更突出。

对大型风力发电机组来说，1～3 叶片的风轮都有，但具有不同的特点。3 叶片风轮通常能提供最佳的效率，风轮从审美的角度来说更令人满意，受力平衡好，轮毂结构简单；与 3 叶片风轮相比，2 叶片风轮噪声大，运转不平稳，成本高，风轮的气动效率降低 2%～3%，轮毂也比较复杂；单叶片风轮通常比 2 叶片风轮效率低 6%，机组成本低，费用低。应风轮动力学平衡要求，单叶片风轮应增加相应的配重和空气动力平衡措施，提高结构动力学的振动控制技术要求。单叶片风轮和 2 叶片风轮的轮毂通常比较复杂，为限制风轮旋转过程中的载荷波动，轮毂应具有跷跷板的特性（即采用柔性轮毂）。

**2. 风轮直径**

风轮直径是指风轮在旋转平面上的投影圆的直径，如图 2-3 所示。风轮直径的大小与风轮的功率直接相关。

### 3. 轮毂中心高度

轮毂中心高度指风轮旋转中心到基础平面的垂直距离，如图 2-3 所示。从理论上讲，轮毂中心高度越高越好，根据风剪切特性，离地面越高，风速梯度影响越小；风轮实际运行过程中，作用在风轮上的波动载荷越小，可以提高机组的疲劳寿命。但从实际经济意义考虑，轮毂中心高度不可能太大，否则不但塔架成本太高，安装难度及成本也大幅度提高。一般轮毂中心高度与风轮直径接近。

### 4. 风轮扫掠面积

风轮扫掠面积是指风轮在旋转平面上的投影面积。

### 5. 风轮锥角

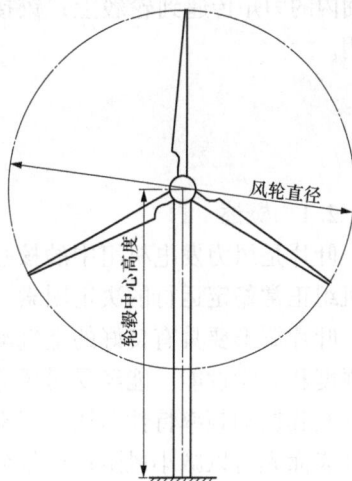

图 2-3　风轮直径和轮毂中心高度

风轮锥角是指叶片相对于和旋转轴垂直的平面的倾斜度，如图 2-4 所示。锥角的作用是在风轮运行状态下减少离心力引起的叶片弯曲应力和降低叶尖与塔架碰撞的机会。

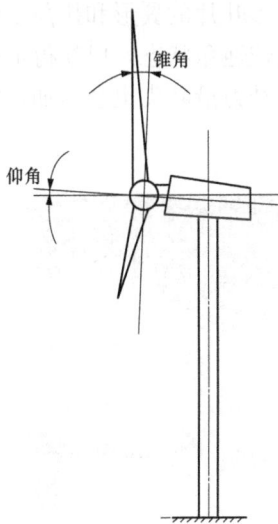

图 2-4　风轮的仰角和锥角

### 6. 风轮仰角

风轮仰角是指风轮的旋转轴线与水平面的夹角，如图 2-4 所示。仰角的作用是防止叶尖与塔架碰撞。

### 7. 风轮偏航角

风轮偏航角是指风轮的旋转轴线和风向在水平面投影之间的夹角。

### 1.3　风轮的物理参数

### 1. 风轮转速

风轮在风的作用下旋转，旋转速度用风轮转速表示。

### 2. 风轮叶尖速比

风轮叶尖速比是风轮的一个重要参数，它指的是风轮叶片尖端线速度与来流风速的比值。

### 3. 作用在风轮上的力和力矩

作用在风轮上的力主要为风力，风轮叶片不断接受风的冲击和推力，产生旋转的力矩。

### 1.4　轮毂

轮毂是用来将叶片连接到风轮主轴上的固定部件，形状复杂，它通常由球墨铸铁部件组成，作用是将风力对叶片的作用载荷传递给主轴及齿轮箱。随着风力发电机组大型化的发展趋势，轮毂的质量也越来越大，达到 10t 以上。

传递到轮毂和塔架上的力矩和力取决于轮毂的形式。轮毂通常有三种形式：刚性轮毂（见图 2-5），带悬臂式叶片，所有的力矩都传递至塔架，是风力发电机组中最常见的轮毂结构；跷板式轮毂，两刚性连接的叶片通过跷板铰链连接，它只能将

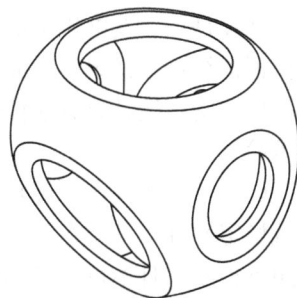

图 2-5　刚性轮毂

平面内的力矩传递到轮毂上；铰接叶片轮毂，允许叶片相对旋转平面单独挥舞运动，较少使用。

# 任务 2　叶　片

## 2.1　概述

叶片是风力发电机组中的核心部件之一，其优越的性能、良好的设计、可靠的质量是保证机组正常稳定运行的决定因素。为保证风力发电机组安全、稳定运行，叶片应具备以下条件：叶片翼形要具有良好的空气动力学性能，吸收的风功率尽量大；密度小且具有最佳的疲劳强度和力学性能，能经受暴风等极端恶劣条件和随机负载的考验；叶片的弹性、旋转时的惯性及其振动频率特性曲线都正常，传递给整个发电系统的负载稳定性好；叶片的材料必须保证表面光滑以减小风阻；质量分布均匀、耐腐蚀、紫外线照射和雷击性能好；成本较低，维护费用低。

## 2.2　叶片形状

叶片的几何形状通常是基于空气动力学考虑设计的，如图 2-6 所示。叶片横截面具有非对称的流线形状，迎风面扁平，沿长度方向通常为扭曲形。扭曲形叶片的翼形和扭角沿叶片长度不同，且由叶根至叶尖扭角逐渐减小，使叶片各处都达到最佳迎角状态，以获得最佳升力来得到较高的风能效率。随着沿叶尖方向叶片线速度的增加，升力沿叶尖也会增加，翼形变薄，弦长变短。实际叶片如图 2-7 所示。

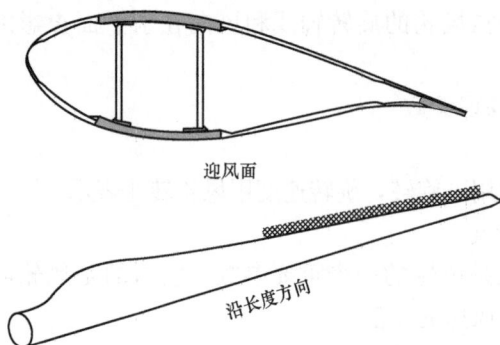

图 2-6　叶片的几何形状

图 2-7　实际叶片

## 2.3　叶片材料

叶片是风力发电机中最基础和最关键的部件，其良好的设计，可靠的质量和优越的性能是保证机组正常稳定运行的决定因素。恶劣的环境和长期不停地运转，对叶片的要求如下：

（1）密度轻且具有最佳的疲劳强度和力学性能，能经受暴风等极端恶劣条件和随机负载的考验。

（2）叶片的弹性、旋转时的惯性及其振动频率特性曲线都正常，传递给整个发电系统的负载稳定性好，不得在失控（飞车）的情况在离心力的作用下拉断并飞出，也不得在风压的作用下折断，且不得在飞车转速以下范围内产生引起整个风力发电机组的强烈共振。

（3）叶片的材料必须保证表面光滑以减小风阻，粗糙的表面也会被风"撕裂"。

（4）不得产生强烈的电磁波干扰和光反射。

（5）不允许产生过大噪声。

（6）耐腐蚀、紫外线照射和雷击性能好。

（7）成本较低，维护费用最低。

制作叶片常用的材料主要有木材、钢材、铝合金、玻璃纤维复合材料、碳纤维复合材料。

### 2.4 叶片的结构

叶片的结构、强度和稳定性对风力发电机组的可靠性起着重要的作用，叶片结构设计主要考虑确定叶片的主体结构和根部连接结构。结构上主要分为五个部分：蒙皮，形成气动外形并承受部分弯曲载荷；内部纵向主梁，承受切变载荷和部分弯曲载荷，防止截面变形和表面屈曲；衬套及插件，材料一般为金属结构，作用是加强叶片根部，将叶片与轮毂连接并将载荷传递到轮毂；雷电保护，将雷击在叶尖上的雷电引至叶根；气动制动，对一些定桨距风力发电机组，气动制动是保护系统的一部分，气动制动的典型结构是叶尖部分可绕转轴旋转。

**1. 剖面的结构形式**

叶片剖面形式对叶片结构性能影响很大，主要有实心截面、空心截面及空心薄壁复合截面等。目前大型风电叶片的剖面结构基本都为空心薄壁复合截面，即"主梁+蒙皮"形式的薄壳结构，主梁常用D形、O形、矩形和双拼槽形等形式，如图 2-8 所示。

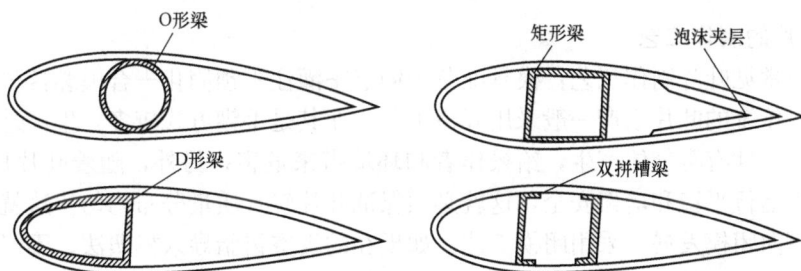

图 2-8　叶片剖面的结构形式

蒙皮主要由双轴复合材料层增强，提供气动外形并承担大部分剪切载荷。后缘空腔较宽，采用夹芯结构，提高其抗失稳能力。主梁主要由单向复合材料层增强，是叶片的主要承载结构。腹板为夹芯结构，对主梁起到支撑作用。

**2. 铺层设计**

铺层设计是复合材料设计的重要环节。考虑沿叶片展向的载荷分布特点，叶片蒙皮结构的壁厚应从叶尖向叶根逐渐递增。由于玻璃纤维复合材料具有抗拉强度较高但弹性模量较低的特性，因此叶片蒙皮结构除要满足强度条件外，还需满足刚度条件，以避免叶片变形过大与塔架产生碰撞。

**3. 叶根设计**

叶根与轮毂相连，叶根设计主要是连接结构的设计。叶根承受着叶片的全部载荷，载荷巨大，载荷方式也极为复杂，例如 2MW 的风力发电机组，叶根弯矩可达到 $7000 \sim 8000kN \cdot m$，离心力能够达到兆牛，因此，叶根结构设计是叶片设计的关键部位之一。

目前，叶片根部结构主要有法兰式、预埋金属构件式、钻孔组装式、螺栓套筒预埋连接方式等几种形式。

4. 防雷设计

叶片是风力发电机组中最易受直接雷击的部件，也是风力发电机组中最昂贵的部件之一，因此叶片的防雷击措施尤为重要。叶片的雷电保护通常采用在叶片接闪器引雷，叶片内部金属导线把雷电流从雷击点传输到叶片根部来实现。这种方法的有效性在很大程度上取决于叶片的尺寸和叶片中金属与碳纤维的含量。注意，上述形式的雷电保护不适合于所有情况，因为在设计寿命内，叶片可能多次遭遇雷击，可能会发生保护失效，如导电电缆熔断等。对于长度超过 20m 的大型叶片，还必须考虑除叶尖外的其他部位遭受雷击的情况，也必须考虑叶尖轴碳纤维材料有限的电导率。在航空工业中，已有一些玻璃纤维和碳素纤维材料雷电保护的方法，通过加入金属薄片，金属网、线，使得这些材料本身成为导体，而不必在材料表面安装额外的金属导体。

**2.5　叶片的校核**

叶片的结构设计结果，要通过可靠的计算分析方法或试验，证明所设计的叶片能够满足各种工况下强度、刚度和气动稳定性等方面要求，具体要求如下。

（1）强度要求。强度包括静强度和疲劳强度两个方面。

（2）刚度要求。过大的弹性变形会影响叶片的空气动力学特性，也可能导致叶尖与塔架相碰。

**2.6　叶片的制作工艺**

目前国内常见叶片制作工艺：模具准备＋铺层＋灌注＋预固化＋合模黏接＋后固化＋脱模＋后处理。传统的叶片生产一般采用开模工艺，尤其是手糊方式较多，生产过程中会有大量苯乙烯等挥发性有毒气体产生，给操作者和环境带来危害；另外，随着叶片尺寸的增加，为保证发电机运行平稳和塔架安全，这就必须保证叶片轻且质量分布均匀。这就促使叶片生产工艺由开模向闭模发展。采用闭模工艺，如现在的真空树脂导入模塑法，不但可大幅度降低成型过程中苯乙烯的挥发，而且更容易精确控制树脂含量，从而保证复合材料叶片质量分布的均匀性，并可提高叶片的质量稳定性。

# 任务 3　主 轴 与 主 轴 承

主轴支持风轮，并把来自风轮的旋转机械能经过齿轮箱或直接传递给发电机。双馈式风力发电机组主轴安装在风轮和齿轮箱之间，前端通过螺栓与轮毂刚性连接，后端与齿轮箱低速轴连接，如图 2-9 所示；对于直驱式风力发电机组的主轴，如图 2-10 所示，主轴可能是与机座固定的芯轴（大型机组），也可能就是发电机的转轴（小型机组）。

图 2-9　双馈式风力发电机组主轴

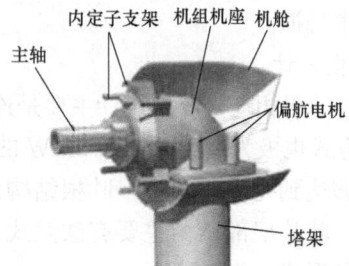

图 2-10　直驱式风力发电机组主轴

### 3.1 主轴支撑方式

大型风力发电机组的主轴通常采用双轴承独立支撑方式、三点支撑式及内置式等支撑方式。

1. 双轴承独立支撑方式

双轴承独立轴承支撑的主轴如图 2-9 所示，这种布局的主轴通过两个独立安装在机舱底盘上的轴承支撑，其中一个轴承承受轴向载荷，两轴承都承受径向载荷，并将载荷传递给机舱底盘。这种支撑方式的主轴只传递转矩到齿轮箱。

双轴承独立轴承支撑的主轴布局轴向结构较长，制造成本较高，但对于小批量生产而言，这种结构简单，便于采用标准齿轮箱和主轴支撑构件，因此这种支撑结构适于超大型机组使用。

2. 三点支撑式

大型风力发电机组广泛采用将主轴前端用一个主轴承支撑，末端与增速箱行星架刚性连接的支撑形式，此时，增速箱与主轴成为一个整体，该整体由主轴前轴承和位于齿轮箱两侧的扭力臂支撑形成三点支撑布局形式。

三点支撑布局形式的优点是可以使主轴前后支撑间的结构紧凑，且可使载荷传递到机舱底盘的距离更短些。三点支撑方式的主轴、主轴承和齿轮箱可预装配，再作为整体部件安装到机舱底盘上，因而能有效提高机舱部件的安装效率。

3. 内置式

内置式主轴集成在齿轮箱内（见图 2-10），缩短了传动链长度，整机结构简单，纵向尺寸减小。但这种结构风轮载荷完全由齿轮箱承担，齿轮箱结构复杂，壁厚及尺寸均较大，维护性较差。

### 3.2 主轴材料

通常采用合金钢作为主轴的材料，一方面是因为合金钢有较高的强度，另一方面是其具有较好的防腐性能，除此之外，主轴材料还要求具有较好的抗低温性能。常用材料有 40Cr、42CrMnTi、34CrNiMo6、42CrMo4 等，毛坯通常采用锻造工艺。合金钢材料的缺点是对应力集中较为敏感，结构设计时应注意减小应力集中，必要时可设计卸载槽，并对表面质量提出要求。

主轴是风力发电机组结构最为关键的部件之一，必须采用可靠的质量保证措施，确保材料质量得到保证。生产过程要避免产生表面裂纹及其他缺陷，最后要进行无损探伤检测，如超声波探伤等。

### 3.3 主轴力学模型及设计载荷

图 2-11 所示为三支点支撑主轴所受的载荷及反作用力。主要有横向力 $F_{yr}$、推力 $F_{xr}$、倾覆力矩 $M_{yr}$、驱动力矩 $M_{xr}$、偏航力矩 $M_{zr}$、主轴重力 $G_s$ 等，上述载荷可通过有关分析软件分析得到，包括极限载荷和疲劳载荷。

风轮主轴一般采用标准的圆柱滚子轴承、调心滚子轴承或深沟球轴承支撑。调心滚子轴承允许内外圈轴线偏斜量达 $1.5°\sim2.5°$，这足以补偿由于风轮载荷所导致的主轴、轴承座及底盘的变形，特别是三支点支撑的主轴，应允许风轮、齿轮箱绕主轴承中心摆动，因而这种轴承在风力发电机组中得到广泛的应用，如图 2-12 所示。

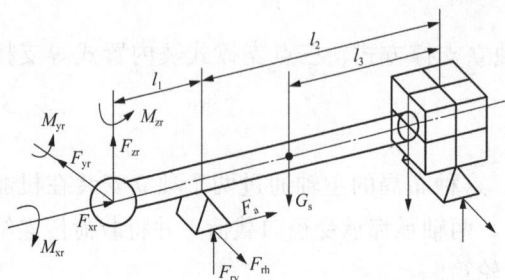

图 2-11　三支点支撑主轴力学模型

$F_{yr}$—风轮上的横向力；$F_{xr}$—风轮上的推力；

$F_{zr}$—风轮上的纵向力；$M_{yr}$—风轮上的倾覆力矩；

$M_{xr}$—风轮上的驱动力矩；$M_{zr}$—风轮上的偏航力矩；

$G_s$—主轴重力

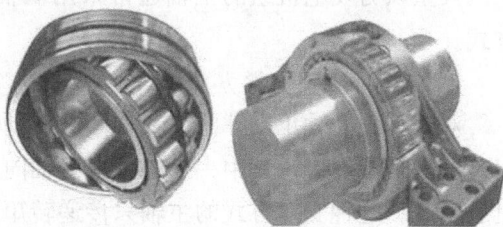

图 2-12　调心滚子轴承

### 3.4　联轴器

用来连接不同机构中的两根轴（主动轴和从动轴）使之共同旋转以传递扭矩的机械零件。在高速重载的动力传动中，有些联轴器还有缓冲、减振和提高轴系动态性能的作用。联轴器由两半部分组成，分别与主动轴和从动轴连接。一般动力机大都借助于联轴器与工作机相联接。在风力发电机组中，常采用刚性联轴器、挠性联轴器两种方式。刚性联轴器常用于对中性高的两轴的连接，通常在主轴与齿轮箱低速轴连接处选用刚性联轴器，一般多选用胀套式联轴器。而挠性联轴器则常用于对中性较差的两轴的连接，一般在发电机与齿轮箱高速轴连接处选用挠性联轴器，例如膜片联轴器，能够弥补机组运行过程中轴系的安装误差、解决主传动链轴系的不对中问题及减少振动的传递。最重要的是挠性联轴器可以提供一个弹性环节，该环节可以吸收轴系因外部负载的波动而产生的振动。

# 任务 4　齿　轮　箱

### 4.1　基本传动形式

风力发电机组齿轮箱的种类很多，按其传动形式大致可分为平行轴圆柱齿轮传动、行星齿轮传动及它们的组合传动；按传动的级数可分为单级和多级；按布置形式可分为展开式、分流式和同轴式。

平行轴圆柱齿轮传动一般应用在 100～500kW 标准风力发电机组上。随着机组功率的增大，风轮转速降低，为获得更大的速比，功率超过 600kW 的机组齿轮箱，通常使用外形更为紧凑的行星齿轮传动或行星与平行轴齿轮组合传动的结构。一般有两种传动形式：一级行星两级平行轴圆柱齿轮传动，两级行星一级平行轴圆柱齿轮传动。相对于平行轴圆柱齿轮传动，行星齿轮传动具有以下优点：传动效率高、体积小、质量轻、结构紧凑、承载能力大和传动比大，可以实现运动的合成和分解；运动平稳、抗冲击和振动能力较强。行星齿轮传动具有以下缺点：结构形式比固定轴齿轮传动复杂，对制造质量要求高，由于体积小、散热面积小容易导致油温升高，故要求可靠的润滑和冷却装置。

### 4.2　齿轮承载能力

计算载荷的大小是齿轮强度及轴承寿命计算的依据，是齿轮箱整个设计中最重要的，设计时应充分注意增速传动与减速传动的区别。行星增速器的结构及性能有下列特点：

（1）在传递功率相同的情况下，增速传动的机械损耗大于减速传动，随着增速比的加大机械效率降低。

（2）增速传动的内部动载荷大于减速传动，振动、噪声略有增加，许用工作功率低于减速传动，在强度计算时通常将使用系数加大 $10\%\sim15\%$。

（3）工作机械载荷的骤变对增速器内部的传动件有较大的冲击作用，尤其是工作机械载荷突然变小时有失速冲击现象。有些情况下，要经受工作转速 2 倍以上的"失速考验"或者较大的突加制动力矩时，内部结构方面要考虑对失速、冲击的适应能力。

此外，机组故障时较大的突加制动力矩可能会对齿轮箱造成严重的破坏。但鉴于这类载荷很少发生，为了降低制造成本，可通过在高速轴端设置具有过载保护功能的挠性联轴器来避免骤变载荷的影响。

### 4.3　齿轮传动主要参数的选择

1. 传动比分配

目前兆瓦级风电齿轮箱大多采用一级行星两级平行轴传动方式或者两级行星一级平行轴传动方式，增速比最高可达 100 左右。

多级传动中，首先要进行的工作是传动比的合理分配。原则如下：

（1）尽可能获得较小的外形，或在外形尺寸一定的情况下获得较大的安全裕度。

（2）各部分强度设计较为均衡，便于采用润滑等必要措施。一级行星两级平行轴传动方式中，每级传动比可按推荐单级传动比确定，但要避免后两级平行轴传动中大齿轮与轴相碰，同时为了减小尺寸，两级平行轴传动采用折叠式传动路线，太阳轮轴与输出轴的中心距要考虑制动盘不要与集电环相碰。

两级行星一级平行轴传动方式中，行星齿轮传动的传动比的许用范围受结构及强度两方面的影响。在结构方面，最大传动比受邻接条件的限制，即与行星轮的个数有关，最小传动比受行星轮最小直径的限制，主要是行星轮的旋转支承即行星轮轴承，一般将轴承设置在行星轮轴孔中，因此行星轮采用滚动轴承时，行星轮的直径尽可能不要太小，即传动比不要过小，一般来说，传动比时，可在行星轮轴孔中放置滚动轴承。而在强度方面，过大的传动比将损失太多的承载能力，有分析表明，当传动比为 4.5 和 5 时具有较高的承载能力。因此，单级行星齿轮传动的传动比一般在 $3.15\sim6.3$。

2. 齿数、模数、齿形角及变位系数

图 2-13 所示为根据接触与弯曲等强度条件推荐的 $Z_{1max}$ 值，图中硬度值是大齿轮的最低硬度，小齿轮的硬度等于或大于大齿轮的硬度，硬度 200HBW、300HBW 和 45HRC 是整体热处理硬度，60HRC 是轮齿表面硬度。

当齿面硬度不大于 350HBW 时，推荐 $Z_{1min}\geqslant17$；当齿面硬度大于 350HBW 时，推荐 $Z_{1min}\geqslant12$。

内齿圈的常见齿数范围为 $70\sim125$；太阳轮的常见齿数范围为 $16\sim35$；行星轮的常见齿数范围为 $25\sim50$。模数一般采用标准系列值，齿形角多采用 $20°$。

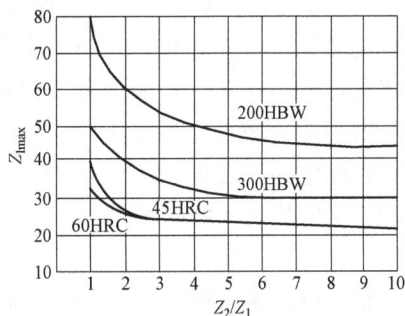

图 2-13　小齿轮最大齿数

参数选择要满足传动比条件、同心条件、邻接条件、装配条件，根据配齿结果结合以上计算式初定各参数，最终的参数还要满足齿面接触和齿根弯曲强度条件。

### 4.4　主要部件的设计与选型

1. 箱体

箱体承受来自风轮的作用力和齿轮传动过程中的各种反力。箱体必须具有足够的强度和刚度，以防止变形和损坏，保证传动质量。箱体的设计应按照风力发电机组动力传动的布局、加工和装配、检查及维护等要求来进行。应注意选取合适的支承结构和壁厚，增设必要的加强筋。一般采用铸铁作为箱体材料，一方面易于成型及切削加工，适于批量生产；另一方面还具有减震性好的优点。常用的材料有球墨铸铁和其他高强度铸铁。铸造箱体结构时应尽量避免壁厚突变，减小壁厚差，以免产生缩孔和疏松等缺陷。单件、小批生产时，也可采用焊接或焊接与铸造相结合的箱体。为减小机械加工过程和使用中的变形，防止出现裂纹，无论是铸造还是焊接箱体均应进行退火、时效处理，以消除内应力。为了便于装配和定期检查齿轮的啮合情况，在箱体上应设有观察窗。机座旁一般设有连体吊钩，供起吊整台齿轮箱用。

2. 行星架

行星架是行星机构中结构较为复杂的零件，当行星架作为基本构件时，它是机构中承受外力矩最大的零件，要求有足够的强度与刚度，受载变形要小。大功率增速箱中通常采用整体双壁式结构，这种结构刚性好，因为尺寸较大且形状复杂，常采用铸造方法以得到结构和尺寸接近成品的毛坯，常用铸造材料有 QT700-2、ZG34CrNiMo、ZG42CrMoA 等。如果行星架与输入轴为一体且齿轮箱输入轴与主轴经胀套联轴器连接，则材料取合金铸钢为宜，如 ZG34CrNiMo 等，既有较高的强度、冲击韧性及弹性，又有较好的铸造性能。整体式铸造结构形变小，宜于批量生产。对于单件生产，也可采用焊接式行星架。单壁式行星架轴向尺寸小、刚性差，一般只适用于中小功率的传动。行星架一般需做动、静平衡试验。

3. 齿轮

齿轮所用的材料除了要满足机械强度条件外，还应满足极端温差条件下所具有的材料特性，如抗低温冷脆性、冷热温差影响下的尺寸稳定性等。一般采用锻造方法制取毛坯，可获得良好的锻造组织纤维。为了提高承载能力，齿轮一般都采用优质合金钢制造。外齿轮推荐采用 20CrMnMo、15CrNi6、17Cr2Ni2A、20CrNi2MoA、17CrNiMo6、17Cr2Ni2MoA 等材料。内齿圈按其结构要求，可采用 42CrMoA、34CrNi2MoA 等材料。合理的热处理工艺，可以保证材料的综合机械性能达到设计要求。一般外齿轮均采用渗碳淬火加磨齿工艺，齿表面硬度可达到 HRC60±2。由于国内大型内斜齿制齿加工困难，内齿磨齿成本较高，通常采用直齿加氮化工艺或直齿加渗碳淬火加磨齿工艺。渗碳淬火后获得较理想的表面残余应力，它可以使轮齿最大拉应力区的应力减小，因此加工中对齿根部分通常保留热处理后的表面。

4. 轴

轴的材料采用碳钢和合金钢。如 40、45、50、40Cr、50Cr、42CrMoA 等，常用的热处理方法为调质，而在重要部位作淬火处理要求较高时可采用 20CrMnTi、20CrM、20MnCr5、17CrNi5、16CrNi 等优质低碳合金钢进行渗碳淬火处理，获取较高的表面硬度和较高的芯部冲击韧性。

由于制动器一般装于高速端，因此瞬间制动对高速轴的冲击较大，高速轴故障频率较高，高速轴设计安全系数应适度加大，同时应考虑高速轴故障时在机舱内完成维修工作的便捷性。

5. 滚动轴承

在风力发电机组齿轮箱上常采用的轴承有圆柱滚子轴承、圆锥滚子轴承、调心滚子轴承等。在所有的滚动轴承中，调心滚子轴承的承载能力最大，且能够广泛应用在承受较大负载或者难以避免同轴误差和挠曲较大的支承部位。原则上轴承设计寿命为 13 万 h。

中小功率齿轮箱输入端轴承采用单列滚子轴承较为普遍，也有采用双列调心滚子轴承的。行星轮中间的轴承以采用短圆柱滚子轴承或双列调心滚子轴承为宜。随着风电齿轮箱向大功率方向发展，单一的双列调心滚子轴承已无法满足承载需要，通常采取单列滚子与四点接触轴承组合方式，其中四点接触轴承可以承受较大的轴向力，如 750kW、1100kW、1300kW 风力发电机组增速箱多用这种结构。

一般推荐在极端载荷下的静承载能力系数不应小于 2.0。对风力发电机组齿轮箱输入轴承进行静强度计算时，需计入风轮的附加静负荷。

# 任务 5　发　电　机

风力发电机组发电机原则上可以配备任意类型的三相发电机。目前，即使发电机输出变频交流或直流，变流器也能满足电网的要求。几种可用于风力发电机组的一般发电机类型有同步发电机和异步发电机。其中，同步发电机包括绕线转子式发电机（WRSG）、永磁同步发电机（PMSG）；异步发电机包括双馈异步发电机（DFIG）、鼠笼式异步发电机（SCIG）、绕线式异步发电机（WRIG）、感应发电机（OSIG）。其他有发展前景的类型包括高压发电机（HVG）、开关磁阻发电机（SRG）、横向磁通发电机（TFG）。

## 5.1　同步发电机

同步发电机比类似容量的感应发电机更昂贵，机械上也更复杂。但与异步发电机相比，它的明显优势是不需要无功励磁电流。

同步发电机的磁场能用永磁体或传统的励磁绕组产生。如果同步发电机有合适的极数（多极的绕线转子式同步发电机或多极的永磁同步发电机），则能够用于直驱，而无须齿轮箱。

同步发电机的主要构成部件包括定子和转子两大部分。定子部分主要包括：定子铁芯（硅钢片叠成），其内表面开槽用于嵌放定子绕组；定子三相对称绕组，用于切割磁场感应电动势，将动能转换成电能。转子部分主要包括：转子铁芯及磁极；转子绕组（也称为励磁绕组），用于通过直流电流（励磁电流）形成恒定磁场。

风力发电机组常使用的典型同步发电机是永磁同步发电机。由于永磁同步发电机具有自励特性，能够高功率因数和高效率运行，因此，在风力发电机组市场所占份额越来越大。

## 5.2　异步发电机

异步发电机是利用定子与转子间气隙旋转磁场与转子绕组中感应电流相互作用的一种交流发电机。发电机的性能好坏直接影响整机效率和可靠性。使用异步发电机的优点是其结构简单、成本低、并网控制简单；缺点是要从电网吸收无功功率以提供自身的励磁，需要在发电机端并联电容器来改善。

异步发电机的基本结构与同步发电机的一样，也是由定子和转子两大部分组成。异步发电机的定子与同步发电机的定子基本相同，其转子可分为绕线式和鼠笼式，绕线式异步发电机的转子绕组和定子绕组相同，鼠笼式异步发电机的转子绕组由端部短接的铜条或铸铝制成像鼠笼一样。

异步发电机的优点有结构简单、价格便宜、易启动、并网简单、坚固耐用、维修方便等，在大中型风力发电机组中得到广泛应用。

额定功率是发电机在额定功率因数下连续运行而输出的功率，它是由用户提出或由不同的使用目的而确定的。它是风力发电机设计的最基础数据，单位为 kW；也有用视在功率表示的，单位为 kVA。

### 1. 鼠笼式异步发电机

鼠笼式异步发电机具有机械简单、效率高和维护要求低的特点。

笼型转子绕组如图 2-14 所示，转子铁芯插入导条，并用端环将导条短路，构成笼型绕组。由于鼠笼式异步发电机的转速变化较小，转差率仅有几个百分点，因此用于恒速风力发电机组。由于最佳风轮转速与发电机转速范围是不同的，因此发电机与机组风轮通过齿轮箱连接。

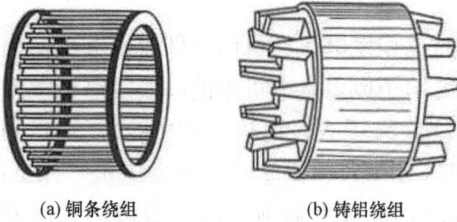

(a) 铜条绕组　　　　(b) 铸铝绕组

图 2-14　笼型转子绕组

鼠笼式异步发电机消耗无功功率，含有这种发电机的典型风力发电机组配有软启动器和无功功率补偿装置。这种发电机的转矩速度特性很陡，因此风功率的波动直接传送到电网中。风力发电机组并网时，这种暂态情况特别危险，冲击电流能达到额定电流的 7～8 倍；弱电网中大冲击电流能引起严重的电压干扰。因此，通过鼠笼式异步发电机软启动器限制冲击电流。

### 2. 绕线式异步发电机

绕线式异步发电机本质上是一台带有定子和转子的感应发电机。与鼠笼式异步发电机不同的：在转子结构中，绕线式异步发电机用铜绕组代替鼠笼结构，由三相星形连接的绝缘铜绕组缠绕出与定子相同的级数，通过集电环和电刷连接外部可调电阻器，高于额定转速时有效地控制外部电阻使转差率可控，通过设定更大的转子电阻或漏电抗获得更大的滑差，适用于较大容量的风机，能在狭窄的变速范围内变速。绕线式异步发电机是恒速运行和变速运行之间的折中方法。

### 3. 双馈异步发电机（DFIG）

双馈异步发电机的定子接入电网，转子绕组由频率、相位、幅值都可调节的电源供给三相低频交流励磁电流。当稳态运行时，定子旋转磁场和转子旋转磁场在空间上应保持相对静止，当定子旋转磁场在空间以 $\omega_0$ 的速度旋转时，转子的励磁电流形成的旋转磁场的旋转速度 $\omega_s$ 为

$$\omega_s = \omega_0 - \omega_r = \omega_0 s$$

式中　$\omega_0$——定子磁场旋转角速度；

$\omega_r$——转子旋转角速度;

$\omega_s$——励磁电流形成的旋转磁场的旋转速度;

　$s$——转差率。

### 5.3　其他类型发电机

下面简单介绍其他类型发电机,它们可能成为未来风力发电机组工业的代表。

#### 1. 高压发电机

高压发电机可以用同步发电机也可以用感应发电机,发电机电压匹配电网电压,并网就无须变压器。它的缺点是整个系统的成本高,比低压发电机复杂。目前,许多公司开始研究高压发电机,并取得了不同进展。例如,荷兰(Lagerwey)公司开始系列生产 LW72 型 2MW 风力发电机组,它使用同步发电机,输出电压 4kV。

#### 2. 开关磁阻发电机

开关磁阻发电机坚固耐用、机械机构简单、效率高、成本低,且不用齿轮。在发电机自身故障时它能降低功率输出连续运行,因此适合于航空应用。

开关磁阻发电机是同步发电机,它具有双倍凸极结构,在定子和转子上都有凸极。与感应发电机一样,励磁电流是由定子电流提供的。由于功率密度低,它被认为不如永磁同步发电机。它作为并网发电机运行时,需要全功率变频器。而且,它比永磁同步发电机效率低,比感应发电机功率因数低。

#### 3. 横向磁通发电机

横向磁通发电机的拓扑十分新颖,且很有发展前景。横向磁通原理可以应用到一系列发电机类型中。例如,它既可以用于永磁同步发电机,也可以用于开关磁阻发电机。发电机的固有特性与一般发电机类型相同,但是也有横向磁通设计带来的特殊性。每千克有源材料的高转矩率非常有吸引力。

横向磁通发电机的运行本质与同步发电机相同,原理上与其他永磁同步发电机功能类似。它由大量的磁极组成,这使它适合于直接无齿轮应用。但横向磁通发电机有相对大的漏感。在磁阻发电机中会导致正常运行时功率因数很低,短路电流不足以启动正常的保护。在永磁同步发电机中也有同样的问题,但因为采用永磁材料,问题并不严重。

横向磁通发电机的缺点是需要大量的特殊部件,必须使用磁极冲片技术。随着磁粉生产技术进步,情况可以改善。

# 任务6　机舱底盘及机舱罩

### 6.1　机舱底盘

机舱底盘内部安装几乎所有的机械和电气零部件。为了适应瞬变的风向,机舱底盘通过偏航回转轴承与塔架相连。

#### 1. 底盘结构

对于双馈式风力发电机组,底盘上面布置有风轮、主轴、轴承座、齿轮箱、发电机、偏航驱动装置、起重机、塔顶控制柜、变流器等部件;对于直驱式风力发电机组,带有前法兰的底盘直接支撑发电机及风轮。机组运行过程中产生的大部分动、静载荷都通过机舱底盘平衡并传递给塔架,因此底盘需要有足够的强度、刚度及稳定性。

底盘按制造方法及材料可分为铸造机舱底盘、焊接机舱底盘两类；按结构形状可分为梁式机舱底盘、框架式机舱底盘、箱式机舱底盘三类。

2. 机舱底盘的常用材料及热处理

风力发电机组的机舱底盘常用材料为球墨铸铁，例如 QT400-18。球墨铸铁具有韧性高、低温性能较好的优点，且有一定的耐腐蚀性。铸造机舱底盘用的热处理方法为时效处理，目的是在不降低铸件力学性能的前提下消除或稳定铸件内应力和机械加工切削应力，以减少设备长期使用中的变形，保证设备的几何精度。

焊接机舱底盘具有强度和刚度高、质量轻、生产周期短及施工简便等优点，多采用 Q355 板材，在高寒地区宜采用 Q355D 或 Q355E 板材。为了保持尺寸稳定，焊接后必须进行热处理，第一次热处理安排在焊接完成后，第二次热处理安排在粗加工之后。

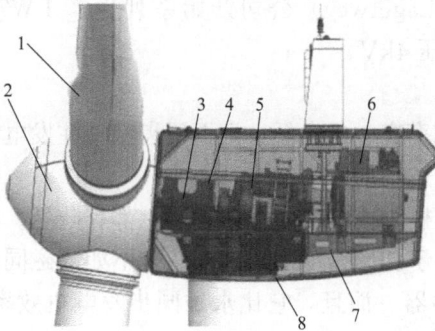

图 2-15 机舱罩及导流罩

1—叶片；2—轮毂；3—主轴；4—前底盘；5—齿轮箱；6—发电机；7—后底盘；8—偏航轴承

### 6.2 机舱罩

为保护风力发电机组设备免受外界环境（如阳光、雨雪等）的影响，应在底盘上加装机舱罩，机舱罩及导流罩如图 2-15 所示，对于安装在海上的风力发电机组，机舱罩还有密闭或舱内正气压的要求，以避免盐雾对设备的腐蚀。

机舱罩通常通过减振器支撑在底盘外伸的支架上，图 2-16 所示为机舱罩内壁上的支点。

机舱罩一般用轻型材料制造，如玻璃钢等复合材料，其具有质量轻、强度高、耐腐蚀等优点，且抗拉及抗弯强度通常不小于 $230N/mm^2$，密度为 $1.7\sim1.9t/m^3$。大型机组机舱罩要设计得足够大，以便于设备吊装和人员操作。通常在机舱罩内侧壁糊制矩形加强筋以提高其强度和刚度。

对中、大型风力发电机组，在下侧机舱罩的后半部分应有吊孔，以吊送小型零部件和工具等；为便于大型零部件的维修和更换，可在机舱罩盖上设置开孔，大小应保证发电机转子和增速器的大齿轮

图 2-16 机舱罩内壁上的支点

等能由此进出，甚至可利用液压装置将整个机舱罩盖体向上掀开，这一点在机舱设计时务必注意，并设法尽量做到，另外机舱罩盖上还应有透明天窗和人孔以观察和维修窗外设备。

机舱罩后部的上方装有风速和风向传感器，舱壁上有保温隔音和通风装置等，底部开圆孔使塔架通过。

考虑到风力发电机组对环境和视觉的影响，还应对机舱整体进行造型设计，机舱要设计得轻巧、美观并尽量带有流线型，下风向布置的风力发电机组尤其需要这样。

## 任务7 塔架及基础

在风力发电机组中塔架的重量占风力发电机组总重的 1/2 左右,其成本占风力发电机组制造成本的 15% 左右,由此可见,塔架在风力发电机组设计与制造中的重要性。

塔架一般分为悬架式、筒式和独杆拉索式。百瓦级小型风力发电机大都采用独杆拉索式,外形如图 2-17 所示。

图 2-17 风力发电机组塔架

### 7.1 塔架

1. 塔架的分类

塔架按固有频率的不同,可分为刚性塔架和柔性塔架,对于三叶片风力发电机组,如果将风轮旋转频率(即风轮转速)记为 1P,则叶片通过频率为 3P,设塔架一阶弯曲固有频率为 $f$,当 $f>3P$ 时,称为刚塔;当 $1P<f<3P$ 时,称为柔塔;而当 $f<1P$ 时,则称为超柔塔。刚性塔架的优势在于运行时不会发生共振、噪声小,但需用的材料多,柔塔的优势在于质量轻、成本低。

2. 塔架的结构型式

塔架的结构型式主要有锥管式、钢管拉索式、桁架式及钢-混凝土混合式等类型,如图 2-18 所示。当前常用塔架为锥管式,其他塔架型式应用较少。

(a)锥管式　　(b)钢管拉索式　　(c)桁架式　　(d)钢-混凝土混合式

图 2-18 塔架结构型式

图 2-19 塔架分段设计

3. 塔架的构造

常见的钢制塔架一般采用合适的锥度形式,以获得等强度效果,考虑制造、运输和安装等问题,塔架还需要采用合理的分段设计、现场组装形式,如图 2-19 所示。分段筒体一般采用钢板滚弯成形后焊接,必须考虑滚弯设备能力;公路运输要考虑道路允许的通过直径及高度,一般国家的通过限制宽度为 4.0~4.2m,有些地区宽度限制可能会更小。

### 7.2　基础

1. 陆地基础

风力发电机陆地基础如图 2-20 所示，均为现浇钢筋混凝土独立基础。根据风力发电场场址工程地质条件和地基承载力及基础荷载、尺寸大小不同，有板状基础、桩式基础和桁架式基础等常见结构形式。

图 2-20　风力发电机陆地基础

2. 海上基础

国内外已建成的海上风力发电场主要采用了以下 7 种基础形式，分别是单桩基础、多桩基础、导管架基础、重力式基础、高桩承台基础、吸力锚基础和漂浮式基础。

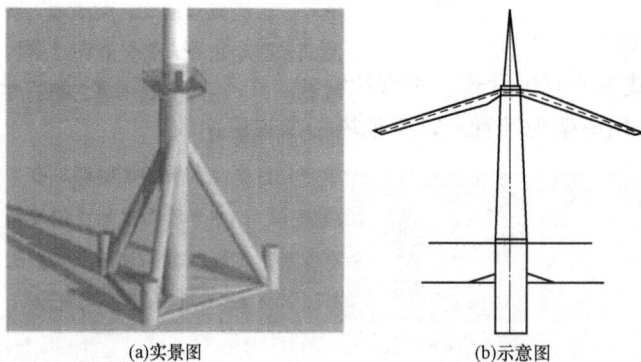

(a)实景图　　　　　　　　(b)示意图

图 2-21　海上风力发电场基础形式

## 【小贴士】

**我国风电装机连续 13 年位居全球第一**

风，是大自然的呼吸，人类，是永不停歇的"追风者"，千百年前，我们在大地上建起风车，利用风能提水灌溉、碾磨谷物，而今，我们竖起"追风巨人"，将风中蕴含的能量转化成电能。

国家能源局最新数据显示，截至 2023 年 6 月底，我国风电装机 3.89 亿 kW，连续 13 年位居全球第一，而目前全球市场上近六成风电设备都产自中国。"全球第一"已成为风电产业的亮眼标签。

这些年来，我国风电快速发展，从陆地到海洋，不断突破环境限制，一架架"大风车"迎风转动。电力规划设计总院新能源产业发展研究院院长王霁雪说，当前我国风电产业链供应链相对完备，成为具有国际竞争力的"明星"行业。

王霁雪：目前，我国已成为世界第一大风电整机装备生产国，产量占全球的一半以上，风电机组目前具备实现整机 90% 以上的国产化水平，在风机制造、风电场开发建设、运行维护等方面形成了完整的体系，大功率机组主轴轴承、超长叶片等关键部件不断取得突破，机组大型化、漂浮式风电等方面实现对国外先进水平的反超。

世界风能协会副主席、中国可再生能源学会风能专业委员会秘书长秦海岩表示，当前，我国风电产业实现了由"跟跑""并跑"向"领跑"的巨大跨越。

秦海岩：比如说最反映风电机组的一个重要技术指标就是单机的容量，中国以前从百千瓦到 1MW、3MW、5MW 到 10MW，基本上我们是跟着国外的企业在跑，到后来并跑这两三年，我们已经到了引跑的阶段，比如 16MW 是中国最早实现的产业化，马上今年年底我们要生产制造 18MW 的风机，到 2025 年我们预计单机 20MW 的风机也会下线，包括其他的技术指标，比如说适用低风速地区、高海拔地区，适应台风的风电机组，适应高寒的风电机组，这些技术我们都是领先全球的，所以基本上从技术的先进性角度来说，我们已经进入了一个无人区，我们也引领了全球风电的发展。

来源：央视新闻

### 坐拥两项国内之最！这一平台，挺进深蓝！

2023 年 9 月 19 日上午，我国自主研发设计的 2500 吨自航自升式风电安装平台"海峰 1001"正式交付。这是目前国内起重能力最强、作业水深最大的海上风电安装平台，将重点服务于国内深远海风电场大机型吊装作业及风机基础施工。

据介绍，"海峰 1001"具备深远海风场 2 套 20MW 级风机运输、安装一体化施工作业能力，最大作业水深 70m，具备 DP2 动力定位，可进行无限航区航行，住舱定员满足 130 人。该平台多项性能指标处于国内第一、世界领先水平，能够满足深远海一体化海上风电施工作业需求，将大幅提升我国海上风电施工作业能力。

当天同步交付还有 1800t 自航自升式风电安装平台"海峰 1002"，两个平台均由自主研发设计，核心及配套部件全面实现国产化，并结合我国海上风电作业特点配备全船信息化数字化管理系统，实现重要系统运维数字化监控、智能数据分析、远程故障诊断等功能。

来源：央视新闻

## 【拓展】

拓展2.1
全球首台16兆瓦
海上风电机组
创单机日发电量
新纪录

# 项目三　偏航系统运行与维护

视频3.1
偏航系统

### 学习背景

偏航系统是水平轴风力发电机组必不可少的组成系统之一。水平轴风力发电机的风轮轴绕垂直轴的旋转称为偏航。偏航系统可以保持风力发电机组的风轮始终处于迎风状态，充分利用风能，提高风力发电机组的发电效率。

### 学习目标

1. 掌握偏航系统的组成结构和工作原理；
2. 了解偏航系统的执行机构；
3. 掌握偏航系统的日常维护；
4. 掌握偏航系统的故障与处理。

## 任务1　偏航系统认知

### 1.1　偏航系统概述

偏航系统的存在使风力发电机能够运转平稳可靠，从而高效地利用风能，进一步降低发电成本，并且有效地保护风力发电机。因此，偏航控制系统是风力发电机组电控系统的重要组成部分。它具有两个主要作用：一是在可用风速范围内自动准确对风，在非可用风速范围下能够90°侧风；二是在连续跟踪风向造成电缆缠绕的情况下可自动解缆。

由于风向经常改变，如果风轮的扫风面和风向不垂直，不但会使发电机组的输出功率减少，而且使风轮和塔筒承受的载荷更加恶劣。偏航系统的功能就是跟踪风向的变化，驱动机舱围绕塔架中心线旋转，使风轮扫风面和风向保持垂直。对风力发电机组利用风能和机组安全起着重大的作用，偏航系统的作用主要有以下三点：

（1）自动对风。当机舱偏离风向一定角度时，控制系统发出向左或向右调向的指令，机舱开始对风，当达到允许的误差范围时，自动对风停止。

（2）自动解缆。当机舱向同一方向偏转两圈后，若风速小于切入风速且无功率输出时则停机、解缆；若有功率输出，则暂不自动解缆；若机舱继续向同一方向偏转到三圈时，则控制停机，解缆。若因故障自动解缆未成功，扭缆到四圈时，扭缆机械开关动作，报告故障，自动停机，等待人工解缆。

（3）偏航制动。当机舱处于迎风或正常停机时，机组通过偏航制动器及偏航电机电磁刹车使机组处于制动状态，避免机舱左右摆动。

### 1.2　偏航系统分类

偏航系统一般分为主动偏航系统和被动偏航系统。主动偏航指的是采用电力或液压拖动来完成对风动作的偏航方式，常见的有齿轮驱动和滑动两种形式。被动偏航指的是依靠风力通过相关机构完成机组风轮对风动作的偏航方式，常见的有尾舵和舵轮两种，被动偏航用于微型和中小型风力机。

1. 被动偏航

微型风力机常用尾舵对风，如图3-1所示。尾舵装在尾杆上与风轮轴平行或成一定的角度，当风向偏转时尾舵板所受风压不同而产生力矩使机舱转动。

舵轮对风是在风轮后面，机舱两侧安装两个平行的多叶片式小风轮，称为舵轮（或侧风轮），其旋转平面与风轮旋转平面相垂直。当风向变化时，舵轮与风向偏离一定角度，在风力作用下舵轮旋转，并通过齿轮传动使风轮偏转，当风轮重新对准风向后，舵轮停止转动，对风过程结束，如图3-2所示。

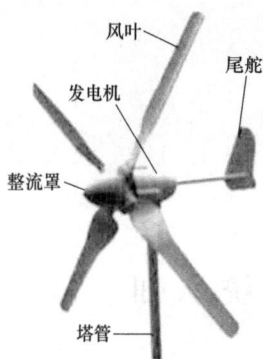

图3-1　尾舵对风　　　　　　　　　　图3-2　舵轮对风

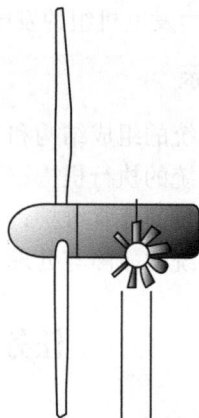

2. 主动偏航

大型并网风力发电机组一般采用电动的伺服或调向电机来调整风轮并使其对准风向的主动偏航。这种风力机的偏航系统一般包括感应风向的风向标、偏航电机、偏航行星齿轮减速器、回转体大齿轮等。

总之，尾舵对风与舵轮对风是在风力的作用下使风轮自行调至迎风位置，这种方式称之为被动迎风，而由调向电机将风轮调至迎风位置则被称为主动迎风。对于并网型风力发电机组来说，通常都采用主动偏航的齿轮驱动形式。

**1.3　偏航系统的组成和工作原理**

1. 偏航系统的工作原理

偏航系统是一个自动控制系统，其工作原理如图3-3所示：在机舱上部装有风向标，风向标作为感应元件将风用电信号传递到偏航电机的控制回路里，经过比较后处理器给偏航电机发出顺时针或逆时针的偏航命令，为了减少偏航时的陀螺力矩，电机转速将通过同轴连接的减速器减速后，将偏航力矩作用在回转体大齿轮上，带动风轮偏航对风，当对风完成后，风向标失去电信号，电机停止工作，偏航过程结束。

当机舱在待机状态已调向720°（根据不同的设定），或在运行状态已调向1080°时，由机舱引入塔筒的发电机电缆将处于缠绕状态，这时控制器会报告故障，风力发电机组将关机，并自动进行解缆处理。

偏航系统还设有扭缆保护装置，当偏航系统的偏航动作失效后，电缆的扭缆程度在达到

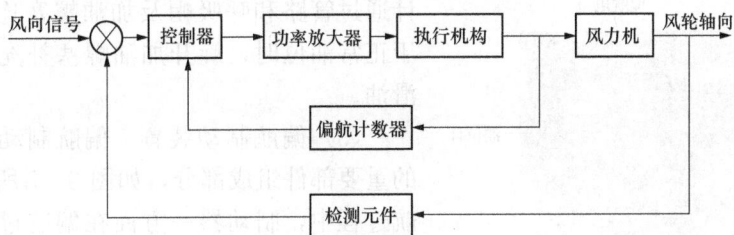

图 3-3　偏航系统的工作原理

威胁机组安全运行时而触发，使机组进行紧急停机。一般情况下，此装置是独立控制的，一旦触发则机组必须进行紧急停机。

2. 偏航系统的组成

风力发电机组的偏航系统（见图 3-4），主要由偏航支撑轴承、偏航驱动装置、偏航制动装置、风向传感器、偏航计数器、扭缆保护装置、液压控制回路等组成。

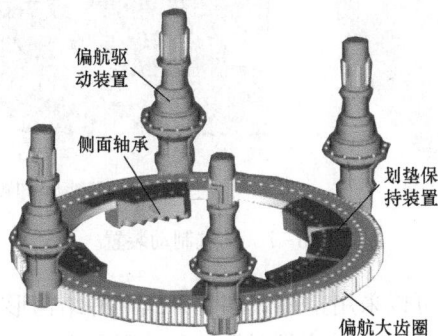

图 3-4　偏航系统

（1）偏航支撑轴承。偏航支撑轴承又称偏航大齿圈（见图 3-5），支撑机舱与偏航减速器一起实现机舱的迎风转动。偏航支撑轴承的轮齿形式可以分为外齿和内齿形式，外齿又分为带滚道轴承和不带滚道轴承两种。轴承表面进行热喷涂防腐处理，具有良好的表面防腐蚀性能。

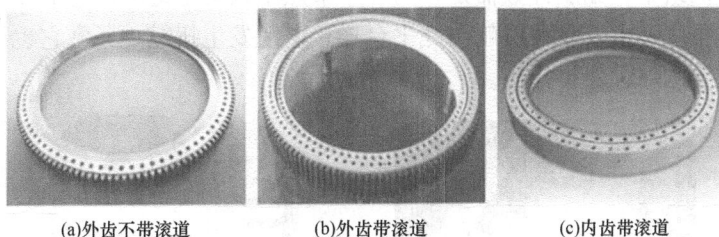

(a)外齿不带滚道　　　　　(b)外齿带滚道　　　　　(c)内齿带滚道

图 3-5　偏航支撑轴承

（2）偏航驱动装置。偏航驱动装置由偏航电机和偏航减速器组成，如图 3-6 所示，接受主机控制器的指令驱动偏航转动。偏航电机多采用三相异步电动机，一般有 4 组，每一个偏航驱动装置与主机架连接处的圆柱表面都是偏心的，以达到通过旋转整个驱动装置调整小齿轮与齿圈啮合侧隙的目的。每个减速器还有一个外置的透明油位计，用于检查油位。油位

图 3-6　偏航驱动装置

计通过管路和呼吸帽及加油螺塞连接，当油位低于正常油位时，旋开加油螺塞补充规定型号的润滑油。

（3）偏航制动装置。偏航制动器是偏航系统的重要部件组成部分，如图 3-7 所示，在机组偏航过程中，制动器一方面在偏航过程中提供一定的阻尼力矩保持偏航平稳，另一方面制动器应在额定负载下，制动力矩稳定，其值应不小于设计值。制动过程不得有异常噪声。制动器应设有自动补偿机构，以便在制动衬块磨损时进行自动补偿，保证制动力矩和偏航阻尼力矩的稳定。

(a) 制动钳

(b) 篇航制动钳和制动盘

图 3-7　偏航制动装置

在偏航系统中，制动器可以采用常闭式和常开式两种结构形式，常闭式制动器是在有动力的条件下处于松开状态，常开式制动器则是处于锁紧状态。两种形式相比较并考虑失效保护，一般采用常闭式制动器。制动盘通常位于塔架或塔架与机舱的适配器上，一般为环状，制动盘的材质应具有足够的强度和韧性，制动盘的连接、固定必须可靠牢固。

（4）偏航计数器。偏航计数器是记录偏航系统旋转圈数的装置，如图 3-8 所示。当偏航系统旋转的圈数达到设计所规定的初级解缆和终极解缆圈数时，计数器则向控制系统发信号使机组自动进行解缆。计数器一般是一个带控制开关的蜗轮蜗杆装置或是与其相类似的程序。在金风发电机组中，偏航计数器是作为一个节点串入安全链的。它的作用是为了防止机舱同一方向偏航角度过大，导致机舱与底平台连接电缆发生扭缆。通常它也可以被认为是对电控系统连接电缆的一种保护措施。

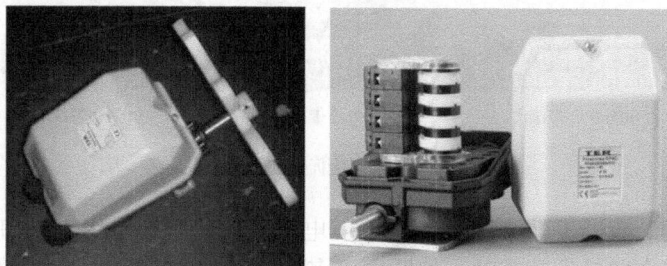

图 3-8　偏航计数器

偏航计数器拥有一个齿数为 10 的小齿轮与偏航轴承的外齿相互啮合，通过一套传动机构将小齿轮的转动传递到凸轮上。偏航计数器拥有左、右偏开关各一个，每个开关内拥有动合、动断触点各一个。其中常闭触点串联进安全链，常开触点接入检测回路。当风力发电机组同一方向偏航角度过大时，凸轮将左（右）偏开关压下，安全链断开，风力发电机组紧急停机，检测回路同时接通，风力发电机组报安全链断故障及左（右）偏开关动作。

（5）风向传感器。风向传感器（风向标）安装在机舱顶部两侧，主要测量风向与机舱中心线的偏差角。一般采用两个风向标，以便互相校验，排除可能产生的误信号。控制器根据风向信号，启动偏航系统。当两个风向标不一致时，偏航会自动中断。当风速低于 3m/s 时，偏航系统不会启动。

### 1.4 偏航系统的运行

偏航系统在对风过程中，风力发电机是作为一个整体转动的，具有很大的转动惯量，故设置有一定的阻尼，且对响应速度和控制精度没有具体要求，一般在控制精度上允许有一定的偏差，如 $\pm 15°$ 均认为是对风状态。

偏航系统在运行中的工作流程如图 3-9 所示，主要有四种工作状态：

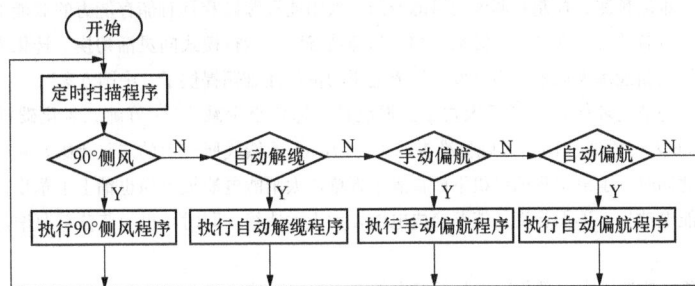

图 3-9 偏航系统工作流程

1. 自动偏航

当偏航系统收到中心控制器发出的需要自动偏航的信号后，连续 3min 时间内检测风向情况，若风向确定的同时机舱不处于对风位置，松开偏航刹车，启动偏航电机运转，开始偏航对风程序，同时偏航计时器开始工作，根据机舱所要偏转的角度，使叶轮法线方向与风向基本一致。

2. 手动偏航

手动偏航控制包括顶部机舱控制、面板控制和远程控制三种方式。

3. 自动解缆

自动解缆功能是偏航控制器通过检测偏航角度、偏航时间及偏航传感器，使发生扭转的电缆自动解开的控制过程。当偏航控制器检测到扭缆达到 2.5~3.5 圈时（根据电缆粗细和布局情况可随意设置），控制器收到响应信号，若风力发电机组在暂停或启动状态，则进行解缆；若正在运行状态，则中心控制器将不允许解缆，偏航系统继续进行正常偏航对风跟踪。当偏航控制器检测到扭缆达到保护极限 3~4 圈时，偏航控制器请求中心控制器正常停机，此时中心控制器允许偏航系统强制进行解缆操作。在解缆完成后，偏航系统便发出解缆完成信号。

4. 90°侧风功能描述

风力发电机组的 90°侧风功能是在风轮过速或遭遇切出风速以上的大风时，控制系统为了保证风力发电机组的安全，控制系统对机舱进行 90°侧风偏航处理。

由于 90°侧风是在外界环境对风力发电机组有较大影响的情况下，为了保证风力发电机组的安全所实施的措施，所以在 90°侧风时，应使机舱走最短路径，且屏蔽自动偏航指令。在侧风结束后，应抱紧偏航刹车盘，同时当风向变化时，继续追踪风向的变化，确保风力发电机组的安全。

【小贴士】

**风光联手创辉煌：张北风光储输示范工程**

张北风光储输示范工程是我国在世界上第一次采用风光储输联合发电技术路线，自主设计建造的全球规模最大、综合利用水平最高，风力发电、光伏发电、储能系统、智能输电"四位一体"的新能源综合性示范项目。示范工程位于河北省张家口市张北县大河乡，总体规划建设风力发电装机容量 500MW、光伏发电装机容量 100MW、储能系统容量 70MW，于 2009 年 4 月开工建设，是国家"金太阳"工程重点项目、国家科技支撑计划重大项目和国家电网公司坚强智能电网建设首批试点项目，曾于 2016 年荣获第四届中国工业大奖。

示范工程建成了国内首个智能网源友好型风电场、国内容量最大的功率调节型光伏电站、世界上规模最大的多类型化学储能电站。它把难以预测、控制和调度的风能资源、太阳能资源以及具有储存能力的储能电站合为一体，通过一体化监控系统，使发电有功功率在"平滑波动"和"削峰填谷"等运行模式间灵活切换，转化为优质可靠的绿色电能输送到电网中，为解决新能源大规模集中开发、集成应用的世界性难题提供了"中国方案"。

示范工程投运后，为节能环保作出了巨大贡献。据统计，每年至少减少 27 万吨二氧化碳排放，相当于少消耗 760.79 万升汽油、41.6 万桶原油、10.8 万吨标准煤或 1.01 万 m³ 天然气所产生的二氧化碳，在节能减排上代表了中国的态度和能力。与此同时，示范工程的风机下面长满了青草，太阳能电池板下面也铺上了草皮，高大挺拔的白色风机和银光闪闪的太阳能电池板，不但将清洁能源变成电能，为人类造福，同时，也为茫茫草原增添了一道别致亮丽的风景线。

（来源：节选于中宣部主题出版重点出版物《中国科技之路电力卷电力高速》，部分图文内容有删减。）

# 任务 2　偏航系统检修与维护

偏航系统是风力发电机组的重要组成部分，也是故障的高发区，做好偏航系统定期维护保养，是保证机组高效利用风能，维持机组安全稳定运行的前提条件。

## 2.1　偏航系统的技术要求

1. 环境条件

在进行偏航系统的设计时，必须考虑的环境条件如下：

温度，湿度，阳光辐射，雨、冰雹、雪和冰，化学活性物质，机械活动微粒，盐雾，近海环境需要考虑附加特殊条件。

应根据典型值或可变条件的限制，确定设计用的气候条件。选择设计值时，应考虑几种气候条件同时出现的可能性。在与年轮周期相对应的正常限制范围内，气候条件的变化应不影响所设计的风力发电机组偏航系统的正常运行。

2. 电缆

为保证机组悬垂部分电缆不至于产生过度的扭绞而使电缆断裂失效，必须使电缆有足够的悬垂量，在设计上要采用冗余设计。电缆悬垂量的多少是根据电缆所允许的扭转角度确定的。

3. 阻尼

为避免风力发电机组在偏航过程中产生过大的振动而造成整机的共振，偏航系统在机组偏航时必须具有合适的阻尼力矩。阻尼力矩的大小要根据机舱和风轮质量总和的惯性力矩来确定。其基本的确定原则为确保风力发电机组在偏航时应动作平稳顺畅不产生振动。只有在阻尼力矩的作用下，机组的风轮才能够定位准确，充分利用风能进行发电。

4. 解缆和扭缆保护

解缆和扭缆保护是风力发电机组的偏航系统所必须具有的主要功能。偏航系统的偏航动作会导致机舱和塔架之间的连接电缆发生扭绞，所以在偏航系统中应设置与方向有关的计数装置或类似的程序对电缆的扭结程度进行检测。一般对于主动偏航系统来说，检测装置或类似的程序应在电缆达到规定的扭绞角度之前发解缆信号；对于被动偏航系统检测装置或类似的程序应在电缆达到危险的扭绞角度之前禁止机舱继续同向旋转，并进行人工解缆。偏航系统的解缆一般分为初级解缆和终极解缆。初级解缆是在一定的条件下进行的，一般与偏航圈数和风速相关。扭缆保护装置是风力发电机组偏航系统必须具有的装置，这个装置的控制逻辑应具有最高级别的权限，一旦这个装置被触发，则风力发电机组必须进行紧急停机。

5. 偏航转速

对于并网型风力发电机组的运行状态来说，风轮轴和叶片轴在机组的正常运行时不可避免地产生陀螺力矩，这个力矩过大将对风力发电机组的寿命和安全造成影响。为减少这个力矩对风力发电机组的影响，偏航系统的偏航转速应根据风力发电机组功率的大小通过偏航系统力学分析来确定。根据实际生产和目前国内已安装的机型的实际状况，偏航系统的偏航转速的推荐值见表 3-1。

表 3-1　　　　　　　　　　　　　　偏航转速的推荐值

| 风力发电机组功率/kW | 100～200 | 250～350 | 500～700 | 800～1000 | 1200～1500 |
|---|---|---|---|---|---|
| 偏航转速/(r/min) | <0.3 | <0.18 | <0.1 | <0.092 | <0.085 |

6. 偏航液压系统

并网型风力发电机组的偏航系统一般都设有液压装置，液压装置的作用是拖动偏航制动器松开或锁紧。一般液压管路应采用无缝钢管制成，柔性管路的连接部分应采用合适的高压软管。连接管路的连接组件应通过试验以保证偏航系统所要求的密封和承受工作中出现的动载荷。液压元器件的设计、选型和布置应符合液压装置的有关具体规定和要求。液压管路应能够保持清洁并具有良好的抗氧化性能。液压系统在额定的工作压力下不应出现渗漏现象。

7. 偏航制动器

采用齿轮驱动的偏航系统时，为避免振荡的风向变化，引起偏航轮齿产生交变载荷，应采用偏航制动器（或称偏航阻尼器）来吸收微小自由偏转振荡，防止偏航齿轮的交变应力引起轮齿过早损伤。对于由风向冲击叶片或风轮产生偏航力矩的装置，应经试验证实其有效性。

8. 偏航计数器

偏航系统中都设有偏航计数器，偏航计数器的作用是用来记录偏航系统所运转的圈数，当偏航系统的偏航圈数达到计数器的设定条件时，则触发自动解缆动作，机组进行自动解缆并复位。计数器的设定条件是根据机组悬垂部分电缆的允许扭转角度来确定的，其原则是要小于电缆所允许扭转的角度。

### 9. 润滑

偏航系统必须设置润滑装置，以保证驱动齿轮和偏航齿圈的润滑。目前国内的机组的偏航系统一般都采用润滑脂和润滑油相结合的润滑方式，定期要更换润滑油和润滑脂。

### 10. 密封

偏航系统必须采取密封措施，以保证系统内的清洁和相邻部件之间的运动不会产生有害的影响。

### 11. 表面防腐处理

偏航系统各组成部件的表面处理必须适应风力发电机组的工作环境。风力发电机组比较典型的工作环境除风况之外，其他环境（气候）条件如热、光、腐蚀、机械、电或其他物理作用应加以考虑。

## 2.2　偏航系统的检查与维护

### 1. 机组投运前的检查项目

（1）检查两偏航电机动作方向的一致性。

（2）检查机舱内控制盘面上的偏航键执行功能及偏航动作与偏航键指示方向的一致性。

（3）检查地面控制器面板上的偏航键执行功能及偏航动作与偏航键指示方向的一致性。

（4）风向标指示偏航方向时，机舱的偏航动作正确性。

（5）测试偏航计数器解缆功能，检查偏航计数器解缆位置的设定（见图 3-10）。

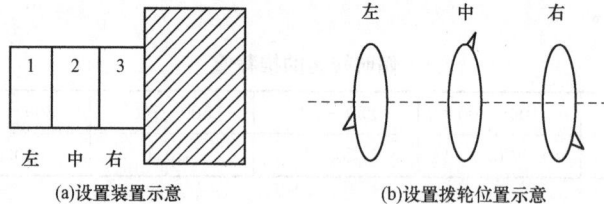

(a)设置装置示意　　　　　　　(b)设置拨轮位置示意

图 3-10　偏航计数器解缆位置设定

（6）检查偏航刹车的功能及偏航刹车体内的压力及余压。

（7）采用压熔丝法检查两偏航减速器的齿侧隙（0.3～0.6mm）及其方向的一致性。

（8）测试偏航过程中的噪声。

### 2. 偏航驱动装置的日常检查与维护保养

（1）应进行的检查。

1）每月检查油位，如有必要，补充规定型号的油到正常油位。

2）运行一定时间后，需用清洗剂清洗后，更换机油。

3）每月检查以确保没有噪声和漏油现象。

3）检查偏航驱动与机架的连接螺栓，保证其紧固力矩为规定值。

5）检查齿轮副的啮合间隙。

6）制动器的额定压力是否正常，最大工作压力是否为机组的设计值。

7）制动器压力释放、制动的有效性。

8）偏航时偏航制动器的阻尼压力是否正常。

（2）维护和保养。

1）每月检查摩擦片的磨损情况，检查摩擦片是否有裂缝存在。

2）当摩擦片的最低点的厚度不足 2mm 时，必须更换。

3）每月检查制动器壳体和机架连接螺栓的紧固力矩，确保其为机组的规定值。

4）制动器的工作压力是否在正常的工作压力范围之内。

5）每月对液压回路进行检查，确保液压油路无泄漏。

6）每月检查制动盘和摩擦片的清洁度、有无机油和润滑油，以防制动失效。

7）每月或每 500h，应向齿轮副喷洒润滑油，保证齿轮副润滑正常。

8）每两个月或每 1000h，检查齿面的腐蚀情况，轴承是否需要加注润滑脂，如需要，加注规定型号的润滑脂。

9）每三个月或每 1500h，检查轴承是否需要加注润滑脂，如需要，加注规定型号的润滑脂，检查齿面是否有非正常的磨损与裂纹。

10）每六个月或每 3000h，检查偏航轴承连接螺栓的紧固力矩，确保紧固力矩为机组设计文件的规定值，全面检查齿轮副的啮合侧隙是否在允许的范围之内。

3. 偏航系统零部件的维护

（1）偏航制动器。偏航制动器必须定期进行检查，偏航制动器在制动过程中不得有异常噪声；应注意制动器壳体和制动摩擦片的磨损情况，如有必要，进行更换；检查是否有漏油现象；制动器连接螺栓的紧固力矩是否正确；制动器的额定压力是否正常，最大工作压力是否为机组的设定值；偏航时偏航制动器的阻尼压力是否正常；每月检查制动盘和摩擦片的清洁度，以防制动失效；定期清洁制动盘和摩擦片。

1）需要注意的问题：液压制动器的额定工作压力；每个月检查摩擦片的磨损情况和裂纹。

2）必须进行的检查：检查制动器壳体和制动摩擦片的磨损情况，如有必要，进行更换；根据机组的相关技术文件进行调整；清洁制动器摩擦片；检查是否有漏油现象；当摩擦片的最小厚度不足 2mm，必须进行更换；检查制动器连接螺栓的紧固力矩是否正确。

（2）偏航轴承。偏航轴承承载机舱自重及偏航载荷，良好的维护和保养十分必要，其日常维护主要是滚道润滑油脂加注以及偏航齿面润滑保养。

1）偏航轴承内圈或外圈上均布有数个注油嘴，定期使用油枪加注规定型号的润滑脂进行润滑。加注时以将旧油脂从排油口挤出为宜。

2）偏航齿面应定期使用规定的喷剂喷涂或使用润滑脂均匀涂抹，长时间停止运行的机组，必须对齿面做好保养措施。

3）近年新设计和生产的机组一般加入了自动润滑系统，自动润滑系统由润滑泵、油分配器、润滑小齿轮、润滑管路线等组成，用于偏航轴承滚道及齿面的自动定期润滑，从而代替了人工润滑。

4）检查轮齿齿面的磨损情况。

5）检查啮合齿轮副的侧隙是否正常。

6）检查是否有非正常的噪声。

7）检查连接螺栓的紧固力矩是否正确。

8）密封带和密封系统至少每 12 个月检查一次。正常的操作中，密封带必须保持没有灰尘。当清洗部件时，应避免清洁剂接触到密封带或进入滚道系统。若发现密封带有任何损坏，必须通知制造企业。避免任何溶剂接触到密封带或进入滚道内，不要在密封带上涂漆。

9）每年检查一次轨道系统磨损现象，对磨损进行测量。当磨损达到极限值时，通知制造企业处理。

（3）偏航电机。

1）分别手动左偏航和右偏航，观察偏航电机是否正常工作。

2）每次例行检查，均应使用纱布、汽油对偏航电机进行仔细清洁，便于检查漏油、防腐脱落情况。

3）检查偏航电机接线盒内电缆线有无破损、烧损、松动现象，如有则立即更换并进一步测量偏航电机绕组绝缘。

4）机舱内手动偏航检查偏航电机运行时有无不正常的机械和电气噪声，如有则必须立即对偏航电机做认真检查。

（4）偏航减速器。

1）每次例行检查，均应使用纱布、汽油对偏航减速器进行仔细清洁，便于检查漏油、防腐脱落情况。

2）每次检查均应通过偏航减速器油窗检查偏航减速器油位，如低于油窗指示刻度，应立即加注规定的润滑油剂。

3）应定期检查偏航减速器内润滑油油色、油质、杂质，发现油色变色严重或存在大量杂质时应彻底更换润滑油。

4）偏航时应注意偏航减速器有无不正常的机械声音，如有应立即对偏航减速器进行检查。

5）偏航减速器表面防腐如有脱落应立即进行防腐处理。

6）定期使用经过校准的工具按照规定的力矩值对偏航减速器与机舱底座连接螺栓进行紧固。

（5）偏航齿面。

1）偏航齿轮表面定期使用规定的润滑剂均匀喷涂，防止生锈及磨损。

2）检查中发现齿轮面存在裂纹及破损应立即进行记录并视情况进行更换等处理。

（6）传感器。

风传感器包括风速仪和风向标。安装后，一般不需要对其进行特别的维护，可在日常巡视中检查如下项目：

1）检查避雷针支架是否牢固。

2）检查风速仪及风向标固定是否可靠。

3）观察风速仪风杯及风向标风标转动是否顺畅。

4）检查接线是否牢固、规范。

5）检查风向标标记点是否正对机头方向。

另外，可以根据风力发电机组运行状态或者故障判断风传感器是否需要检查：

1）机组机头正常运行方向明显与主风向有偏差，可检查风向标标记点是否正对机头；一般情况下，该现象可引起风速大功率小故障。

2）机组运行中检测风速明显低于周围机组或数据明显异常，可查看风向标风杯是否卡住或风向标是否损坏。一般情况下，该现象会导致风速大功率小故障。

3）机组报告风速仪故障或风向标故障时，应对风传感器进行检查。

（7）偏航接近开关。

偏航接近开关维护量极小，基本不需要进行维护。一般日常巡视中可检查固定支架是否牢固、检测距离是否符合要求。

两个接近开关的信号变化是同步的，并且其开关状态可以在机组监控界面查看。如果偏航接近开关损坏，那么机组偏航时会报告偏航接近开关故障或者偏航停止等类似故障。维护人员可通过控制界面的开关量状态或故障判断接近开关运行状态，从而进行维修。

（8）偏航计数器。

偏航计数器作为记录偏航圈数或检测机舱扭缆的传感器，其调整值必须准确，否则将会出现圈数记录不准、扭缆检测错误等故障。

当机舱发生扭缆停机后，应拆卸下偏航计数器，同时手动执行解缆操作直至顺缆。拆卸开计数器顶盖，通过旋转小齿轮来调整凸轮到中间位置或通过凸轮上的调整螺丝调整到正确位置后，重新安装偏航计数器，最后在控制系统中将偏航角度清零即可。

# 任务3　偏航系统运行故障处理

1. 齿圈齿面磨损

导致原因：齿轮副的长期啮合运转；相互啮合的齿轮副齿侧间隙中渗入杂质；润滑油或润滑脂严重缺失使齿轮副处于干摩擦状态。

处理方法：检查是否有漏油现象，加注规定型号的润滑脂，加规定型号的润滑油；清除齿间杂质。

2. 液压管路渗漏

导致原因：管路接头松动或损坏；密封件损坏。

处理方法：紧固管路；更换密封件。

3. 偏航压力不稳

导致原因：液压管路出现渗漏；液压系统的保压蓄能装置出现故障；液压系统元器件损坏。

处理方法：排除液压管路渗漏；排除液压蓄能器故障；更换损坏的液压元器件。

4. 异常噪声

导致原因：润滑油或润滑脂严重缺失；偏航阻尼力矩过大；齿轮副轮齿损坏；偏航驱动装置中油位过低。

处理方法：更换齿轮，调整齿侧间隙；紧固制动器、偏航驱动、偏航轴承的连接螺栓。

5. 偏航定位不准确

导致原因：风向标信号不准确；偏航系统的阻尼力矩过大或过小；偏航制动力矩达不到机组的设计值；偏航系统的偏航齿圈与偏航驱动装置齿轮之间的齿侧间隙过大。

处理方法：校正调准风向标信号；偏航阻尼力矩调到额定值；偏航制动力矩调到额定值；调整齿轮副的齿侧间隙。

6. 偏航计数器故障

导致原因：连接螺栓松动；异物侵入；连接电缆损坏、磨损。

处理方法：紧固松动连接螺栓；清除异物；更换连接电缆。

7. 偏航电机运行中烧毁

一般偏航电机烧毁，机组会报告偏航电机过载故障。现场可检查偏航断路器、对应的偏航热继电器其中一个应跳开。确定偏航电机主回路确无电压后，可在热继电器电机侧端子上使用绝缘电阻表等电阻测量设备测量该电机绕组间绝缘、绕组对地绝缘数值，应远低于规定值。

此时需要更换偏航电机。更换偏航电机时应仔细查找偏航电机烧毁的原因，并进行处理，避免更换电机后再次烧毁。

8. 偏航减速器齿轮结构损坏卡死

可卸下偏航电机散热风扇保护罩，手动抬起电磁刹车机构，旋转散热风扇，判断偏航齿轮减速器有无卡死现象。如有则进行更换。

9. 啮合间距的调整

偏航减速器通过高强度螺栓固定在机舱底座上，其输出轴圆心与固定螺栓孔圆心并不重合，两个圆心之间的距离称为偏心距。

该偏心距可以用来调整偏航大小齿轮之间的啮合间隙。一般偏航减速器固定螺栓法兰面上标示有偏心距调整箭头，可根据调整箭头调整偏心距。

更换偏航减速器之后，应重新测量啮合间隙，如不符合机组技术要求，可通过旋转偏航减速器法兰面重新安装螺栓进行调整。

10. 偏航电机电磁刹车整流桥烧毁

该故障会导致机组偏航时，电磁刹车机构保持刹车状态不动作，轻则导致偏航过载故障，重则使偏航电机烧毁。

维护人员可在机舱内使用手动偏航开关进行短时偏航，注意偏航电机启动瞬间偏航刹车机构有无吸合声音，如无声音则立即停止偏航，检查整流桥有无烧痕，或通过手柄抬起电磁刹车机构，同时执行偏航，测量其输出端有无直流电压。如果没有直流电压输出或者输出值达不到要求，可以更换整流桥。

11. 偏航时角度无变化

偏航角度是由偏航编码器、偏航变频器、偏航电机共同完成，出现偏航时角度无变化的原因主要为计数器不能正常计数导致。

（1）查看是否达到启动偏航的条件。

（2）偏航电机是否正常响应。

（3）偏航制动器是否正常打开。

（4）检查偏航凸轮计数器本体是否损坏。

12. 偏航时功率高或功率低

偏航功率通常是根据电流电压计算后输入系统而得到，因此当出现偏航功率高时通常可能由于阻尼较大造成，也可能是由于偏航制动系统不能完全打开或者偏航卡钳压力过高导致。偏航功率低通常出现在滑动轴承偏航系统，是由于油污或温度变化引起的表面粗糙度发生变化导致的，一般采用偏航力矩调整的方法即可消除。

13. 偏航时系统检测到电机或偏航变频器过电流

偏航时偏航变频器或偏航电机发生过电流现象，此时需要检查整流模块工作是否正常，检查偏航系统电机刹车是否打开，检查偏航齿轮啮合间隙是否合理，冬季需要确认润滑脂使用是否正确。

14. 偏航解缆时触发安全链系统保护

检查机组偏航角度是否确已达到设定角度，检查电缆扭转程度，确定偏航解缆器是否正常。

## 【小贴士】

### 【风电运维与工匠精神】

"工匠精神"，是指工匠对自己产品精雕细琢、精益求精的精神理念，是工匠在生产实践中凝聚形成的务实严谨、专注专一的可贵品质。

工匠精神，在于严谨。严谨是一切行为的基石，在工作中要拒绝"差不多"精神。在风机维修中，老工程师们常常告诫我们：风电机组上的每一颗螺钉都有必然的作用，是考虑了载荷、稳定性等众多因素而设计的，千万不能因不影响机组正常运行，就忽略那些"无关紧要"的瑕疵。

工匠精神，在于精益求精。精益求精是对于产品一种不断追求完美的态度。在对风电机组的整个维修、维护过程要做到知其然，还要做到知其所以然。在工作中多提为什么？为什么要打这么大的力矩，跟螺栓强度有什么关系，对螺栓是否会造成疲劳损害；超速模块为什么会坏？究竟是里面的什么部件损坏？在精益求精的同时也达到了降本增效的目的。

工匠精神，在于耐心。耐心是必须具备的态度。在现场工作我们或多或少会面对一些质疑、矛盾。耐心的沟通就是必不可少的工作方式，直面问题，真诚交流，开诚布公去解决问题，决不能模棱两可。

工匠精神，还在于敬业。工作不仅仅是一个养家糊口的职业，还应该是一个为之而奋斗的事业。事业需要倾注自己的信念，甚至信仰。我们说过要做风电行业的长跑者，这需要不断地坚持，坚持的过程中会有苦痛、有挫折，但坚持自己的梦想，把它做成事业，苦也是甘之如饴的。相信很多人在经过不懈努力修好一台机组，使它稳定运行的时候，是最快乐和最骄傲的。

玉不琢，不成器。矗立在草原、戈壁、山川上的风电机组就是一块块需要我们去雕琢的璞玉。希望我们能把自己一丝不苟、精益求精的匠心倾注其中，要对我们每天的工作负责，重视工作细节，把工匠精神融入每一个工作环节。

来源：微信公众号"东方风电"，有删改

## 【事故案例】

事故案例3.1
某风电场偏航
大齿和驱动齿
断裂事件

视频4.1
变流器维护
与检修

# 项目四　变流器运行与维护

## 学习背景

变流器是把风能转化为电能并入电网的纽带，主要功能是实现变速恒频控制、根据发电机转速提供励磁和实现电能转换。

对于风力发电机组来说，由于风能的不恒定性，导致了从发电机输出的电能的不稳定性，对于这种电能是不能直接接入电网的。要接入电网必须满足发电机输出电压的大小、频率以及相位和电网的一致。变流器将发电机组转子侧的电能通过整流、逆变接入电网。变流器可以控制风力发电机的功率因数，超前或滞后功率因数均可调节，并具备低电压穿越能力。

## 学习目标

1. 能够完成风力发电机组变流器日常检查与维护；
2. 能够完成风力发电机组变流器故障分析与处理。

## 任务 1　变流器认知

变流器是使电源系统的电压、频率、相数和其他电量或特性发生变化的电气设备。风电变流器通常由网侧变流器、机侧变流器、直流母排、并网开关、冷却系统和其他辅助电路组成。变流器的拓扑结构如图 4-1 所示。

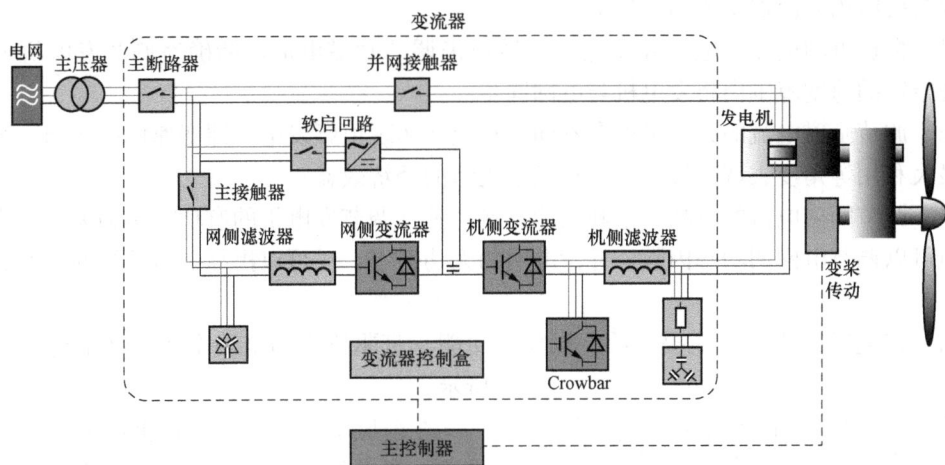

图 4-1　变流器的拓扑结构

## 1.1　变流器功能

根据双馈机组与直驱全功率机组的不同，变流器在风电机组中的应用结构主要分为两类，双馈机组用变流器和直驱全功率机组用变流器。

双馈机组用变流器具备功率双向流动功能，其功率通常为机组额定功率的1/3。网侧采用的是脉冲宽度调制（pulse width modulation，PWM）整流技术，保持母线电压恒定。转子侧变换器控制对象为双馈发电机，控制发电机定子电量的频率、幅值、相位、有功和无功功率，实现机组顺利并网。

PWM依据冲量原理，冲量相等而形状不同的窄脉冲加在具有惯性的环节上时，其效果基本相同。PWM控制技术就是以该结论为理论基础，对半导体开关器件的导通和关断进行控制，使输出端得到一系列幅值相等而宽度不相等的脉冲，用这些脉冲来代替正弦波或其他所需要的波形。按一定的规则对各脉冲的宽度进行调制，既可改变逆变电路输出电压的大小，也可改变输出频率，PWM控制波形如图4-2所示。

双馈机组用变流器结构原理如图4-3所示。

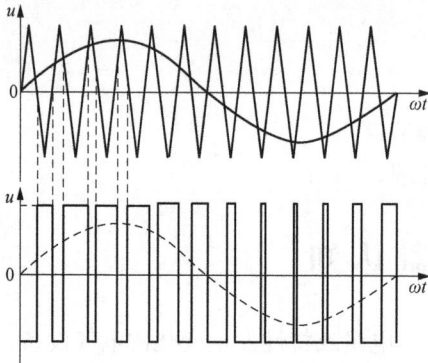

图4-2　PWM控制波形

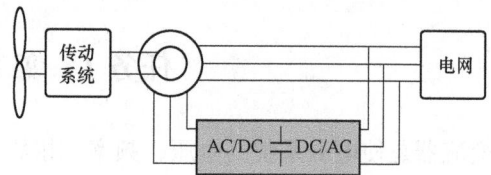

图4-3　双馈机组用变流器结构原理

双馈机组用变流器主要功能如下：

（1）根据电网电压、电流和发电机的转速来调节励磁电流，精确地调节发电机输出电压，在指定的速度范围内将发电机与电网同步。

（2）调节励磁电流的频率可以在不同的转速下实现恒频发电，即变速恒频运动，可以从能量最大利用等角度去调节转速，提高发电机组的经济效益。

（3）调节励磁电流的有功分量和无功分量，独立调节发电机的有功功率和无功功率。这样不但可以调节电网的功率因数，补偿电网的无功需求，还可以提高电力系统的静态和动态性能。

（4）在电网故障时，能提供低电压穿越功能。直驱机组用全功率变流器结构如图4-4所示。

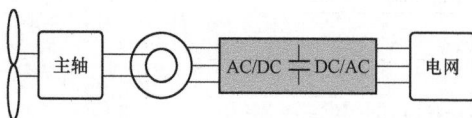

图4-4　直驱机组用全功率
变流器结构原理

在金风电机组和湘电直驱机组上应用最为广泛，其功能较为简单，机侧变流器主要负责将发电机发出的三相交流电整流为直流，变流器不需要向转子励磁。但是其功率大、成本高，变流器的功率通常略大于机组的额定功率。

直驱机组用变流器主要功能如下：

（1）机侧变流器主要功能是将发电机输出的交流电整流为直流电。

（2）网侧变流器主要功能是将直流电逆变为交流电输送至电网。

（3）灵活控制输入到电网的有功和无功功率。一方面，当电网需要无功补偿时，它可以方便地提供相应的无功功率；另一方面，如果电网对无功功率没有要求，可按功率因数为1进行控制。

（4）在电网故障时，能提供低电压穿越功能。

## 1.2　变流器控制原理

风电变流器按照控制原理的不同，主要分为矢量控制和转矩控制。

1. 矢量控制技术

交流励磁双馈发电机是一个多变量、非线性、强耦合的复杂系统，矢量控制是通过坐标变换，把交流电动机的定子电流分解成同步旋转坐标系下的励磁分量（无功分量）和与之相垂直的转矩分量（有功分量），实现定子电流的励磁分量和转矩分量之间的解耦，并分别对这两个分量进行闭环控制。

矢量控制技术强调转矩与磁链的解耦，有利于分别设计转速与磁链调节器，实现连续控制，调速范围宽，因此，在变速恒频双馈风力发电系统中得到了广泛应用。对于双馈感应发电机系统来说，应用矢量控制技术将实际的交流量分解成为有功分量和无功分量，并分别对这两个分量进行闭环控制，实现有功功率和无功功率的解耦控制。

2. 直接转矩控制

直接转矩控制（direct torque control，DTC）是在 20 世纪 80 年代中期继矢量控制技术之后发展起来的一种高性能异步电动机变频调速控制策略。与矢量控制方法不同，直接转矩控制不是通过控制电流、磁链等量来间接控制转矩，而是把转矩直接作为被控量，以转矩为参考来进行励磁、转矩的综合控制。它应用空间矢量的概念来分析三相交流电动机的数学模型，检测电机的定子电压和电流，应用瞬时空间矢量理论计算电机的磁链和转矩，通过转矩两点式调节器把转矩检测值与转矩给定值做带滞环的比较，并根据三相逆变器六个离散的电压空间矢量对磁链的作用关系进行控制。

## 1.3　变流器运行状态

变流器的运行状态分为单位功率整流运行、单位功率因数逆变运行、非单位功率因数运行三种状态。

（1）单位功率整流运行：能量由电网流入网侧变流器，从电网吸收无功功率为 0。

（2）单位功率因数逆变运行：能量由网侧变流器流向电网，且电网和网侧变流器之间没有无功功率流动。

（3）非单位功率因数运行：交流侧电流的基波与电网电压有一定关系。

当交流侧电流为正弦波，且与电网电压具有 90°相位差时，网侧变流器可作为静止无功发生器运行。

## 1.4　变流器并网过程

根据电网电压和发电机转速来调节励磁电流，进而调节发电机输出电压来满足并网条件。

### 1. 空载启动

带变流器的双馈异步风力发电机组可以实现无冲击并网。首先，机组在自检正常的情况下，叶轮处于自由运动状态，当风速满足启动条件且叶轮正对风向时，变桨执行机构驱动桨叶至最佳桨距角。然后，叶轮带动发电机转速至切入转速，变桨机构不断调整桨距角，将发电机控制转速保持在切入转速上。此时，风力发电机组主控制器如认为一切就绪，则发出命令给双馈变流器，使之执行并网操作。

### 2. 并网

变流器在得到并网命令后，首先以预充电回路对直流母线进行限流充电，在电容电压提升至一定程度后，电网侧变流器进行调制，建立稳定的直流母线电压，而后机组侧变流器进行调制。在基本稳定的发电机转速下，通过机组侧变流器实现对励磁电流大小、相位和频率的控制，使发电机定子空载电压的大小、相位和频率与电网电压的大小、相位和频率严格对应，在这样的条件下闭合主断路器，实现准同步并网。

## 任务 2　变流器检修与维护

### 2.1　冷却系统测试

变流器在运行过程中会产生较大的热量，如不尽快将热量排出，变流器迅速升温，达到报警限值后导致机组停机。冷却系统测试目的是检测冷却电机、冷却风扇及控制回路工作是否正常。冷却系统分为风冷系统和水冷系统，水冷散热效果较好，一般用于大功率机组变流器散热。

### 2.2　IGBT 测试

1. IGBT 结构与工作原理

绝缘栅双极型晶体管（isulated gate bipolar transistor，IGBT）是变流器中最为常见的功率器件，在风电机组变流器中按照安装位置和功能的不同，分为网侧 IGBT、机侧 IGBT 和 Crowbar 用 IGBT 三类。IGBT 与 CCU 控制器、驱动板、交直流母排以及辅助器件共同实现变流器的整流、逆变功能。常用的 IGBT 分为以下两种：

单相桥式 IGBT：$U_{ce}=1700\text{V}$，$I_c=200\sim1000\text{A}$；

三相桥式 IGBT：$U_{ce}=1700\text{V}$，$I_c=450\text{A}$。

单相桥式 IGBT 内部由 2 个 IGBT 单元和热敏电阻组成，功率与模块的体积成正比。外形和电路如图 4-5 所示。

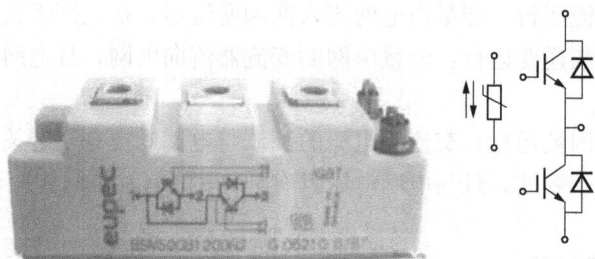

图 4-5　单相桥式 IGBT 外形及电路

三相桥式 IGBT 内部由 6 个 IGBT 单元和热敏电阻组成，功率与体积成正比，应用最为广泛，通过多组 IGBT 并联增加了自身功率。三相桥式 IGBT 外形和电路如图 4-6 所示。

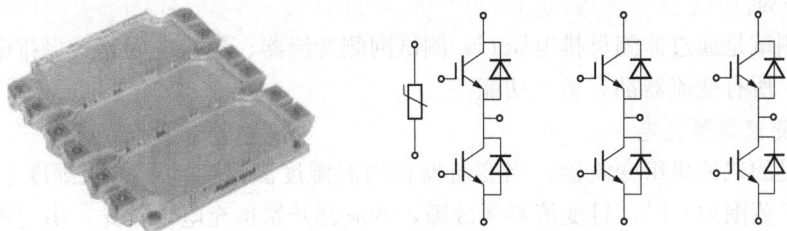

图 4-6 三相桥式 IGBT 外形及电路

IGBT 模块需要与驱动板配合使用，驱动板向 IGBT 输出开通、关断指令，一般开通电压为 $+12\sim+20\text{V DC}$，关断电压为 $-12\sim-20\text{V DC}$。

2. IGBT 测试方法

外观观察。观察 IGBT 没有明显爆炸、变色等现象，如外观存在异常，可直接报废处理。检查内部续流二极管。从图 4-7 中看到，IGBT 模块的上下桥臂两端分别连接至直流母排的正负极，将万用表拨在二极管挡，红表笔放在母排负极，黑表笔放在母排正极，压降在 $0.5\sim1\text{V}$，说明 IGBT 的续流二极管正常；若为无穷大或短路，说明 IGBT 已损坏。

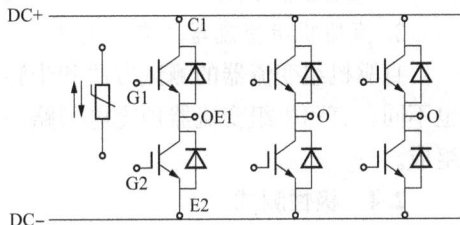

图 4-7 IGBT 在变流器中的接线

3. 判断 IGBT 通断好坏

此项检查需要确认变流器断电或 IGBT 被取下时进行，将万用表拨在电阻挡，用红表笔接 IGBT 的集电极 C，黑表笔接 IGBT 的发射极 E，此时万用表的电阻值很大（约为几兆欧）。然后，用 9V 电池给 IGBT 的栅极 G 和发射极 E 施加正向电压，测量集电极 C 和发射极 E 的导通情况；用 9V 电池给栅极 G 和发射极 E 施加反向电压，以使 IGBT 关断，万用表的阻值再次变大，即可判断 IGBT 的通断功能是否正常。

### 2.3 预充电测试

1. 预充电

变流器的直流母线电容在没有建立电压前，由于变流器的中间直流环节有直流电容。如果没有预充电回路，直接给母排充电，充电瞬间相当于短路状态，充电电流非常大，可能损坏整流桥、直流母线和直流母排电容，因此需要在变流器中增加预充电回路。预充电回路一般由限流电阻、熔断器和预充电接触器组成。当直流电压到达一定值（约为 845V 或 975V），变流器主接触器吸合，预充电电路断开，变频器将直流母排电压升至 1050V 左右，如图 4-8 所示。

变流器主电路限流电阻的作用是抑制上电瞬间的冲击电流，该冲击电流的最大

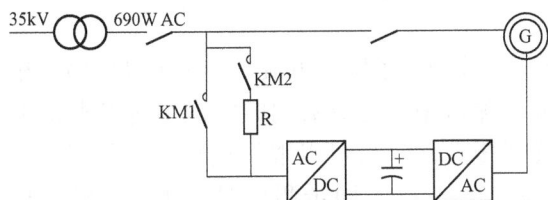

图 4-8 常见变流器充电回路

值：$I=975/R$（975V 为 690V 变流器的直流母线正常电压），电流 $I$ 要小于变流器的输入额定电流。随着电容的电压逐渐上升，充电电流将逐步减小直到理论值为 0。预充电电路等同于 RC 回路，一般按达到 79%～95% 的额定母线电压所需时间计算 RC 时间常数，预充电理想时间为 1～3s。

预充电测试是通过监测母排电压 $U$，测试网侧变流器、预充电回路、母排电容等设备是否存在故障，所有变流器都具备该功能。

2. 双馈变流器预充电

对于常见的双馈机组变流器，当变流器柜内温湿度满足启动要求（湿度小于 90%，温度在 5～60℃ 范围内）时，且变流器无故障，变流器开始预充电。首先，由变流器网侧控制器发出预充电指令，控制预充电接触器吸合，开始预充电；延时约一定时间后（一般数秒），直流母排电压升至指定的电压值（如 875V），变流器主接触器吸合，随后预充电接触器被旁路切出；最后网侧变流器开始工作，直流母排电压被提升至一定电压值，一般为 1050V 或1079V，预充电结束。

3. 直驱机组变流器预充电测试

直驱机组变流器的测试方法和步骤与双馈机组类似，根据厂家不同，预充电回路的结构也不同，直驱机组变流器预充电回路一般由预充电开关、升压变压器、三相全桥整流二极管组成。

**2.4 极性测试**

发电机极性测试又可以分为零速测试和同步测试。其原理是把发电机视作一个大型的变压器，当机侧变流器向转子励磁时，定子会感应出电压。变流器控制系统检测定子电压的幅值、相位，据此判断机侧变流器、发电机是否存在故障，发电机定转子接线是否正确。通常在预充电测试完成后，可进行极性测试。

1. 零速测试

零速测试的目的是测试机侧变流器、发电机及电缆是否有异常，测试前的注意事项如下：

（1）测试过程不得超过 1min，不然会损伤发电机轴承。

（2）测试时不允许并网接触器吸合。

（3）测试时转子与定子均在静止状态。

零速测试应在小风时进行，一般应大于 3m/s，测试步骤：测试时，转子侧变流器对发电机施加静态励磁，发电机在静止的情况下相当于一台变压器。测试得到的曲线如图 4-9所示，转子电压（曲线 6）为 290～400V，发电机定子侧感应电压（曲线 5）为 110～155V，约为转子电压的 1/3。

2. 同步测试

同步测试目的主要是检测变流器能否有效地控制转子励磁电流，使定子发出的三相电压在幅值、相位、频率上与电网同步。在同步测试中，变流器同时完成了对发电机定转子接线、发电机编码器工作状态的检测。完成零速测试后可以继续进行同步测试，同步测试时风速必须可以达到切入风速，一般应大于 3m/s。同步测试时，并网接触器禁止吸合。

以图 4-9 为例，其为同步测试的波形图，仅选取了两相电压进行对比，可以看出，定子电压与电网在幅值、相位、频率上完全吻合，同步测试成功。

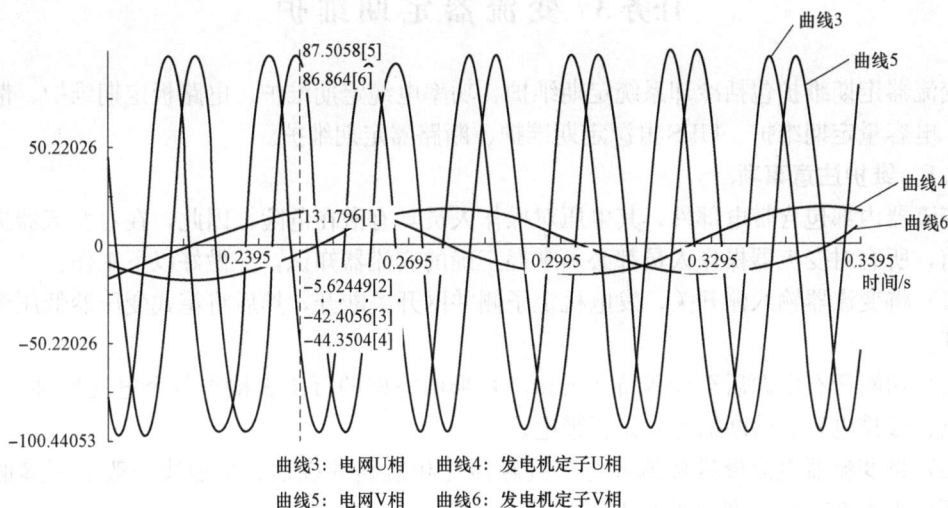

图 4-9  同步测试波形

### 2.5  Crowbar 测试

Crowbar 模块在电网电压骤降的情况下，对发电机转子绕组短路，为转子电流提供旁路通道，抑制转子侧过电流和直流母线过电压，实现对变流器的保护作用。Crowbar 按照用途分为有源 Crowbar 和无源 Crowbar，在具备低电压穿越的机组中，使用有源 Crowbar 的占绝大多数。

Crowbar 按照安装位置不同分为母线 Crowbar 和机侧 Crowbar，其原理是在母线电压超出设定值时（如 1200V），启动 Crowbar 放电功能，来保护发电机转子、变流器等部件。Crowbar 触发电压高于母排正常电压，一般为 1.15～1.2 倍，母排正常电压如果是 1050V DC，Crowbar 触发电压一般设为 1200V DC。图 4-10 所示为常见的直流母线 Crowbar 结构原理。

### 2.6  UPS 测试

变流器的 220VAC 工作电源来自于 UPS，正常时，UPS 输出电压应在（100%～102%）220VAC 之间，现场对 UPS 测试时，按照以下步骤逐次检查：

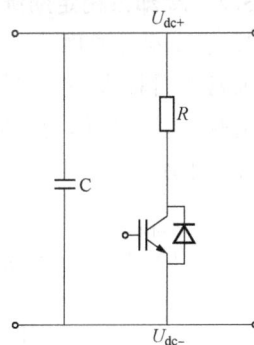

图 4-10  常见的直流母线
Crowbar 结构原理

（1）如市电正常，UPS 应工作在市电模式；如市电异常，UPS 应工作在电池模式。

（2）检查 UPS 的运行模式切换。断开市电输入，UPS 切换到电池供电模式并正常运行，至少待机 5min 及以上。如果电池待机时间较短，应更换 UPS 内部电池组。

（3）接通市电输入，UPS 应切换回市电模式，再次测量 UPS 输出电压，输出电压应在（100%～102%）220V AC 之间。

# 任务 3　变流器定期维护

变流器定期维护包括冷却系统定期维护、功率电缆定期维护、电路板定期维护、散热器维护、电容量定期维护、UPS 电源定期维护、断路器定期维护。

## 3.1　维护注意事项

变流器内部包含带电部件，其电压对操作人员具有潜在危险，因此，在对变流器进行维护之前，所有对变流器操作人员都必须掌握正确的变流器知识，并做好以下工作：

（1）将变流器输入侧开关、发电机定子侧并网开关断开，然后将箱式变压器低压侧断路器断开。

（2）切断所有电源后至少等待 15min，并采用完好的万用表检查每个电气部件（三相、中性点、母排电容、熔断器等）是否带电。

（3）将变流器直流母排接地或将主接触器三相短路并接地。接地线一般选用多股软铜线，不得小于 35mm²，外绝缘层要求透明。

（4）直驱型机组必须用机械抱闸装置将发电机转子锁住。

（5）完成工作后，必须检查并确认没有其他人员在区域内工作，工具是否全部从变流器内取出。

（6）在检查或更换变流器模块或者滤波器模块时要注意安全，功率模块较重且重心较高，需要谨慎操作，以免模块翻倒造成人身或设备损害。

## 3.2　冷却系统定期维护

1. 检查空气滤网

通常每月检查一次空气滤网，建议在高温季节来临之前更换空气滤网，可保证变流器良好的散热。检查柜体的清洁，如有必要，使用软抹布或真空吸尘器进行清洁，要清理的部位如图 4-11 所示。

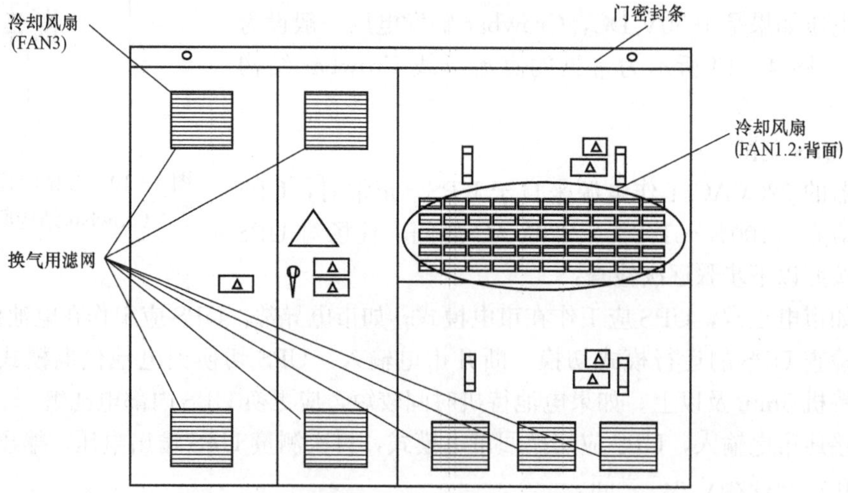

图 4-11　变流器空气滤网

2. 水冷系统维护

一般情况下，水冷系统需要每月定期检查系统泄漏和工作压力情况。水冷系统正常运行以后，检查水路管道各法兰连接处，是否存在渗水现象，检查前必须先使用干净的卫生纸清理法兰连接处的水渍。在检修时应注意以下几点：

（1）切断电源。

（2）泄压断开设备。

（3）把介质排放到合适的容器中。

（4）检修时应防止烫伤，系统冷却后进行维护。

冷却系统工作介质一般为乙二醇和纯净水的混合物，其中乙二醇为有毒物质，使用时避免直接接触皮肤。

### 3.3 功率电缆的定期维护

由于振动、温度变化等因素，螺丝和螺栓等部位很容易松动，应检查它们是否拧紧，必要时需加固。对网侧电缆、定子连接电缆、转子连接电缆分别检查其接线紧固情况和电缆是否完好，如有异常及时处理。

### 3.4 电路板的定期维护

印制电路板和功率单元是变流器的核心部件，较多灰尘会对电气性能和散热造成一定影响，可使用防静电刷子或真空吸尘器对印制电路板和功率单元进行清洁。

### 3.5 散热器的定期维护

功率模块散热器上会聚集大量来自冷却空气的灰尘，如果不及时对散热器上的积尘进行清洁，模块就会出现过温警告和过温故障。一般情况下，散热器应该每年清洁，在较脏的环境中，应该加大清洁的频率。清洁散热器的步骤如下：

（1）拆下冷却风扇。

（2）用干净的压缩空气从底部往顶部吹，同时使用真空吸尘器在出口处收集灰尘，不要让灰尘进入相邻设备。

（3）装回冷却风扇。

### 3.6 电容器的定期维护

变流器模块使用了胶片电容器和大量的母排电解电容。电容器的寿命与变流器的工作时间、负载情况和周围环境温度等有关，降低环境温度可以延长电容器的使用寿命。电容器故障是不可预测的，电容器的故障通常伴随着功率单元的损坏、输入功率电缆熔断器熔断或故障跳闸。

电容的维护周期为一年，当电容出现如下情况时请及时更换：

（1）电容出现鼓包、漏液时，会有爆炸的危险。

（2）电容容量降至标称容量的 80% 以下。

### 3.7 UPS 电源的定期维护

为了使变流器具备低电压穿越功能，增加了 UPS 电源，正常时，UPS 电源输出电压为 220V AC±2%，维护时应逐次检查下面内容：

（1）检查 UPS 的工作状况。

（2）检查 UPS 的运行模式切换。

（3）测量 UPS 输出电压，输出电压应在（100%～102%）220V AC 之间。

（4）每半年对电池充放电一次。

（5）检查电池，如有必要进行更换，电池的更换周期通常为三年。

### 3.8　断路器的定期维护

主断路器会记录动作次数，每年检查一次，如次数超出规定次数（不同断路器次数上限要求不同），需要进行更换。

# 任务4　变流器运行故障处理

### 4.1　风电机组故障类型

变流器的故障类型包括以下几个部分。

1. 通信故障

通信故障包含下列两种情况：变流器内部网侧控制板与机侧控制板的通信故障，变流器与主控（塔底柜）的通信故障。

2. 预充电故障

变流器网侧有预充电回路，若预充电电路存在问题，开始预充电后直流母线电压在规定时间内（如在50s）无法达到规定的电压（如1.17倍电网线电压），变流器充电回路如图4-12所示。

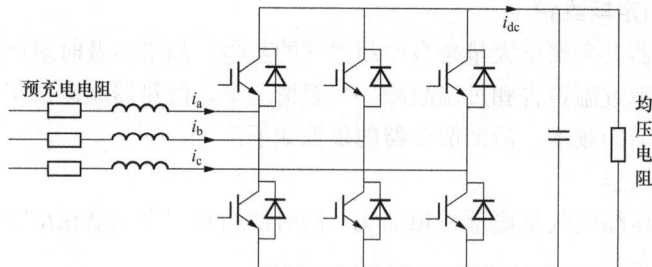

图4-12　变流器充电回路

3. IGBT温度过高故障

当热敏电阻（negative temperature coefficient，NTC）检测到的温度达到80℃以上时会报出该故障。NTC是指随温度上升电阻呈指数关系减小，具有负温度系数的热敏电阻。其一般安装在IGBT附近或置于IGBT内部，用于检测IGBT的温度。

4. 网侧接触器故障

电路板发出网侧接触器吸合指令后，未收到接触器辅助触点吸合反馈信号；或者网侧接触器吸合指令取消后，未收到接触器辅助触点分开的反馈信号。

5. 斩波器故障

斩波器动作指令与反馈信号状态不一致。

6. 电网频率或相序错误

网侧频率或相序错误，电网接线错误或检测到的电网频率与额定频率差值过大。

7. 网侧滤波回路故障

网侧控制板输入24V电平消失。一般是熔断器开关未合到位，或热继电器发热断开。

8. 网侧接地故障

网侧三相电流之和（相量）大于规定值。该故障主要由两方面引起：一是三相回路出现接地点，二是变流器网侧电流检测回路出现问题。

9. Crowbar 误动作/失效

一般由转子过电流引起，须查找转子过电流原因，如碳刷烧毁，机侧调制是否正常。

10. 并网接触器闭合故障

并网接触器闭合指令发出后，并网接触器反馈信号无闭合反馈信号。

### 4.2 变流器转子侧过电流

变流器转子电流侧过高并超过设定值时会触发该故障，例如，转子相间绝缘变差，相间短路导致转子侧电流升高。

1. 原因分析

（1）发电机转子电缆接线交叉短路。

（2）发电机定转子电缆接线有接错情况。

（3）发电机转子滑环碳刷积碳太多、碳刷弹出碳刷支架或碳刷磨损严重导致转子侧短路或接地。

（4）Crowbar 内部被击穿。

（5）发电机编码器信号干扰。

2. 处理方法

根据故障树对故障进行逐项判断，如果初次上电调试或更换完发电机报此故障，转子交叉短路可能性很大，重点检查变流器出线侧三相电缆的相序，如图 4-13 所示。如果是机组运行中报此故障，应检查 Crowbar 内部是否被击穿烧坏、编码器信号是否受干扰、变流器IGBT 是否损坏，必要时更换。

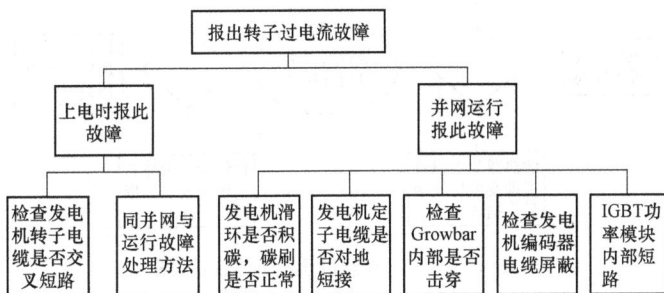

图 4-13 故障处理框图

3. 故障案例

故障名称：转子过电流 OVERCURRENT/ROTOR。

原因分析：执行极性测试，定子电压仅有几十伏，比正常值偏低，正常值应为 100V以上。

为进一步分析故障，再进行同步试验。发电机转速达到 1200r/min 时，启动变流器，不到 1s 再次报故障，但此次报同步错误 GRID SYNC FAILED 故障，定子电压比较低。因为机组故障前一直正常运行，未更改过转子或定子的相序，所以不同步的原因可能是 Crowbar故障或者是电网和定子电压检测不正确，从波形也可以看出定子电压和电网电压相差较多。

处理步骤：

（1）检查变流器控制单元，经更换后，故障是否还依然存在。

（2）为了排除 Crowbar 的问题，将 Crowbar 从转子侧脱开，做同步试验和零速启动试验，若故障依然存在，Crowbar 也不存在问题。

（3）检查变流器功率单元 IGBT，均正常，无击穿迹象。

（4）检查定子侧的绝缘度，结果定子对地绝缘只有 2kΩ，后经仔细检查确认是否导电轨绝缘出了问题。

### 4.3 变流器过温

变流器测温点一般包括 IGBT 模块温度、控制柜内部温度、功率单元温度、冷却系统温度等，故障触发后机组一般会停机或降功率运行，变流器内部温度一般控制在 5～60℃ 以内，温度过高或过低会影响变流器各部件的工作性能。

1. 原因分析

（1）外界环境温度过高，并且变流器内部空气流动不畅。

（2）风电机组长时间高速运转，负荷过大，IGBT 或其他元件产生的热量过大。

（3）功率柜和模块过滤器灰尘太大，影响散热。

（4）散热风扇或水冷却系统故障。

（5）温度传感器或采集设备故障。

2. 故障案例

（1）故障名称：变流器控制柜温度高。

（2）故障处理步骤：参照图 4-14 故障树对故障进行逐步定位。

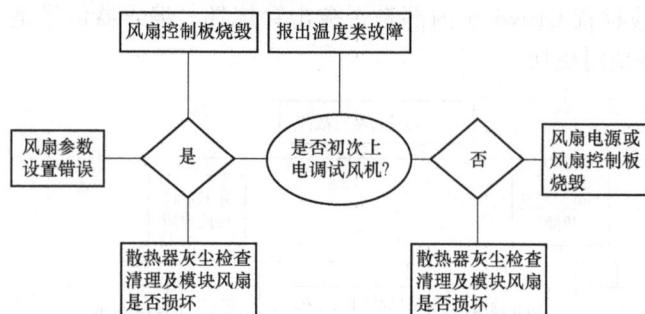

图 4-14　变流器过温处理思路框图

（3）处理结论：导致变流器过温的因素较多，集中体现为滤网堵塞和散热电机卡涩，在定检和维护时，尤其在大风季节或夏季来临之前，运维人员应注意及时清扫灰尘和更换滤网。

（4）故障处理注意事项：风电机组所处运行阶段的不同，处理方法和过程也会有所区别。随着风电场运行时间的越来越长，模块风扇损坏的概率会越来越大，逐渐成为导致变流器过温的主要因素。风扇损坏大概分机械轴承损坏、风扇扇叶掉落和电机绕组烧毁三类，在日常维护中应注意散热风扇的运行状况。

### 4.4 Crowbar 故障

Crowbar 运行信号长时间未闭合触发此类故障。

1. 原因分析

（1）一般情况 Crowbar 类的故障不会单独报出，会伴随其他故障，如网侧过电压（DC OVERVOLTAGE RIDE-THROUGH）等故障，基本可以断定低电压穿越或者编码器受到了干扰所致。

（2）如果单独报出 Crowbar RDY 丢失或 Crowbar TIMEOUT，则可能 Crowbar 内部控制板烧毁，或内部熔断器损坏，或外部引来的电源没接好。

（3）Crowbar 与控制系统之间通信出现问题，使控制系统没有收到 Crowbar 的反馈信号。

2. 故障处理注意事项

检查 Crowbar 内部控制板是否损坏，可以检查 Crowbar 的电容、IGBT 或内部二极管桥是否被击穿。另外，可以先屏蔽 Crowbar，短接与控制系统的反馈触点后做测试。如果屏蔽后故障消除，则可排除 Crowbar 内部问题。

### 4.5　预充电故障

在预充电开始后，如果直流母排电压在一定时间内未达到规定的电压值，便会报该故障。

1. 可能原因

（1）预充电接触器未吸合。

（2）预充电熔断器或限流电阻烧毁。

（3）直流母排电容或均压电阻问题。

（4）Crowbar 故障，使直流母排不断放电。

（5）IGBT 功率单元故障。

2. 故障案例

（1）故障名称：预充电未完成（金风 Switch 变流器）。某机组预充电无法完成，检修人员在操作时发现网侧 LC 滤波器电容有问题，在预充电过程中网侧电容有拉弧迹象，更换电容后故障并未消除。

（2）故障分析：据检修人员反馈，被更换的电容及接线上并无拉弧痕迹，因此可以判断故障并非由于滤波电容引起，而是其周边存在拉弧放电的迹象。

通过分析变流器运行启动流程，只有在预充电完成后，网侧断路器才会吸合，在预充电过程中，网侧变流器不进行调制，网侧断路器并没有任何电压，不可能发生放电现象。经过再次测量电压，确认网侧断路器上口电压为零，因此可以排除网侧发生故障的可能。

通过仔细检查，发现 Crowbar 电路中调制模块有烧痕，经深入检查发现该模块损坏。更换模块，故障解除。

在预充电时，Crowbar 的直流母排上带电，但是直流母排 B＋已经损坏，导致故障在该处暴露，而其上面就是滤波电容，容易误解为电容有问题，而不会怀疑调制模块本体有故障。由于调制模块直接与母排相连，调制模块故障有可能会导致母排电压达不到规定的电压值，使预充电失败。

### 4.6　并网接触器闭合后跳开

在并网之前，机组控制系统会对比发电机定子输出的三相电压与电网电压，当幅值、频率、相位都匹配时，机组控制系统会发出并网指令，并网接触器吸合，发电机开始向电网输送电能。如果并网后检测到异常，定子并网接触器会迅速跳开。

1. 故障分析

由于在出现故障之前并网接触器已经吸合，说明定子输出的三相电压与电网电压在幅值、频率和相位上都相同，进而可以证明变流器励磁和发电机性能都不存在问题，可能由于并网后对一些参数的测量上出现了问题，导致迅速脱网。

2. 可能原因

（1）并网接触器机构故障，分闸线圈或者储能机构出现故障，导致并网接触器吸合后又误动作。

（2）并网接触器触点接触不良。

（3）电流互感器损坏，并网后机组测量定子三相电流，检测三相电流相量和是否为零，如相量和不为零，也会使机组脱网。

（4）并网接触器反馈信号丢失，并网接触器吸合后，辅助触点会把闭合信号送至控制系统的 DO 通道。如检测不到反馈信号，接触器也会再次断开。

（5）控制系统故障。

3. 检查步骤

（1）检查接触器本身的执行机构是否正常。

（2）检查定子电流互感器，是否出现损坏或接线不良。

（3）检查接触器触点是否存在接触不良、烧蚀等痕迹。

（4）检查控制板的工作状态与指示灯。

**4.7 网侧三相电流不平衡**

从发电到输送，三相电是基本平衡的，不平衡主要指三相负载的不平衡。对于无中性线的三相负载，电流的不平衡也会导致严重的电压不平衡；对于有中性线的三相负载，不平衡时主要是电流的不平衡，电压变化较小。根据 GB/T 15543—2008《电能质量 三相电压不平衡》中规定，电网正常运行时，不平衡度不超过 2%，短时不得超过 4%。

1. 可能原因

（1）变流器计算误差。

（2）电流互感器本身问题。

（3）电流电压采集板或接线问题。

（4）网侧滤波电容问题。

（5）网侧逆变 IGBT 问题。

2. 检查步骤

（1）用万用表检查网侧 IGBT 是否有问题，如果网侧 IGBT、IGBT 驱动线缆、变流器电压电流采集板其中一个有问题，都会导致三相电流不平衡。

（2）检查高压 I/O 板电流互感器接线是否有问题，是否存在接反或者虚接现象。

（3）检查网侧滤波电容是否正常，网侧滤波电容控制回路是否有线虚接。

（4）低温或者随着机组运行时间增长，电流互感器可能有问题，如有问题更换电流互感器。

3. 故障案例

以金风直驱 1.5MW 机组 Freqcon 变流器为例，介绍机组报三相电流不平衡故障的处理案例。机组报 A 相电流低，B、C 相电流高故障。

（1）用示波器测量网侧电压，示波器显示三相电压不平衡。

（2）更换网侧控制器后故障依然存在，并网后报 IGBT5 故障，单独做测试 IGBT5 不调制，初步判断是接线有问题，将 IGBT5 和 IGBT4 对换后再次试验，拆除 IGBT5 后发现已经爆炸，但反馈信号完好，所以导致其限功率，由 IGBT6 支撑着 A 相的电流，A 相电流仅有其他两相的一半。

（3）更换 IGBT5 后，并网运行几分钟后再次故障停机，查看故障文件显示：A 相电流突然减小，与其他相电压之间相差有一倍，现象与最初相同，电流仅为其他两相 1/2。

（4）用万用表检测 IGBT5 没有损坏，做对冲试验 IGBT5 时发现有不正常的调制电流响声。

最终，检查发现 IGBT5 交流侧到电抗器连接母排由于虚接损坏。

4. 处理结论

该故障最终确定是由于 IGBT5 交流侧到电抗器连接母排虚接导致的。网侧三相电流不平衡还有一种可能是网侧 IGBT 有一相损坏引起的，如 B 相电流低，A、C 相电流高，就要检查 B 相所对应的 IGBT 是否损坏。有时 IGBT 损坏，但故障不会被系统报出，变流控制器会继续给 IGBT 发 PWM 信号，但是 IGBT 无法执行开断动作，该故障较为典型且不易发现，需多注意分析和观察变流器的状态数据。

【小贴士】

### 大国工匠铸精品高标准领跑"一带一路"

"一带一路"从 2013 年 9 月和 10 月先后提出到 2022 年 4 月，全球 149 个国家、30 多个国际组织同中国签署了共建"一带一路"合作文件，贸易和投资逆势增长。中国公司以大国工匠精神，高质量高标准铸造绿色丝路精品工程，惠及当地民生，全力推动共建"一带一路"走深走实、行稳致远，以实际行动推动构建人类命运共同体。

埃塞俄比亚阿达玛风电项目是我国风电首个全产业链一体化"走出去"模式的成功应用，它将中国绿色、可持续发展的能源理念在非洲大地上完美地演绎。项目位于埃塞俄比亚中部，风电场共布置风机 136 台、单机容量 1.5MW，总装机容量 204MW。

本项目每年可为埃塞俄比亚提供清洁电能 6 亿 kWh 以上，按替代标准煤耗 340g/kWh 计算，每年可节省标准煤消耗约 18 万 t，减少二氧化碳约 46 万 t。国际气候组织认为，阿达玛项目使埃塞俄比亚率先带领东南非国家实现了新能源的突破，成为该国"增长和转型计划"的标志性工程。

来源：《国际工程与劳务杂志》2022—11—11

【事故案例】

事故案例4.1
变流器触发
故障处理

# 项目五　液压系统运行与维护

视频5.1
液压系统的
检修与维护

## 学习背景

液压系统是风力发电机组的重要组成系统之一。对液压控制的风力发电机组来说，液压系统是风力发电机组的一种动力系统，液压系统工作性能的好坏直接关系到风力发电机组能否安全运行。液压系统可分为液压传动系统和液压控制系统两类。液压传动系统以传递动力和运动为主要功能。液压控制系统则要使液压系统输出满足特定的性能要求（特别是动态性能）。通常所说的液压系统主要指液压传动系统。

风力发电机组液压系统的主要功能是为液压变桨装置、轴系制动装置、偏航制动装置及叶尖阻尼装置提供液压驱动力。液压系统必须进行定时的检修与维护，以保障风机正常运行。

## 学习目标

1. 了解液压系统的基本组成与功能；
2. 掌握液压系统检查操作的流程与要求；
3. 掌握液压系统典型故障的分析与处理。

# 任务1　液压系统认知

## 1.1　液压系统的原理及组成

液压传动是以具有压力的油液作为工作介质来进行动力传输和运动控制的机械装置。液压传动中的工作介质是在受控制、受调节的状态下进行工作的，液压传动和液压控制一般难以分开。液压系统具有传动平稳、功率密度大、容易实现无级调速、易于更换元器件和过载保护可靠等优点，在大型风力发电机组中得到广泛应用。

一个完整的液压系统一般包括五个部分：动力元件、执行元件、控制元件、辅助元件和工作介质，如图5-1所示。

1. 动力元件

动力元件的作用是将电动机（或者其他原动机）输入的机械能转换成油液的压力能，向液压系统输入具有一定压力和流量的液压油，为整个液压系统提供动力源。

风机的液压系统动力元件一般是指液压泵。液压泵的结构形式主要包括齿轮泵、叶片泵和柱塞泵，如图5-2所示。液压泵的主要性能参数有额定压力、理论排量、功率和效率。

其中，齿轮泵是以成对齿轮啮合运动完成吸油和压油动作的一种壳体承压型定量液压泵，具有结构简单、制造容易、工作可靠、维护方便、经济性好等优点，但同时也有泄漏较多、效率低的问题，常用于低压、轻载系统。

叶片泵是靠叶片、定子和转子间构成的密闭工作腔容积变化而实现吸、压油的一类壳体

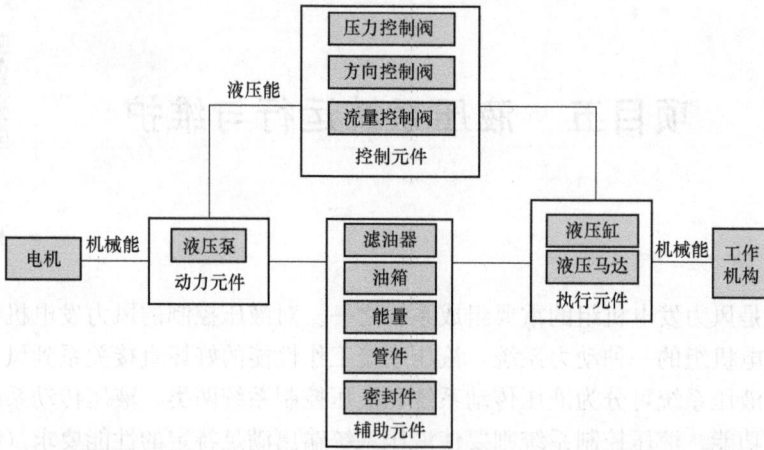

图 5-1 液压系统组成

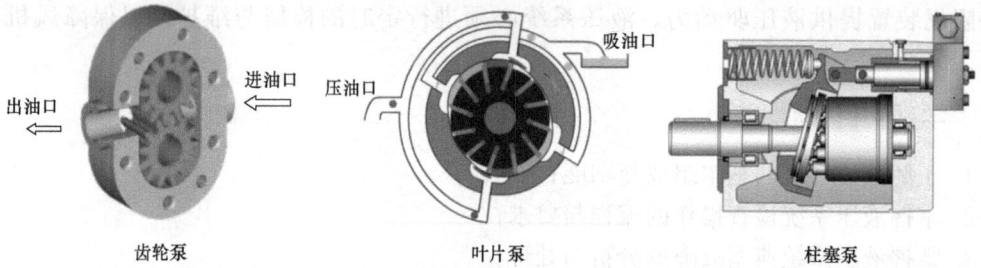

图 5-2 液压泵的分类

承压型液压泵。按工作方式的不同分为双作用叶片泵和单作用叶片泵。叶片泵具有工作压力高、流量脉动小、工作平稳、噪声小等优点，但也有结构复杂、对油液清洁度要求高、吸油特性不好等缺点。

柱塞泵是靠柱塞在缸体中往复运动进行吸油和压油的一类液压泵，按柱塞排列方式可分为径向柱塞泵和轴向柱塞泵。径向柱塞泵流量大、压力高、调节方便、工作可靠，但结构复杂、体积大、制造困难。轴向柱塞泵结构紧凑、尺寸小、密封性好、泄漏少、工作压力高、效率高，但结构复杂、经济性差。

2. 执行元件

执行元件是将动力元件供给的油液的压力能转换为机械能的装置，可以驱动工作部件做连续转动、直线往复运动或往复摆动。风机中的执行元件一般是液压缸或液压马达，如图 5-3 所示。

液压马达内部结构对称，可以在油压的作用下实现正反转，输出角速度和转矩，需要转速范围大，对最低稳定转速有要求，不具备自吸能力，需要一定的初始密封性。液压缸做往复直线运动或往复摆动，输出推力和速度，具有结构简单、工作可靠、使用维护方便的优点，在各类机械的液压系统中应用广泛。

3. 控制元件

控制元件是可以对油液的流动方向、压力和流量进行控制和调节的装置，一般是指各种液压阀，按照其控制功能的不同，可分为方向控制阀、压力控制阀和流量控制阀三大类，如图 5-4 所示。

液压马达　　　　　　　　　　　液压缸

图 5-3　液压马达与液压缸

方向控制阀　　　　　压力控制阀　　　　　流量控制阀

图 5-4　液压阀

方向控制阀（简称方向阀）的作用是控制液压系统中油的流动方向，接通或断开油路，从而控制执行机构的启动、停止或改变方向。主要包括单向阀和换向阀两类。

压力控制阀可以控制油液压力大小，或利用压力作为信号来控制执行元件和电气元件动作。主要包括溢流阀、减压阀、顺序阀、压力继电器等几类。

流量控制阀可以控制液压系统中油液的流量，从而改变执行元件的运动速度，主要有节流阀和调速阀两类。

4. 辅助元件

液压系统中的辅助元件包括蓄能器、过滤器、油箱、热交换器、油管及管接头、压力计和压力计开关等。

蓄能器是液压系统中用来储存和释放液体压力能的装置，主要有存储能量、吸收液压冲击、消除脉动、降低噪声和回收能量等作用，可以分为弹簧式、重力式和充气式，如图 5-5 所示。

过滤器可以过滤掉油液中的脏物，保持油液清洁，防止杂质侵入液压系统和液压元件，确保系统正常工作。如图 5-6 所示。

油箱在液压系统中主要起到储存油液、冷却散热、分离气体和沉淀杂质的作用，如图 5-7 所示。

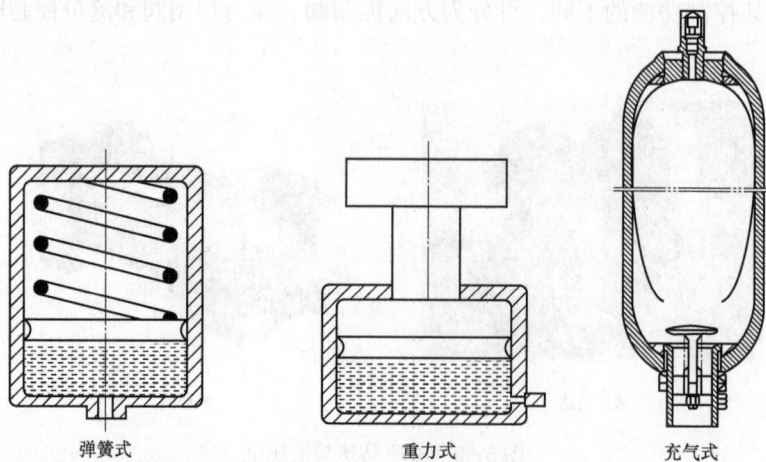

弹簧式　　　　　　　重力式　　　　　　　充气式

图 5-5　蓄能器

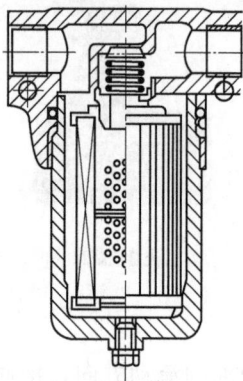

图 5-6　过滤器

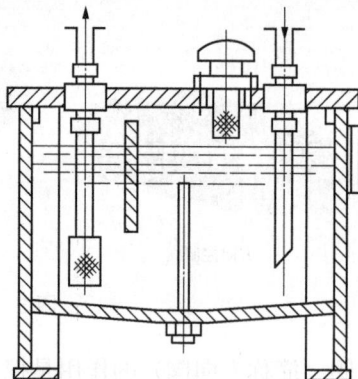

图 5-7　油箱

　　液压系统中液压油性能受温度影响大，热交换器主要起到维持油液适宜工作温度的作用，分为冷却器和加热器，如图 5-8 所示。

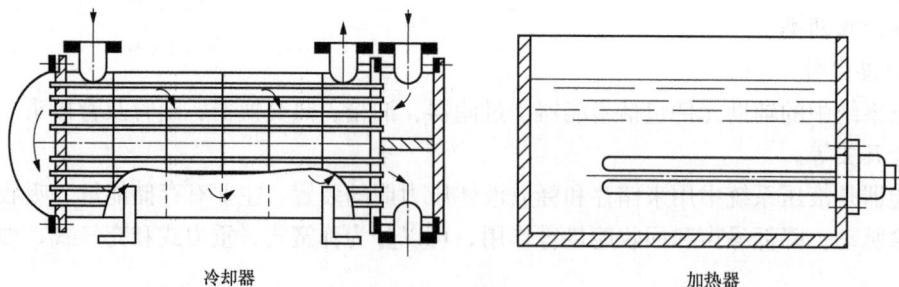

冷却器　　　　　　　　　　　　　　　加热器

图 5-8　热交换器

　　油管及管接头在液压系统构成油液流通的回路，而泄漏问题大部分发生在管接头处，因此需要根据安装设计和工作环境合理选择合适的管系元件。

　　压力计可以反馈液压系统的压力值，压力开关则是控制系统油路的接通和切断。

5. 工作介质

液压系统的工作介质就是液压油，系统通过液压油来传递能量，驱动执行元件运动。液压油同时还起到润滑、防腐、防锈、冷却等作用。液压油的主要考量指标是黏度，受到外界温度影响较大，因此液压系统需要保持合理的油液温度以维持正常工作。通常油液温度在30～50℃范围内工作性能良好。

## 1.2　液压系统传动的优缺点

1. 液压传动的优点

（1）液压装置运行平稳。

（2）可以实现大范围无级调速，动态性能好。

（3）液压装置结构紧凑，体积小，质量轻，功率密度高。

（4）便于实现自动化工作和自动过载保护。

（5）液压元件已形成标准化、自动化和通用化产品，设计和推广方便。

2. 液压传动的缺点

（1）液压系统由于油液的可压缩性和不可避免的泄漏，难以保证严格的传动比，精确度不足。

（2）传动过程中能量损失大，转换效率低，难以执行远距离传动。

（3）液压系统的油液受温度影响大，对工作环境要求高。

（4）系统结构复杂，出现故障时难以判断查找。

# 任务 2　液压系统检修与维护

前面已经提到，风力发电机的液压系统功能是为液压变桨装置、轴系制动装置、偏航制动装置及叶尖阻尼装置提供液压驱动力。为了保证风机正常工作，需要对液压系统进行定期的检修和维护。

## 2.1　液压系统各元件的检测

1. 蓄能器的检测

蓄能器可维持液压系统压力。在液压泵停止工作时，蓄能器把储存油供给系统，补偿系统泄漏或充当应急电源，避免停电或系统发生故障突然中断造成的机件损坏，减小液压冲击和液压脉动。如果蓄能器氮气不足，则无法保证液压变桨距风电机组安全顺桨。要定期对蓄能器进行检查和测试，以确保其性能满足要求。蓄能器的检测内容及其步骤如下：

（1）检查是否漏气。定期检查蓄能器气体压力，保持最佳使用条件，并及早发现渗漏及时修复使用。液压泵工作，系统无故障、压力无异常。在压力测点上安装 1 台液压表，慢慢拧松手动节流阀，使压力油流回油箱，同时注意液压表读数，压力表指针先是慢慢下降，达到某压力值后急速降到零，指针移动的速度发生变化的数值，就是充气压力。

另外，也可以利用充氮气工具直接检查充气压力，方法如下：

1）关闭液压泵电动机电源。

2）通过系统截止阀将系统压力卸载至零，然后将截止阀恢复至关闭状态。

3）开启液压泵电动机电源。

4）在主控操作面板上进行手动打压操作。

5) 仔细观察系统压力表，或者从主控液晶面板上观察系统压力的变化。若启动液压泵电动机后，系统压力值迅速上升至一个固定值，可以近似认为该值为蓄能器的充氮压力。

（2）蓄能器在液压系统中不起作用。检查是否由于气阀漏气引起，以便给予补充氮气。若皮囊内没有氮气，气阀处冒油，则拆除蓄能器检查皮囊是否损坏。当皮囊破损，卸下蓄能器前必须泄去压力油，然后才能拆下各零部件。

（3）补充氮气。

1) 拧下蓄能器顶部充氮口的保护盖。

2) 在蓄能器充氮口上安装充氮工具。

3) 关闭排气阀。

4) 打开充氮阀，从充氮工具的压力表上读取压力值。

5) 当蓄能器压力值符合要求时，关紧充氮阀。

6) 取下充氮工具。

7) 将保护帽旋上。

（4）卸下蓄能器。卸下蓄能器前必须停泵、拧松手动节流阀，泄去压力油，使用充气工具放掉皮囊内氮气，然后才能拆下各零部件。

**2. 液压系统压力检测**

启动液压系统，在主要压力测点连接液压表，读取液压表度数。根据液压系统原理图分析判断液压系统主要元件工作状态是否良好，有无泄漏、堵塞、损坏等情况发生。若液压传动出现故障，找出故障产生的部位及原因，并提出排除故障的方法。

**3. 液压油检测**

风电机组液压系统使用的液压油要求具有良好的黏温性能、防腐防锈性能及优异的低温性能。但是，油液的污染会影响系统的正常工作和使用寿命，可见要保证液压系统工作灵敏、稳定、可靠，就必须控制油液的污染。

（1）检查油液清洁度。在检查设备清洁度时，应同时检查油液、油箱和过滤器的清洁度。

（2）定期对油液取样化验。定期、定量提取油样，液压油化验的主要物理性能指标包括：黏度、黏度指数、水分、闪点、凝点和倾点、机械杂质、不溶物、斑点测试、抗氧化性、抗乳化性、抗泡沫性、抗磨性和挤压性能。主要化学性能指标：总酸值、总碱值、防腐性、防锈性、抗氧化安定性和添加剂元素分析。

可通过光谱分析、铁谱分析等技术手段做定性定量分析，以便确定油液是否需要更换。光谱分析可根据液压油中磨损金属的成分和含量趋势，判断设备有关部件的磨损情况。铁谱分析可以对磨损颗粒形状进行分析，从而判断设备的异常磨损类型。

（3）定期清洗。定期清除滤网、滤芯、油箱、油管及元件内部的污垢。在拆装元件、油管时也要注意清洁，对所有油口要加堵头或塑料布密封，防止脏物侵入系统。

（4）定期更换过滤器、空气滤芯。达到技术文件要求的更换时限，应及时更换过滤器和空气滤芯。

（5）定期过滤油液，控制其使用寿命。油液的使用寿命或更换周期取决于很多因素，可参照技术文件或油品检验化验报告进行换油工作。其中包括设备的环境条件与维修保养、液压系统油液的过滤精度和允许污染等级等因素。由于油液使用时间过长，油、水、灰尘、金属磨损物等会使油液变成含有多种污染物的混合液，若不及时更换，将会影响系统正常工作，并导致事故。

## 2.2　系统投运注意事项

（1）当风机初次使用或液压系统修理完成后，调试前请检查确认管路连接及相关密封正确性、电气接线及供电正确性、油箱内液位高度值等相关参数。

（2）检查电机转向，从电机的风叶端（俯视）看，其正确旋转方向应为顺时针方向，与电机外壳上标识的红色箭头指向一致，严禁反转。

（3）加油前液压油必须事先经过过滤，加油时所使用的工具必须保证清洁度。

（4）系统运行时各元件及管接头连接处不允许有渗油、漏油现象，如发现任何异常情况请及时处理，一般步骤：切断电源；卸压断开设备；把介质排放到合适的密闭容器里；检修时要注意保持环境和工具的清洁度，避免不必要的人为污染。

（5）在进行维护和检修工作时，必须严格执行《液压系统检修卡》上的每项内容，认真填写检修记录。如遇到无法修复的疑难故障，请及时与厂家联系。

## 2.3　检修维护准备及工具

检查维护液压系统时，应按规定使用护目镜和防护手套。检查液压回路前必须开启泄压手阀，保证回路内无压力。所需要用到的工具清单见表5-1。

表5-1　　　　　　　　　　　液压系统检修维护工具清单

| 序号 | 名称 | 功能 | 备注 |
| --- | --- | --- | --- |
| 1 | 开口扳手 | 用于管路接头、液压阀检查维护 | |
| 2 | 活动扳手 | 用于管路接头、液压阀检查维护 | |
| 3 | 内六角扳手 M8 | 用于紧固管夹固定管路 | |
| 4 | 内六角扳手 M5 | 用于紧固排气阀等 | |
| 5 | 抹布 | 用于清除灰尘、杂质或者渗漏的油 | |
| 6 | 砂纸 | 修复区域打磨 | |
| 7 | 螺纹密封胶 | 用于密封管路接头 | |
| 8 | 防水记号笔 | 记录管路接头位置 | |

## 2.4　液压系统的定检维护项目与周期

风力发电机组液压系统需要按照相关规程进行定期检修维护。定检维护的项目和周期见表5-2。

表5-2　　　　　　　　　　　液压系统定检维护项目与周期

| 序号 | 项目 | 内容 | 维护周期 | | | 要求 |
| --- | --- | --- | --- | --- | --- | --- |
| | | | 半年 | 1年 | 3年以上 | |
| 1 | 液压油位、油位传感器 | 1）检查液压站油位，油窗型油位应在指示器的中间位置，油位计型油位应在2/3以上；<br>2）检查油位传感器是否工作正常 | | √ | | 1）液压站油位正确；<br>2）油位传感器读数值与实际油位相符 |

| 序号 | 项目 | 内容 | 维护周期 | | | 要求 |
|---|---|---|---|---|---|---|
| | | | 半年 | 1年 | 3年以上 | |
| 2 | 测压点压力值 | 启动液压系统，检查液压系统各测压点的压力是否在规定范围内，是否稳定 | √ | √ | √ | 测压点的压力在规定范围内并稳定 |
| 3 | 过滤器、滤芯 | 运行泵，检查过滤器压差信号有没有超过压差允许值；检查滤芯是否堵塞，如能看到红色标识，则滤芯堵塞 | | √ | | 过滤器压差信号在压差允许值内，滤芯无堵塞 |
| 4 | 液压站、液压软管、油管、管接头密封 | 检查液压站至偏航刹车器、主轴刹车器间的油管及油管接头是否漏油 | √ | | | 无渗漏 |
| 5 | 蓄能器氮气压力 | 外观检查外部是否有损坏，检查储能器压力，通过手动阀调节降低压力，读压力表的油压力。当压力暂停突然下降时，此时读出的压力即为蓄能器的压力 | | √ | | 蓄能器的压力设定值根据厂家不同设定值不同 |
| 6 | 油泵启、停点 | 测试并记录表液压站油泵启、停点，检查液压站安装螺栓是否松动 | √ | | | 油泵启、停点正确，安装螺栓牢固 |
| 7 | 液压泵及其电机 | 启动液压系统，检查液压泵和电机运行是否有异响 | √ | | | 无异响 |
| 8 | 安装螺栓 | 检查液压站安装螺栓是否松动，确保液压站安装螺栓没有松动，如果松动则拧紧 | | √ | | 无松动 |
| 9 | 油品 | 将油缸底部放油孔取油打开，排出100mL的油后，取油200mL进行油化验 | | | √ | 依据制造厂家维护手册规定值或技术监督化学标准 |

## 2.5　其他重要部件的维护

1. 液压旋转接头的维护

液压旋转接头是为实现两个相对旋转的管道传输压缩空气，冷却水、液压油、导热油等流体介质的一种设备。液压旋转接头，也称为液压滑环。如果在高速旋转的轴上有一个液压缸，向其输送介质则需要用到旋转接头。

具体的维护方法与注意事项如下：

（1）应保持旋转接头滚筒及管道内部的清洁。对新设备应特别注意，必要时需加过滤器，以避免异物对旋转接头造成异常磨损。

（2）检查液压旋转接头、油管接头等位置，有无液压油渗漏痕迹，并及时处理。

（3）带有注油装置的要定期注油，确保旋转接头轴承运转的可靠性。

（4）检查密封面的磨损状况及厚度变化情况（一般正常磨损为5～10mm），观察密封面的摩擦轨迹，看是否出现三点断续或划伤等问题，如有上述状况，应立即更换。

（5）旋转接头应轻拿轻放，严禁受冲击，以免损失接头构件。

（6）旋转接头不要长期空转。

2．液压缸的维护

液压缸是液压系统的执行机构，它的误差、卡涩和损坏，都将直接影响液压系统执行的精确度，轻则影响风电机组的有功功率，重则影响风电机组的安全性。因此，液压缸的维护对于风电机组的安全、稳定运行是极为重要的。

液压缸的维护一般包括下列项目：

（1）检查紧固液压缸的固定螺栓。

（2）检查液压缸动作是否平稳、有无异响，活塞杆有无划伤。

（3）螺纹连接的液压缸，要注意观察是否有退丝现象。

（4）检查液压缸本体各连接螺栓的紧固情况，特别是端盖与缸筒连接的螺栓。

（5）检查液压缸所用液压油的清洁情况。

（6）检查接地线的连接情况。

（7）校验位置传感器。

液压缸通常由后端盖、缸筒、活塞杆、活塞组件、前端盖五部分构成，油液易由高压腔向低压腔或由液压缸内向缸外泄漏。为防止泄漏，在缸筒与端盖之间、活塞与活塞杆之间、活塞与缸筒之间、活塞杆与前端盖之间均具有相应的密封装置。由于液压缸的主要动力来源是液压油的压力和流量，液压缸对装配质量和液压油的清洁度要求较高。如果液压油不清洁，则会造成液压缸内的卡涩和磨损，随着时间的推移，逐渐形成液压缸的内部泄漏。在缸前端盖的外侧，若液压缸内装配不良，出现退丝、松动等现象，也可能导致液压缸体与液压杆的偏心，使摩擦加剧而形成内漏。

在维护和装配液压杆时，需要注意观察液压杆与液压缸体的装配工艺，液压缸体需要检查其螺栓紧固情况，变桨液压缸与缸体均超出一般的液压缸长度，在机组的持续振动下，固定不牢极易造成变桨液压缸的弯曲变形。在进行测试和安装时，要注意液压缸与缸体间只能进行轴向相对运动，不能发生转动，且轴向相对运动应在液压缸的有效行程内进行，不能超出其运动范围，使液压杆受到弯矩或扭力。

因为变桨液压杆广泛采用位置传感器，采集行程信号，提供给变桨控制机构作为负反馈，所以必须保证该信号的准确、可靠。而位置传感器的型号较多，电磁感应式、磁致伸缩式位置传感器较易受到电磁感应信号的干扰，在维护中必须检查变桨位置传感器的屏蔽线是否有效接地；否则，一旦受到干扰后发生零位漂移，导致液压杆不在规定行程范围内运动，也容易损坏液压杆。

# 任务3　液压系统运行故障处理

液压系统的常见缺陷、故障与其功能实现有关。由于液压系统不仅包含液压部分，还包含电气控制回路和机械执行元件，因此其故障原因一般分为电气、液压、机械三部分。此外，由于不同的风机机型对于液压系统需要实现的功能要求有所不同，液压系统的故障表现形式也会更加复杂，同样的故障可能引起的原因并不相同，需要检修维护人员具体问题具体分析，才能做好风机液压系统的故障处理。

### 3.1　液压系统常见故障类型

液压系统构成复杂，功能多样，针对液压系统的故障分析与处理，要求检修维护人员熟悉其常见的故障类型和可能引起原因。现将液压系统中常见的故障类型总结如下：

1. 液压系统噪声、振动大故障

主要体现：泵中噪声、振动，引起管路、油箱共振；管道内油流激烈流动的噪声；油箱有共鸣声。

可能原因：阀弹簧所引起的系统共振；空气进入液压缸引起的振动；液压阀换向产生的冲击噪声；溢流阀、卸荷阀、液控单向阀、平衡阀等工作不良引起的管道振动和噪声等。

2. 系统压力不正常故障

主要体现：

（1）压力不足。可能原因：溢流阀、旁通阀损坏；减压阀设定值太低；集成阀块设计有误；减压阀损坏；泵、电动机或液压缸损坏，内泄大。

（2）压力不稳定。可能原因：液压油中混有空气；溢流阀磨损、弹簧刚性差；油液污染、堵塞阀阻尼孔；蓄能器或充气阀失效；泵、电动机或液压缸磨损。

（3）压力过高。可能原因：减压阀、溢流阀或泄压阀设定值不对；变量机构不工作；减压阀、溢流阀或卸荷阀堵塞或损坏。

3. 液压缸或液压马达工作不正常故障

主要体现：

（1）系统压力正常，液压缸或液压马达无动作。可能原因：电磁阀中电磁铁有故障；限位或顺序装置（机械式、电气式或液动式）不工作或调定不正确；机械故障；没有指令信号；放大器不工作或调得不对；阀不工作；液压缸或液压马达损坏。

（2）液压缸或液压马达动作太慢。可能原因：泵输出流量不足或系统泄漏太大；液压黏度太高或太低；阀的控制压力不够或阀阻尼孔堵塞；外负载过大；放大器失灵或调得不对；阀芯卡涩；液压缸或阀磨损严重。

（3）动作不规则。可能原因：压力不正常；油中混有空气；指令信号不稳定；放大器失灵或调的不对；传感器反馈失灵；阀芯卡涩；液压缸或液压马达磨损或损坏。

4. 液压站油温过高故障

主要体现：

（1）液压泵、阀块、液压缸等温度高。可能原因：设定压力过高；溢流阀、卸荷阀、压力继电器等卸荷回路的元件工作不良；卸荷回路的元件设定值不适当，泄压时间短；因黏度低或液压泵有故障，增大了液压泵的内泄漏量，使泵壳体温度升高；油箱内油量不足；油箱结构不合理等。

（2）液压阀、管路渗漏油，密封圈损坏等。可能原因：液压阀的漏损大，卸荷时间短；蓄能器容量不足或有故障；需要安装冷却器，冷却器容量不足，冷却器有故障；油温自动调节装置有故障；溢流阀遥控口节流过量，卸荷的剩余压力高；管路的阻力大。

### 3.2　液压系统常用故障诊断方法

液压系统是机械、电气、液压等装置共同构成的复杂系统，故障的表现形式和引起原因多种多样，为工作人员的分析诊断带来了诸多困难。这就要求工作人员具有一定的专业知识基础和分析判断能力，才能在复杂的关系中找出原因并及时、精准地排除。现将常用的故障诊断方法总结如下：

### 1. 简易故障诊断法

简易故障诊断法是目前采用最普遍的方法，它是维修人员凭个人的经验，利用简单仪表根据液压系统出现的故障，客观地采用问、看、听、摸、闻等方法了解系统工作情况，进行分析、诊断、确定产生故障的原因和部位，具体做法如下：

（1）询问现场运行检修人员，了解设备运行状况。其中包括：液压系统工作是否正常；液压泵有无异常现象；液压油检测清洁度的时间及结果；滤芯清洗和更换情况；发生故障前是否对液压元件进行了调节；是否更换过密封元件；故障前后液压系统出现过哪些不正常现象；过去系统出现过什么故障，是如何排除的，等等，需逐一进行了解。

（2）看液压系统工作的实际状况，观察压力表上的系统压力、液压缸的运动速度、油液、泄漏、振动等是否存在问题。

（3）听液压系统的声音，如冲击声、泵的噪声及异常声，判断液压系统工作是否正常。

（4）摸液压缸体的温升、振动、爬行及油管接头连接处的松紧程度，判定液压缸工作状态是否正常。

简易诊断法是一个简易的定性分析，可以快速判断和排除故障，具有较广泛的实用性。

### 2. 逻辑分析法

根据液压系统原理图逻辑分析液压系统出现的故障，找出故障产生的部位及原因，并提出排除故障的方法。逻辑分析法是目前应用最为普遍的方法，它要求人们对液压知识具有一定基础并能看懂液压系统图，掌握各图形符号所代表元件的名称、功能，对元件的原理、结构及性能也应有一定的了解。认真学习液压基础知识掌握液压原理图是故障诊断与排除最有力的助手，也是其他故障分析法的基础。

### 3. 对比替换法

对比替换法常用于缺乏测试仪器、有新的备件或有 2 套以上相同功能回路液压系统的场合检查液压系统故障。对比替换方法有两种情况：一种情况是通过逻辑分析对可疑元件用新备件进行替换，如液压换向阀、单向阀等，再开机试验，若性能变好，则故障所在即知，否则，可继续用同样的方法或其他方法检查其余部件；另一种情况是对于具有相同功能回路的液压系统，采用对比替换法，这样做更为方便。

### 4. 仪器专项检测法

有些重要的液压设备必须进行定量专项检测，即检测故障发生的根源性参数，为故障判断提供可靠依据。国内外有许多专用的便携式故障检测仪，测量流量、压力、温度，并能测量泵和电动机的转速等。

（1）压力检测仪检测液压系统各部位的压力值，分析其是否在允许范围内。

（2）流量检测仪检测液压系统各位置的油液流量值是否在正常值范围内。

（3）温升检测仪检测液压泵、执行机构、油箱的温度值，分析是否在正常值范围内。

（4）噪声检测仪检测异常噪声值，并进行分析，找出噪声源。

应该注意的是，元件检测要先易后难，不能轻易把重要元件从系统中拆下，甚至盲目解体检查。

5. 状态监测法

现代风电机组中很多液压设备本身配有重要参数的检测仪表，或系统中预留了测量接口，不用拆下元件就能观察或从接口检测出元件的性能参数，为初步诊断提供定量依据。如在液压系统的有关部位和各执行机构中装设压力、流量、位置、速度、液位、温度、过滤阻塞报警等各种监测传感器，某个部位发生异常时，主控程序均可及时测出技术参数状况，并可在控制屏幕上自动显示，以便于分析研究、调整参数、诊断故障并予以排除。

状态监测技术可以为液压设备的预知故障维修提供各种信息和参数，可获得其他方法不能得到的油液信息，能更深层次地发现液压系统存在的问题。液压油的黏度检测、水含量检测、铁谱分析、光谱分析等方法，都是常用的状态监测方法。

### 3.3 液压系统常用故障的诊断及排除

1. 电机泵组故障诊断及排除方法

电机泵组故障诊断及排除方法，见表5-3。

表5-3 电机泵组故障诊断及排除方法

| 故障 | 原因 | 措施 |
|---|---|---|
| 电机开启后不运行 | 1) 电机没接电源 | 接通电源 |
| | 2) 熔丝烧断 | 更换熔丝 |
| | 3) 电机保护开关松开 | 重新激活电机保护 |
| | 4) 温度保护装置松开 | 重新激活温度保护装置 |
| | 5) 开关仪器的开关点或线圈损坏 | 更换开关或电磁线圈 |
| | 6) 控制保险装置损坏 | 维修控制电路 |
| | 7) 电机损坏 | 更换电机 |
| 开启后电机保护开关立即断开 | 1) 熔丝或微型自动开关烧坏 | 重新开启熔断器 |
| | 2) 电机保护开关触电损坏 | 更换电机保护开关触点 |
| | 3) 电缆接线不牢或损坏 | 固定更换接线 |
| | 4) 电机绕组损坏 | 更换电机 |
| | 5) 泵机械堵塞 | 去除堵塞物 |
| | 6) 电机保护开关设置太低或在错误的范围内 | 正确设置电机保护开关 |
| 电机保护开关有时松开 | 1) 电机保护开关设置太低或在错误的范围内 | 正确设置电机保护开关 |
| | 2) 电源一时太低或太高 | 检查电路 |
| 泵不运动时，电机保护开关不断松开 | 检查第一点里的1)～3)、5) 和6) | 按相应方法处理 |
| 泵功率不稳定 | 1) 入口压力太低（气蚀） | 检查吸油侧的压力 |
| | 2) 吸油管路或泵被污染物堵塞 | 清洗吸油管路或泵 |
| | 3) 泵吸入空气 | 检查吸油管 |
| 泵运行，但不排油 | 1) 吸油管路或泵被污染物堵塞 | 清洗吸油管路或泵 |
| | 2) 底阀或单向阀堵在闭合的位置 | 维修底阀单向阀 |
| | 3) 吸油管路不密封 | 维修吸油管路 |
| | 4) 吸油管路或泵里有气体 | 检查吸油侧的压力 |

续表

| 故障 | 原因 | 措施 |
|---|---|---|
| 泵关闭后反向运转 | 1）吸油管路不密封 | 维修吸油管路 |
| | 2）底阀或单阀损坏 | 维修底阀或单向阀 |
| 轴封处不密封 | 轴封损坏 | 更换轴封 |
| 噪声 | 1）泵里有气蚀 | 检查吸油侧压力 |
| | 2）由于泵轴的连接错误 | 检查泵轴的机械连接 |

2. 液压系统异常振动和噪声的故障诊断及排除方法

液压系统异常振动和噪声的故障诊断及排除方法见表 5-4。

**表 5-4　　　　　液压系统异常振动和噪声的故障诊断及排除方法**

| 故障 | 原因 | 措施 |
|---|---|---|
| 液压泵 | 1）内部零件卡阻或损坏 | 修复或更换 |
| | 2）轴径油封损坏 | 清洗、更换 |
| | 3）进油口密封圈损坏 | 清洗、更换 |
| 溢流阀 | 1）阻尼孔被堵死 | 清洗 |
| | 2）阀座损坏 | 修复 |
| | 3）弹簧疲劳或损坏，阀芯移动不灵活 | 更换弹簧，清洗、去毛刺 |
| 电磁阀 | 1）电磁铁失灵 | 检修 |
| | 2）控制压力不稳定 | 选用合适的控制油路 |
| 液压管路 | 1）液压脉动 | 在液压泵出口增设蓄能器或消声器 |
| | 2）管长及元件安装位置匹配不合理 | 合理确定管长及元件安装位置 |
| | 3）吸油过滤器阻塞 | 清洗或更换 |
| | 4）吸油管路漏气 | 改善密封性 |
| | 5）油温过高或过低 | 检查温控组件状况 |
| | 6）管夹松动 | 紧固 |
| 液压油 | 1）液位低 | 按规定补足 |
| | 2）油液污染 | 净化或更换 |
| 机械部分 | 1）液压泵与原动机的联轴器不同心或松动 | 重新调整紧固螺钉 |
| | 2）电动机法兰、液压泵泵架、固定螺钉松动 | 紧固螺钉 |
| | 3）机械传动零件（皮带、齿轮、齿条、轴承）及电动机故障 | 检修或更换 |

3. 液压系统压力失常的故障诊断及排除方法

液压系统压力失常的故障诊断及排除方法见表 5-5。

**表 5-5　　　　　液压系统压力失常的故障诊断及排除方法**

| 故障 | 原因 | 措施 |
|---|---|---|
| 无压力 | 无流量 | 按系统流量失常故障处理方法 |

续表

| 故障 | 原因 | 措施 |
|---|---|---|
| 压力过低 | 存在溢流通路 | 按系统流量失常故障处理方法 |
| | 减压阀调压值不当 | 重新调整到正确的压力 |
| | 减压阀损坏 | 检修或更换 |
| | 液压泵或执行器损坏 | 检修或更换 |
| 压力过高 | 系统中的压力阀（溢流阀、卸荷阀与减压阀或背压阀）调压不当 | 重新调整到正确压力 |
| | 压力阀磨损或失效 | 维修或更改 |
| 压力不规则 | 油液中混有空气 | 找出故障部位，清洗或研磨，使阀芯在阀体内运动灵活自如 |
| | 溢流阀磨损 | 维修或更换 |
| | 油液污染 | 更换堵塞的过滤器滤芯 |
| | 液压泵、执行器及液压阀磨损 | 检修液压泵、执行器及液压阀磨损内部易损件的磨损情况和系统各连接处的密封性 |

4. 液压系统流量失常的故障诊断及排除方法

液压系统流量失常的故障诊断及排除方法见表 5-6。

**表 5-6　　　　　　　　液压系统流量失常的故障诊断及排除方法**

| 故障 | 原因 | 措施 |
|---|---|---|
| 无流量 | 1）电动机不工作 | 大修或更换 |
| | 2）液压泵转向错误 | 检查电动机接线，改变旋转方向 |
| | 3）联轴器打滑 | 更换或找正 |
| | 4）油箱液位过低 | 注油到规定高度 |
| | 5）全部流量都溢出 | 调整溢流阀 |
| | 6）液压泵磨损 | 维修或更换 |
| | 7）液压泵装配错误 | 维修或更换 |
| 流量不足 | 1）液压泵转速过低 | 在一定压力下把转速调整到需要值，重新调整 |
| | 2）油液黏度不当 | 检查油温或更换黏度适合的液压油 |
| | 3）液压泵吸油不良 | 加大吸油管径，增加吸油过滤的流通能力，检查是否有空气进入 |
| | 4）系统外泄漏过大 | 旋紧漏油处的管接头 |
| | 5）泵、缸、阀内部零件及密封件磨损，内泄漏过大 | 拆修或更换 |
| 流量脉动过大 | 1）流量设定值过大 | 重新调整 |
| | 2）变量机构失灵 | 拆修或更换 |
| | 3）电动机转速过高 | 更换转速正确的电动机 |
| | 4）更换的泵规格错误 | 更换规格正确的液压泵 |
| | 5）液压泵固有脉动过大 | 更换液压或在泵出口增设吸收脉动的蓄能器 |
| | 6）电动机转速波动 | 检查供电局电源状况，若电压波动过大，待正常后工作；采取稳压措施 |

## 5. 液压系统过热的故障诊断及排除方法

液压系统过热的故障诊断及排除方法见表 5-7。

**表 5-7** 液压系统过热的故障诊断及排除方法

| 故障 | 原因 | 措施 |
|---|---|---|
| 液压泵 | 1) 气蚀 | 清洗过滤器滤芯和进油路；改正液压泵转速；维修或更换油泵 |
| | 2) 油中混有空气 | 给系统放气；旋紧漏气的接头 |
| | 3) 溢流阀或卸荷阀调压值过高 | 调至正确压力 |
| | 4) 过载 | 找正并检查密封和轴承的状态；布置并纠正机械约束，检查工作负载是否超过回路设计负载 |
| | 5) 泵磨损或损坏 | 维修或更换 |
| | 6) 油液黏度不当 | 检查油温或更换液压油液 |
| | 7) 油液污染 | 清洗过滤器或换油 |
| 溢流阀 | 1) 设定值错误 | 调至正确压力 |
| | 2) 液压阀磨损或损坏 | 维修或更改 |
| | 3) 油液黏度不当 | 检查油温或更换液压油液 |
| | 4) 油液污染 | 清洗过滤或换油 |
| 电磁阀 | 1) 电源错误 | 更正 |
| | 2) 油液黏度不当 | 检查油温或更换液压油液 |
| | 3) 油液污染 | 清洗过滤器，换滤芯或者直接换油 |

## 【小贴士】

### 哈萨克斯坦札纳塔斯风电项目——戈壁滩上的风电站

哈萨克斯坦南部小城札纳塔斯。

一望无际的戈壁滩上，40 台通体洁白的"大风车"傲然耸立。巨大的风机叶片迎风旋转，与背后的蓝天、白云构成一幅动静相宜的美丽画面，这里就是中企投资、承建的札纳塔斯风电站。

哈萨克斯坦能源供给主要依靠火力发电，该国大部分煤炭资源聚集在北部，而南部城市电力消费量却占到全国的70%。如何改善南部地区缺电状况？政府将目光投向具备得天独厚风能优势的小城札纳塔斯。2018 年，哈萨克斯坦与中国合作，在札纳塔斯建设风电项目，成为中哈产能合作清单首批重点项目之一。

2019 年 7 月，札纳塔斯风电项目正式开工建设。2021 年 6 月，项目实现全容量并网。作为哈萨克斯坦南部最大风电项目，每年可发电约 3.5 亿千瓦时，满足近 20 万家庭的用电需求。相比同等装机容量的火力发电，该项目每年可节约标准煤约 11 万吨。项目极大缓解了哈南部地区缺电状况，也为当地发展注入源源不断的清洁动能。

伊利亚斯·努西罗夫是该项目技术部首席专家。他告诉本报记者，中方代表在完成风机组装和调试后，详细地为当地员工讲解设备使用和维护方法，并且在实践中手把手教学，帮助哈方员工掌握技术要领。他感慨地说："札纳塔斯风电项目为当地培养了大量风电领域专家，有力地促进了哈萨克斯坦绿色能源的发展。"

札纳塔斯风电项目也是一座推动中哈友好的"连心桥"。项目的落成让一度沉寂的工业城镇札纳塔斯重焕生机。项目建设期间，累计创造 500 多个就业岗位。项目组还为当地数十个困难家庭修缮住房，并结合当地民众需求完善基础设施建设，建设林荫公园、户外泳池等。

阿比尔加济耶夫是札纳塔斯风电项目检修工。在项目工作数年中，他见证了札纳塔斯的变化，对哈中绿色能源合作充满信心："风电项目为札纳塔斯创造就业、增加税收，给城市发展带来新机遇。相信在清洁能源项目的带动下，我们这里的天会更蓝、水会更清！"

来源：人民日报

**【事故案例】**

事故案例5.1
某风电场液压
站建压时间长
故障处理

# 项目六 变桨系统运行与维护

视频6.1
变桨系统的
检修与维护

## 学 习 背 景

变桨系统是大型风电机组控制系统的核心部分之一，能够通过调节桨叶的桨距角，改变气流对桨叶的攻角，进而控制风轮捕获的气动转矩和气动功率。主要功能是在正常运行时根据控制指令调节叶片角度，使风电机组获得优化的功率曲线；在遇到故障需要紧急停车时，能够迅速顺桨，保障风电机组的安全。变桨系统对机组安全、稳定、高效地运行具有十分重要的意义。

## 学 习 目 标

1. 了解变桨系统的基本组成与功能；
2. 掌握变桨系统检查操作的流程与要求；
3. 掌握变桨系统典型故障的分析与处理。

# 任务1 变桨系统认知

## 1.1 变桨系统的原理及组成

近年来，随着风力发电技术的进步，风电机组不断朝着大型化方向发展。变桨距风电机组以其能最大限度地捕获风能、输出功率平稳、机组受力小等优点，获得了广泛的应用。变桨距风力发电机组是指桨叶与轮毂通过变桨轴承连接，可以根据风速大小调节气流对叶片的攻角。当风速小于额定风速时，桨距角保持在0°位置不变，不做任何调节；当风速大于额定风速时，调节系统根据风速的大小调整桨距角的大小，使输出功率稳定；当风速达到切出风速时，使叶片顺桨状态，机组停机。

图6-1所示为桨距角和攻角。桨距角 $\beta$ 也称节距角，是叶片弦长与旋转平面的夹角；攻角 $\alpha$ 为来流合速度与叶片弦长的夹角。

风机中实现叶片变桨功能的所有元件就构成了机组的变桨系统。而根据叶片变桨执行机构的不同，变桨系统又分为电动变桨和液压变桨两大类型。电动变桨采用伺服电机作为动力源，液压变桨则以液压缸作为动力源。

1. 电动变桨系统

电动变桨系统采用电机配合减速器对桨叶进行单独控制，每个叶片都配有独立的变桨电机，其结构紧凑可靠。电动变桨系统中，由变桨电动机为变桨系统提供动力，电动机输出轴与减速齿轮箱同

图6-1 桨距角和攻角

轴相连。当机组控制器给变桨控制器发出桨距角指令时，变桨控制器就会按照一定的控制策略控制三个伺服驱动器，驱动电动机动作，减速器将电动机的扭矩增大到适当的倍数后，将

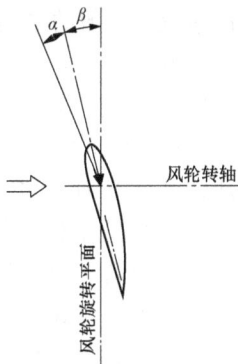

减速器输出轴上的力矩通过一定方式传动到叶根轴承的旋转部分，从而带动叶片旋转，实现变桨。

目前变桨轴承的驱动方式有齿轮传动和齿形带传动两种。图 6-2 所示为齿轮传动形式电动变桨系统，图 6-3 所示为齿形带传动形式变桨系统。

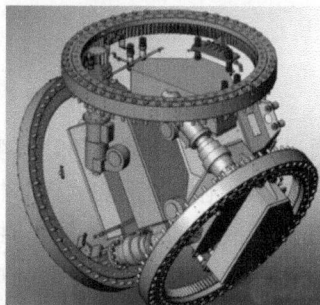

图 6-2　齿轮传动形式电动变桨系统

图 6-3　齿形带传动形式变桨系统

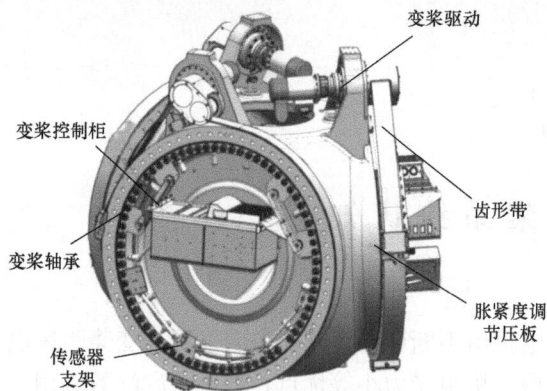

图 6-4　电动变桨系统布局

电动变桨系统主要由变桨主控制器、轮毂控制器、伺服驱动器、变桨电动机、减速器、传感器、后备电源等组成。某风机的电动变桨系统布局如图 6-4 所示。轮毂里有三套电池箱、轴箱、伺服电动机和减速机，还有一套电动变桨控制系统安装在控制柜中。通信总线和电缆靠集电环与机舱的主控制器相连接。主控制器与轮毂内的控制器通过总线通信，控制三个桨叶的变桨。主控制器根据风速、发电机功率和转速等信号，把命令值发送到电动变桨系统控制变桨，同时电动变桨系统速度和位置等信号反馈到主控制器。此外，变桨系统的后备电源是保证在系统因故障失电时，伺服电动机仍然能够工作，将风机叶片调整为顺桨位置的装置。一般的电动变桨型风电机组都配备超级电容或大容量充电电池作为系统失电时的后备电源。

2. 液压变桨系统

液压变桨系统由电动液压泵作为工作动力，液压油作为传递介质，电磁阀作为控制单元，通过将油位活塞杆的径向运动变为桨叶的圆周运动，实现调节叶片桨距角的目的，如图 6-5 所示。其控制方式可分为统一变桨和独立变桨两种方式。对于小功率的风力发电机组一般采用统一变桨控制，也就是说利用一个液压执行机构控制整个机组的所有桨叶变桨，但对于大功率风力发电机组常采用独立变桨距机构，可

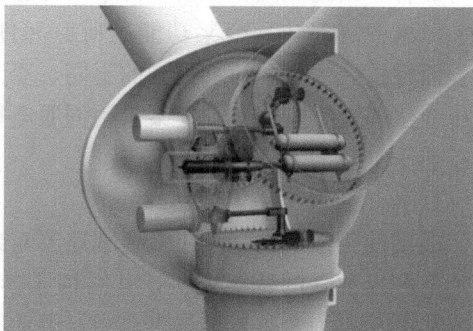

图 6-5　液压变桨系统

以有效解决桨叶和塔架等部件的载荷不均匀的问题，具有结构紧凑、易于控制、可靠性高等优势。

　　液压变桨系统主要由液压站、控制阀、蓄能器、执行机构等组成。执行机构主要由推动杆、支撑杆、导套、防转装置、同步盘、短转轴、连杆、长转轴、偏心盘、桨叶法兰等部件组成。具体机械结构如图6-6所示。

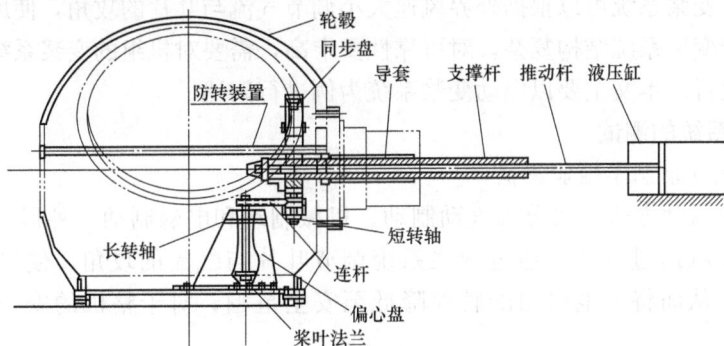

图6-6　液压变桨系统执行机构结构

　　液压变桨一般采用蓄能器作为后备动力源。蓄能器是一个钢制容器，内置一个橡胶内胆，内胆内充有氮气。蓄能器泵入油后，橡胶充气球会受压，其存储的压力作为液压变桨系统的后备动力。

　　3. 变桨系统分类总结

　　如前所述，变桨系统根据驱动方式的不同，大致分为电动变桨和液压变桨两类，每种变桨类型内部又可根据控制方式和结构上的差异有不同的分类。具体分类方式及常见机型见表6-1。

表6-1　　　　　　　　　　　　　　变桨系统分类方式

| 动力源 | 控制方式 | 驱动机构 | 后备动力 | 代表机型 |
|---|---|---|---|---|
| 液压变桨 | 统一变桨 | 液压缸 | 蓄能器 | Gamesa 850kW |
| | 独立变桨 | | | Gamesa 2.0MW，Vestas 2.0MW |
| 电动变桨 | 独立变桨 | 电动机-减速器-齿轮 | 蓄电池 | 华锐 1.5MW，GE1.5MW |
| | | 电动机-减速器-齿形带 | 超级电容 | 金风 1.5MW |

## 1.2　变桨距风电机组的优缺点

1. 变桨距风电机组的优点

（1）启动性能好。

（2）刹车机构简单，叶片顺桨及风轮转速可以逐渐下降。

（3）额定点前的功率输出饱满。

（4）额定点后的输出功率平滑。

（5）风轮叶根的静动载荷小。

（6）叶宽小，叶片轻，机头质量比失速机组小。

2. 变桨距风电机组的缺点

（1）变桨系统使得轮毂内部结构复杂，可靠性要求高。

（2）日常维护费用高。

# 任务2  变桨系统检修与维护

大型风力发电机组的变桨系统根据执行机构的不同，可以分为电动变桨系统和液压变桨系统两大类型。变桨系统可以根据外界风速大小调节气流与叶片的攻角，使风机工作在最优功率曲线。由于变桨系统结构复杂，对可靠性要求高，需要对机组的变桨系统进行检修与维护，保障正常运行。本文主要以电动变桨系统为例进行阐述。

## 2.1  变桨系统的测试

### 1. 变桨系统气动刹车性能测试

风电机组的制动方式主要分为气动制动、机械制动和电磁制动三种形式。其中气动制动主要是当外界风速过高时，通过变桨系统调节叶片与气流的攻角，使风电机组接收的气动转矩减小，从而将风电机组的转速降低至安全范围，对于整机的安全保护有着重要的意义。

风电机组将气动制动系统作为主制动系统。一般制动过程中，由气动制动系统与电磁制动系统相互配合使风电机组转速逐渐下降直至停机。在风电机组发生脱网等故障时，发电机的电磁制动转矩瞬间丢失，此时必须由变桨系统在短时间内将至少一个叶片从 0° 转动至 90°，使风电机组接收的风能减小，从而实现安全停机。

在失电情况下，变桨系统无法从电网获取必要的能量以实现上述过程，因此必须具备足够的后备能源，以保证至少一个叶片的安全动作。如果此时后备能源失效，则会导致出现飞车、倒塔等严重后果。后备能源的容量和安全驱动过程是变桨系统保护性能的关键指标，所以，在设备检修和维护中，必须定期对变桨系统的气动刹车性能进行整体测试。

电动变桨系统的气动制动性能测试步骤如下：

（1）在风电机组处于静止或低速状态下，主控系统将待测叶片转动至负的极端位置（−5° 或 0°），其余两个叶片处于安全位置（85° 或 90°）。

（2）主控系统切断至待测试叶片变桨系统的控制信号，并切断该叶片变桨系统的外接电源。

（3）待测叶片的变桨系统进入紧急状态，调用其后备电源，使叶片从负的极端位置转动至安全位置。

叶片从负的极端位置向安全位置运动的过程为顺桨过程。从安全位置恢复至负的极端位置的过程为回零过程。电动独立变桨系统一般采用逐叶片测试，在顺桨过程中使用变桨系统后备电源，在回零过程中使用外接电源，以减少后备电源的消耗。

液压变桨系统的测试与此类似，但主要测试对象为蓄能器。如果蓄能器氮气压力不足，则无法保证安全顺桨。经过一定时间，风电机组将对蓄能器压力进行测试，以确保其满足安全要求。

独立液压变桨叶片将按下列流程对叶片逐一进行测试：

（1）在测试之前，控制器将风电机组转为暂停模式。待测叶片变桨至负的极限位置，同时其他叶片必须确保至少一个处于安全位置，释放掉整个液压系统的压力。

（2）待测叶片的应急回路打开，利用紧急变桨蓄能罐的压力将待测叶片变桨至安全位置。

（3）如果测试失败，表明待测叶片的蓄能器未被预加压至给定值，或蓄能器发生故障，此时风电机组停机，等待故障被修复。

（4）测试完一个叶片，液压泵重新启动，为系统提供压力，在下一个叶片上重复这一测试。

2. 液压变桨系统位置校正测试

液压变桨系统须获取液压杆位置信号，以提供给控制系统进行闭环控制。而由于存在装配偏差和机械振动，位置传感器采集到的位置信号精度将逐渐降低，因此，对位置传感器进行定期的校准，是保证液压变桨系统长期准确运行的重要技术手段。

变桨位置的校正，核心任务是确定变桨位置的 0 位，对于变桨位置传感器，即确定输出信号与位置间的准确关系。以某 2.0MW 机组上的 Balluff 传感器为例，基本步骤如下：

（1）确定传感器输出电信号的范围。

（2）使用传感器专用调节装置对位置传感器位置进行调整。

（3）进入风电机组控制系统，调取相应的维护测试菜单，读取位置传感器输出的电信号值。

（4）先对负方向进行测试，确定传感器运动的一端极限。

（5）再对正方向进行测试，确定传感器运动的另一端极限。

在测试过程中，为了保证检测的精度和人员的安全，需要注意以下几项：

（1）在测试中，由于变桨杆较长，位置调整需要多次进行，为了降低调节的误差，每次调整的最大幅度不要超过系统规定的值。如果需要调整的幅度较大，要多次重复进行。

（2）在对正向值调整之后，要对负向值重新测试。通过多次测量减小系统的误差。

（3）如果正值和负值都需要调整，则首先调整负值，然后调整正值。

（4）在测试过程中，虽然停止了系统压力，但由于液压杆的往复运动，缸体内存在残压，在操作中注意不要产生人身伤害和设备损坏。

### 2.2　检修维护的准备及工具

以某 1.5MW 机型风机的变桨系统检修与维护操作为例，检修人员在操作前需按照规程要求穿戴好工作服、安全帽、安全靴、防护手套等，并做好安全防护措施，在保证外界环境安全的前提下，按规定进行检修维护操作。需要用到的工具清单见表 6-2。

表 6-2　　　　　　　　　　　　变桨系统检修维护工具清单

| 序号 | 工具 | 型号/特性 | 数量 |
|---|---|---|---|
| 1 | 液压力矩扳手 | 1500N·m 以上 | 1 |
| 2 | 扭矩扳手 | 20～400N·m | 1 |
| 3 | 套筒头 | 24mm | 1 |
| 4 | 套筒头 | 46mm | 2 |
| 5 | 活动扳手 | 24mm | 2 |
| 6 | 内六角扳手 | 公制 M3～M20 | 1 套 |
| 7 | 无纤维抹布 | 吸油性好 | 若干 |

| 序号 | 工具 | 型号/特性 | 数量 |
|---|---|---|---|
| 8 | 清洁剂 | 模具清洗剂 | 1 |
| 9 | 防护服 | 耐酸碱型 | 1 |
| 10 | 橡胶手套 | 耐酸碱型 | 1 |
| 11 | 防水记号笔 | 无 | 1 |
| 12 | 加油枪 | 400cc | 1 |
| 13 | 塞尺 | 0.02~1mm | 1 |

## 2.3 变桨系统的检修维护

1. 变桨系统的定检维护项目和周期

风电机组的定检维护项目和周期见表 6-3。

表 6-3　　　　　　　　　　　　风电机组定检维护项目和周期

| 序号 | 项目 | 内容 | 维护周期 半年 | 维护周期 1年 | 维护周期 3年以上 | 要求 |
|---|---|---|:---:|:---:|:---:|---|
| 1 | 变桨控制柜 | 1）检查屏蔽线及与 PE 的连接；<br>2）主要电气元件外观检查；<br>3）检查所有电气元件是否安装牢固；<br>4）检查柜内所有线路是否有松动及磨损；<br>5）检查线缆的固定以及磨损情况 | ✓<br>✓<br>✓<br>✓<br>✓ | | | 1）屏蔽线及与 PE 的连接良好；<br>2）电气元件外观良好；<br>3）电气元件安装牢固；<br>4）线路无松动及磨损；<br>5）线缆固定、无磨损 |
| 2 | 变桨电池柜 | 1）外观检查：检查蓄电池是否有鼓包、漏液等现象，若有则整组更换电池；<br>2）记录蓄电池出厂日期，检查蓄电池是否到达更换寿命；<br>3）检查蓄电池组在柜内的紧固情况，检查电池组间短接线的紧固情况；<br>4）检查蓄电池柜排气孔盖是否打开；<br>5）端电压测试 | ✓ | | ✓ | 蓄电池在使用寿命内，无鼓包、漏液等现象；蓄电池组紧固；蓄电池柜排气孔盖处于打开状态。蓄电池的端电压应当符合制造厂或相关标准，蓄电池 3 年必须更换 |
| 3 | 限位开关支架、挡板螺栓力矩 | 1）检查限位开关支架与轮毂连接螺栓力矩；<br>2）检查并紧固叶片限位开关挡板与叶片连接螺栓力矩 | ✓ | | | 依据制造厂家维护手册规定值 |
| 4 | 连接电缆插头 | 1）检查变桨控制系统各电缆插头是否固定牢靠；<br>2）检查主控至变桨电源线、信号线是否捆扎牢靠，无摩擦、破损 | ✓ | | | 电缆插头固定牢靠；电源线、信号线捆扎牢靠，无摩擦、破损 |

| 序号 | 项目 | 内容 | 维护周期 | | | 要求 |
| --- | --- | --- | --- | --- | --- | --- |
| | | | 半年 | 1年 | 3年以上 | |
| 5 | 限位开关功能 | 1）手动变桨转动3支叶片，当3支叶片的限位开关板均到达92°（或91°）限位位置后，在主控柜面板观察风暴位置反馈信号是否由0变为1，当有一支叶片离开92°（或91°）限位位置后，在主控柜面板观察风暴位置反馈信号是否由1变为0；<br>2）手动变桨转动单支叶片，当限位开关板到达92°（或91°）限位开关位置后，在主控柜面板观察对应叶片的92°（或91°）限位开关信号是否由0变为1，若信号为1，表示到达92°（或91°）限位位置；95°限位开关信号为0，表示未到达95°限位位置 | √ | | | 反馈信息正常，限位开关功能正常 |

2. 变桨系统主要部件的常规检修

（1）变桨通信滑环的检修。通信滑环属于精密设备，承担着将机舱内的动力和信号输送至轮毂变桨系统的作用，由于长期的运行，易造成接触部件的损坏和污染，必须定期进行检查和清洁。变桨通信滑环的检修见表6-4。

表6-4　　　　　　　　　　　　变桨通信滑环的检修

| 项目 | 内容 | 要求 |
| --- | --- | --- |
| 变桨通信滑环的检修 | 1）松开外罩固定螺丝，打开外罩；<br>2）用毛刷清除滑环的磨屑或者其他多余物，表面喷润滑剂；<br>3）查看滑环的金丝刷块和滑环模块是否有划伤的痕迹，和磨损的小片；<br>4）查看刷丝和环表面上有无剥落的碎片或粗糙颗粒；<br>5）查找损坏点，进行更换；<br>6）回装刷丝、环道和外罩；<br>7）进行功能测试；<br>8）测试电阻值；<br>9）运行状态检查；<br>10）运行数据比对分析；<br>11）编写检修总结 | 1）在开始滑环拆卸工作之前，要切断外部所有电源连接，保证整个滑环系统处于断电状态；<br>2）滑环检修需要一个干净（Ⅲ类）环境，严禁在沙尘的环境下对滑环进行维护；<br>3）滑环表面应光滑；<br>4）检查滑环引出线在槽外部分的绝缘有无松散、脱落现象，如破损应使用玻璃丝带浸漆进行包扎；<br>5）在开始安装前，关上电源，用手盘转滑环50圈；<br>6）刷丝和环道接触要合适；<br>7）回装过程中要注意不得留有残留物在滑环内，保持清洁；<br>8）严格按照电路图进行电缆的连接；<br>9）如果有专用接地接线柱，连接（PE）电缆或用绿/黄色电缆接到系统的PE接口；<br>10）法兰的固定必须确保不会因为滑环的重量或滑环可能发生的振动而使法兰松动或损坏；<br>11）确保转子部件的转动无任何阻碍；<br>12）确认转子电缆与控制柜变桨系统连接；<br>13）电阻值在正常范围内；<br>14）声音正常；<br>15）安装后应确认无任何报警信号；<br>16）必须检查所有的接线完全符合图纸要求；<br>17）确认有关参数是否正确 |

（2）变桨电池的更换。变桨系统需要保持稳定的后备电源，对于损坏的变桨系统蓄电池要及时更换，步骤及要求见表 6-5。

表 6-5　　　　　　　　　　　　变桨蓄电池的更换

| 项目 | 内容 | 要求 |
|---|---|---|
| 变桨蓄电池更换 | 1）断开机舱电源及电池电源；<br>2）打开变桨蓄电池箱（柜）；<br>3）依次拆下各电池正负极接线；<br>4）取出外观变形、单体电池电压不足或电池内阻偏高的电池；<br>5）测量新电池单体电压及内阻后更换问题电池；<br>6）将电池串联，恢复连接；<br>7）更换后测量整体电池组电压，确认故障消除 | 1）断电后的电池组具有 380V 左右电压，拆下各单体电池接线时，不得触碰线材的金属裸露部分；<br>2）测量前须明确单体电池额定电压及满足使用寿命的电池内阻，例如电压不应低于 12V DC，内阻不应高于 37.4MΩ；<br>3）恢复接线时，须确保正负极连接正确，接线牢固可靠 |

（3）变桨变频器的更换。变桨变频器作为变桨系统的重要组成部分，其更换的操作见表 6-6。

表 6-6　　　　　　　　　　　　变桨变频器的更换

| 项目 | 内容 | 要求 |
|---|---|---|
| 变桨变频器的更换 | 检查 | 1）专用钥匙打开变桨控制柜门；<br>2）变桨主控器连接 PC，开机进入调试软件，检查变频器的故障情况 |
| | 停电 | 1）断开主控柜内轮毂 400V 电源开关、变桨 UPS 电源开关；<br>2）断开要检修变频器相对应的控制箱外侧的开关 |
| | 接线拆卸 | 1）确认确已停电；<br>2）核对变频器编号并抄录铭牌，将待拆动的部件做好相应的标记 |
| | 接线检查 | 拔下接线插头，检查插头接线有无损坏现象，必要时更换 |
| | 引线检查 | 1）检查引线绝缘情况，导线应无折断，绝缘良好；<br>2）检查引线无过热、变色、变形、磨损和覆盖漆剥落现象 |
| | 拆卸变频器 | 松开固定变频器的螺丝，抽出变频器 |
| | 复装变频器 | 用螺丝刀紧固新装变频器 |
| | 复装接线 | 核对变频器后，将相应标记的接线插头重新接上 |
| | 送电 | 1）合上已检修编码器相对应的控制箱的开关；<br>2）合上主控柜内轮毂 400V 电源开关、变桨 UPS 电源开关 |
| | 调整桨角 | 1）重新开启程序；<br>2）将更换变频器的叶片用程序调到实际零位，需与桨叶实际零位对正；<br>3）标记刻度反复调整，直至实际标记零位对准为止；<br>4）实际零位对准后，在变频器手动复位；<br>5）叶片调整桨角工作结束 |
| | 安装就位恢复轮毂设备 | 1）将变桨六方控制柜门安装到位并锁紧，清点所携带的工具并检查轮毂内无遗留异物，人员撤出轮毂；<br>2）将轮毂机械锁解除，解除手动刹车，将风叶维护开关打到零位，断开轮毂照明开关 |
| | 启机试运 | 1）于机舱内复位风机，启机试运行正常，停机后，全体工作人员撤出机舱；<br>2）于塔基启机，运行正常，工作结束 |

3. 轮毂的定检维护项目和周期

风机变桨系统的检修维护还应包括对于轮毂内相关部件（主要为变桨轴承、齿圈、齿轮箱及电机）的定检与维护，见表 6-7。

表 6-7 轮毂的定检维护项目和周期

| 序号 | 项目 | 内容 | 维护周期 | | | 要求 |
|---|---|---|---|---|---|---|
| | | | 半年 | 1 年 | 3 年以上 | |
| 1 | 检查变桨轴承防腐 | 检查变桨轴承表面的防腐涂层是否有脱落现象 | √ | | | 应无腐蚀、磨损。若有腐蚀，油漆修复 |
| 2 | 变桨轴承内外密封 | 检查检查变桨轴承（内圈、外圈）密封是否完好，是否有裂纹、气孔和泄漏 | √ | | | 应无裂纹、气孔和泄漏 |
| 3 | 检查轮毂与齿轮箱主轴连接螺栓 | 以规定的力矩检查变桨轴承与轮毂安装螺栓，每检查完一个，用记号笔在螺栓头处做一个记号 | √ | √ | | 按照制造厂的维护手册紧固螺栓。并做好所抽检螺栓的标记。至少每年抽检 20% 螺栓紧固力矩 |
| 4 | 检查变桨减速箱固定螺栓 | 同上 | √ | | | 同上 |
| 5 | 检查变桨轴承固定螺栓 | 同上 | √ | | | 同上 |
| 6 | 检查橡胶缓冲块固定螺栓 | 同上 | √ | | | 同上 |
| 7 | 检查变桨控制柜固定螺栓 | 同上 | √ | | | 同上 |
| 8 | 检查变桨减速箱和变桨电机的防腐 | 目视检查变桨减速箱和变桨电机的防腐 | √ | | | 应无锈蚀和油漆起皮、脱落 |
| 9 | 检查变桨轴承内齿圈和小齿轮齿面 | 目视检查变桨轴承内齿圈和小齿轮齿面 | √ | | | 应无腐蚀、齿面磨损、断齿 |
| 10 | 清洁并润滑变桨轴承内齿圈和小齿轮齿面及啮合间隙 | 对齿轮、齿圈进行清洁，如果发现油脂中有残留物或颗粒，清洁转动装置并再次涂油脂。定期检查内齿圈和小齿轮啮合间隙。定期加润滑剂 | √ | | | 应清洁无污物，润滑良好，啮合间隙在制造厂维护手册要求数值范围内。对于自动注油系统，确保自动注油系统对齿面在（0°～90°）可调范围内全部涂到 |
| 11 | 检查变桨轴承噪声 | 检查变桨轴承是否有噪声 | √ | | | 应无噪声。如果有噪声，查找噪声的来源 |
| 12 | 清洁并润滑变桨轴承 | 检查变桨轴承表面 | √ | | | 应清洁无污物，润滑良好。若有油污或其他污染物，应清理干净。对于自动注油系统，确保自动注油系统对齿面在（0～90°）可调范围内全部涂到 |

续表

| 序号 | 项目 | 内容 | 维护周期 | | | 要求 |
|---|---|---|---|---|---|---|
| | | | 半年 | 1年 | 3年以上 | |
| 13 | 检查变桨减速箱油位 | 检查变桨减速箱油位 | | √ | | 油位应处于规定范围 |
| 14 | 检查轮毂防腐 | 目视检查轮毂防腐层 | √ | | | 应无腐蚀。若有腐蚀，油漆修复 |
| 15 | 检查限位开关固定螺栓 | 检查限位开关固定螺栓 | √ | | | 按制造厂维护手册紧固力矩要求检查限位开关固定螺栓，应无松动 |
| 16 | 检查滑环及横向吊杆固定螺栓 | 检查滑环及横向吊杆固定螺栓 | √ | | | 按制造厂维护手册紧固力矩要求检查限位开关固定螺栓，应无松动 |
| 17 | 清洁滑环并检查防腐 | 清洁滑环并检查防腐 | √ | | | 滑环洁净并无腐蚀 |
| 18 | 检查轮毂清洁 | 检查轮毂清洁 | √ | | | 轮毂表面应干净、无污物；如有污物，用无纤维抹布和清洗剂清理干净 |
| 19 | 轮毂内接地检查 | 检查轮毂内接地 | √ | | | 轮毂内接地情况良好 |

# 任务3　变桨系统运行故障处理

## 3.1　变桨系统常见故障类型

变桨系统结构复杂，发生故障的概率相较于其他系统更高，故障表现形式及引起原因多样，对检修人员排除故障提出更高的要求。变桨系统常见的故障类型总结如下：

1. 电动变桨系统常见故障类型

电动变桨系统故障可以根据故障情况按照各个组件分别检查的方法确定故障源。电动变桨系统常见的故障类型如下：

（1）变桨系统通信故障。变桨系统需要接收风电机组主控系统的位置命令信号，同时也需要实时反馈给主控系统自身的位置信号。这个信号回路需要连接静止的机舱控制柜与旋转的变桨控制柜，必须经过旋转的信号滑环和电气滑环。为了完成变桨系统的功能，变桨系统的三个叶片需要协调动作，相互间也存在通信的需求，通信是电动变桨系统的重要组成部分，也是其故障的重要来源。

（2）伺服电动机故障。伺服电动机是电动变桨系统的执行机构，需要外接电源，并且频繁启动、停止，随着风况变化和叶片旋转，承受的负载情况也在不停地变化中，工作条件较为恶劣。伺服电动机也是变桨系统的一个重要故障来源。

（3）变频器故障。为了控制伺服电动机，电动变桨系统一般需要配备变频器，变频器常发生输出过电流、过热、过载、输出不对称，由于变频器原因造成电动机抖动等故障。

（4）控制器故障。由于变桨系统为一个相对独立的控制系统，其控制器处于核心位置，且长时间处于旋转运动过程中，因此，控制器也是一个常见的故障源。当控制器异常时，会导致通信中断、电动机异常等相关现象。

（5）编码器故障。编码器是变桨电动机尾部的位置传感器，是监测计算变桨位置的重要传感器，作用与液压系统中的位置传感器类似，其故障一般体现为编码器故障和变桨位置信号故障。

（6）后备电源故障。蓄电池、超级电容器作为变桨系统的后备电源，是有关安全性的重要后备动力源，有多种传感器对其进行测量，当电池、电容器的电压、充电时间、充电电源出现问题时，则会报出后备电源相关故障，此类故障一般均会导致风电机组停机，排除后才能保证风电机组继续运行。

（7）变桨限位开关故障。变桨系统在变桨的极限位置上设置有限位开关，以对风电机组的极限位置和安全位置进行准确定位。叶片只能在极限位置和安全位置间运动。当变桨系统出现故障时，系统会将电源输入从电网切换至后备电源，利用后备电源存储的能量去驱动电动机，推动变桨轴承，直至叶片到达安全位置，触动安全位置限位开关为止。安全位置限位开关被触动后，电动机电源被切断。不论是变桨限位开关信号错误还是被触碰，都会报出对应的故障信号。

2. 液压变桨系统常见故障类型

液压变桨系统的故障类型包括液压站和电气控制，常见的故障类型如下：

（1）液压站故障。主要体现为液压站的各种附件和传感器的故障。一般是由于液压系统的驱动和油路、油质、油温出现问题导致的，如油泵异常、油温异常、油压异常、油路卡涩等。

（2）位置传感器故障。位置传感器是液压伺服系统中重要的传感器，也是液压变桨系统的一个检测重点，其故障往往表现为信号丢失、信号异常等。

（3）液压阀故障。液压系统为了实现其功能，往往配备多种液压阀，而液压系统的故障也往往是由于各种阀的渗漏、损坏造成的。尤其是液压变桨系统的核心控制器件比例阀，是液压变桨系统故障的一大来源。

（4）电气回路故障。液压系统的泵和各个控制阀块，均需要外部电气回路进行供电，在供电回路上存在大量的接触器、保护开关等，当这些开关出现故障时，液压系统也会出现工作不正常的情况。

### 3.2 变桨系统常见故障的诊断及排除

变桨系统的故障大致可以分为电气和机械两大类，同一种故障表现形式其导致原因可能是不同的，需要检修人员熟练掌握变桨系统常见故障的诊断和排除方法。

1. 通信中断故障

故障表现：通信连接不上。

可能原因：滑环损坏，通信接线松动，通信接线破损，通信接线的屏蔽线松动等。

处理方法：清洗和修理滑环；检查通信接线，如有松动则紧固，若破损则进行修复；检查通信线路的屏蔽线，若接地损坏，则重新接地，如果接地损坏严重，则更换通信线，并重新接地。

2. 变桨不到位故障

故障表现：变桨不到位。

可能原因：位置传感器故障，变桨电机故障，变桨轴承故障，变桨比例阀故障，变桨三脚架故障，位置信号线路故障。

处理方法：检查、校正位置传感器；按变桨电机故障处理方法进行处置；润滑变桨轴承，重新校正，必要情况下更换变桨轴承；维修或更换变桨比例阀；维修或更换变桨三脚架。

3. 液压变桨油泵故障

故障表现：液压站油泵显示打压时间过长（超过 60s 泵仍没停止）。

可能原因：液压缸故障，泄压阀故障，液压站蓄能器故障，液压电机故障。

处理方法：检查系统压力是否掉得过快，液压系统允许一定程度的压力泄漏，掉压速度在一定范围内一般是允许的，过大则应检查液压缸；检查液压缸是否有外泄漏；检查泄压阀是否拧紧；检查液压站蓄能器是否漏气；检查液压电机是否反转，液压电机和泵之间的弹性联轴器是否损坏导致打滑等。

4. 电动变桨伺服电机故障

(1) 故障表现：直流电机电刷故障。

可能原因：电刷磨损严重，接触压力不足。

处理方法：检查电刷厚度，如果磨损严重，更换电刷，并清理碳粉。

(2) 故障表现：交流电机缺相故障。

可能原因：电机接线松动，变频器故障。

处理方法：检查电机 - 变频器主电路接线是否松动；如果线路完好，用示波器检查变频器输出波形是否对称，若不对称检查功率器件及其驱动电路。

(3) 故障表现：变桨电机温度故障。

可能原因：冷却风扇损坏。

处理方法：先检查温度传感器接线是否松动，若传感器无故障，则检查冷却风扇是否旋转。

(4) 故障表现：通电后电动机不能转动，但无异响，也无异味和冒烟。

可能原因：电源未通；熔丝熔断；过电流继电器电流调得过小，或过电流保护设定值过低；控制设备接线错误。

处理方法：检查电源回路开关，熔丝、接线盒处是否有断点；检查熔丝型号、熔断原因；调节继电器整定值与电动机配合，调高过电流保护的设定值，使之与电动机的额定功率相匹配；改正接线。

(5) 故障表现：通电后电动机不转，然后熔丝烧断。

可能原因：若为三相交流电机，则缺一相电源，或定子绕组一相反接；定子绕组相间短路；定子绕组接地；定子绕组内部接线错误；熔丝截面过小；电源线短路或接地。

处理方法：检查主电路的开关触点是否有一相未接好，电源回路有一相断线；消除反接故障；查出短路点，予以修复；消除接地；查出误接，予以更正；更换熔丝；消除接地点。

(6) 故障表现：通电后电动机不转有嗡嗡声。

可能原因：若为三相交流电机，定、转子绕组有断路（一相断线）或电源一相失电；绕组引出线始末端接错或绕组内部接反；电源回路接点松动，接触电阻大；电动机负载过大或转子卡住；电源电压过低；小型电动机装配太紧或轴承内油脂过硬；轴承卡住。

处理方法：查明断点予以修复；检查绕组极性；判断绕组首末端是否正确；紧固松动的接线螺丝，用万用表判断各接头是否假接，予以修复；查出并消除机械故障，有效减载；检查是否将△接法误接为 Y 接法，是否由于电源导线过细使压降过大，予以纠正；重新装配使电机转动灵活，更换合格油脂；修复轴承。

(7) 故障表现：电动机启动困难，额定负载时，电动机转速低于额定转速较多。

可能原因：电源电压过低；△接法误接为 Y 接法；笼型转子开焊或断裂；定转子局部线圈错接、接反；修复电机绕组时增加匝数过多；电机过载。

处理方法：测量电源电压，设法改善；纠正接法；检查开焊断点并修复；查出误接处，予以改正；恢复正确匝数；消除机械故障，有效减载。

(8) 故障表现：电动机空载电流不平衡，三相相差大。

可能原因：定子三相绕组匝数不相等；绕组首尾端接错；电源电压不平衡；绕组存在匝间短路、线圈反接等故障。

处理方法：重新绕制定子绕组；检查并纠正；测量电源电压，设法消除不平衡；消除绕组故障。

(9) 故障表现：电动机空载或过负载时，电流表指针不稳，摆动。

可能原因：笼型转子导条开焊或断条；绕线型转子故障（一相断路）或电刷、集电环短路装置接触不良。

处理方法：查出断条予以修复或更换转子；检查绕转子回路并加以修复。

(10) 故障表现：电动机空载电流平衡，但数值大。

可能原因：修复时，定子绕组匝数减少过多；电源电压过高；Y 接电机误接为△；电机装配中，转子装反，使定子铁芯未对齐，有效长度减短；气隙过大或不均匀；拆除旧绕组时，使用热拆法不当，使铁芯烧损。

处理方法：重绕定子绕组，恢复正确匝数；设法恢复额定电压；改接为 Y；重新装配；更换新转子或调整气隙；检修铁芯或重新计算绕组，适当增加匝数。

(11) 故障表现：电动机运行时响声不正常，有异响。

可能原因：转子与定子绝缘纸或槽楔相擦；轴承磨损或油内有砂粒等异物；定转子铁芯松动；轴承缺油；风道填塞或风扇擦风罩，定转子铁芯相擦；电源电压过高或不平衡；定子绕组错接或短路。

处理方法：修剪绝缘，削低槽楔；更换轴承或清洗轴承；检修定、转子铁芯；加油；清理风道，重新安装装置；消除擦痕，必要时修整转子；检查并调整电源电压；消除定子绕组故障。

(12) 故障表现：运行中电动机振动较大。

可能原因：磨损轴承间隙过大；气隙不均匀；转子不平衡；转轴弯曲；铁芯变形或松动；联轴器（皮带轮）中心未校正；风扇不平衡；机壳或基础强度不够；电动机地脚螺丝松动；笼型转子开焊断路；绕线型转子断路；加定子绕组故障。

处理方法：检修轴承，必要时更换；调整气隙，使之均匀；校正转子动平衡；校直转轴；校正重叠铁芯，重新校正，使之符合规定；检修风扇，校正平衡；纠正其几何形状；进行加固；紧固地脚螺丝；修复转子绕组，修复定子绕组。

5. 后备电源故障

（1）后备电源充电错误。

可能原因：充电回路错误；充电器错误；后备电源错误。

处理方法：检查并紧固充电回路接线，检查电源；检查充电器功能及接线；检查后备电源性能。

（2）后备电源电压错误。

可能原因：后备电源故障；后备电源电压检测回路故障。

处理方法：检查后备电源性能；检查后备电源电压检测回路接线。

（3）变桨整体安全性能测试不通过。

可能原因：变桨执行机构故障；后备电源容量不足。

处理方法：参考变桨执行机构故障处理办法处理；检查后备电源容量，检查后备电源基本性能，检查后备电源充电回路。

【小贴士】

中电联百名
"电力工匠"
风采展——李清东

【事故案例】

事故案例6.1
某风电场风机
倾覆事故

# 项目七　风电机组的防雷与接地系统维护

视频7.1
防雷与接地
系统维护

### 学习背景

随着风力发电机组单机容量的增大和机身高度的增加，以及大量先进的微电子电路配备于机组内，大容量机组雷电灾害的严重性正日趋显著。为维护风力发电机组的安全正常运行，提高电能供应的可靠性，就需要对机组采取防雷措施，主要落实在直接雷击保护、雷电电涌防护、雷电电磁脉冲防护和接地等方面。而在风力发电机组保护系统中，接地保护也是一个非常重要的环节。良好的接地将确保控制系统免受不必要的损害。在整个控制系统中通常采用工作接地、保护接地、防雷接地、防静电接地、屏蔽接地几种接地方式，来达到安全保护的目的。对于风电机组来说，务必做好防雷与接地系统防护，最大限度地保障设备和人员的安全，使损失降低到最小的程度。

### 学习目标

1. 了解雷电产生的原因及带来的危害；
2. 理解风力发电机组的接地含义和作用；
3. 掌握大型风力发电机组的避雷接地措施；
4. 能正确检查与维护风力发电机组防雷接地系统。

## 任务1　防雷与接地系统认知

视频7.2
过压与防雷保护

### 1.1　防雷系统

1. 雷电的产生

雷电是自然界中一种常见的放电现象。关于雷电的产生有多种解释理论，通常我们认为由于大气中热空气上升，与高空冷空气产生摩擦，从而形成了带有正负电荷的小水滴。当正负电荷累积达到一定的电荷值时，会在带有不同极性的云团之间以及云团对地之间形成强大的电场，从而产生云团对云团和云团对地的放电过程，这就是通常所说的闪电和响雷。

具体来说，冰晶的摩擦、雨滴的破碎、水滴的冻结、云体的碰撞等均可使云粒子起电。一般云的顶部带正电，底部带负电，两种极性不同的电荷会使云的内部或云与地之间形成强电场，瞬间剧烈放电爆发出强大的电火花，也就是我们看到的闪电。在闪电通道中，电流极强，温度可骤升至2万摄氏度，气压突增，空气剧烈膨胀，人们便会听到爆炸似的声波振荡，这就是雷声。

而对我们生活产生影响的，主要是近地的云团对地的放电，放电过程见图7-1。经统计，近地云团大多是负电荷，其场强最大可达20kV/m。

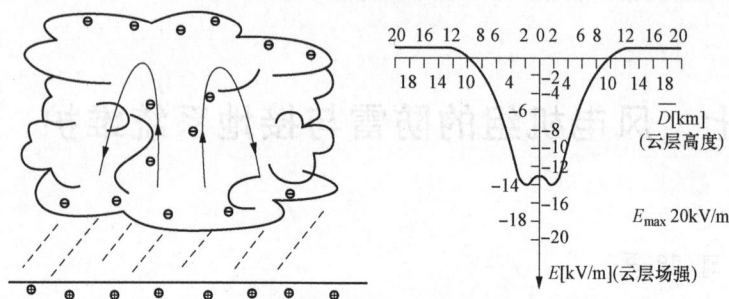

图 7 - 1　云团对地放电过程

2. 雷电的危害

自然界每年都有几百万次闪电。雷电灾害是"联合国国际减灾十年"公布的最严重的十种自然灾害之一。最新统计资料表明,雷电造成的损失已经上升到自然灾害的第三位。全球每年因雷击造成人员伤亡、财产损失不计其数。据不完全统计,我国每年因雷击以及雷击负效应造成的人员伤亡达 3000~4000 人,财产损失在 50 亿~100 亿元人民币。

雷击造成的危害主要有 5 种:

(1) 直击雷。带电的云层对大地上的某一点发生猛烈的放电现象,称为直击雷。它的破坏力巨大,若不能迅速将其泻放入大地,将导致放电通道内的物体、建筑物、设施、人畜遭受严重的破坏或损害——火灾、建筑物损坏、电子电气系统摧毁,甚至危及人畜的生命安全。

(2) 雷电波侵入。雷电不直接放电在建筑和设备本身,而是对布放在建筑物外部的线缆放电。线缆上的雷电波或过电压几乎以光速沿着电缆线路扩散,侵入并危及室内电子设备和自动化控制等各个系统。因此,往往在听到雷声之前,我们的电子设备、控制系统等可能已经损坏。

(3) 感应过电压。雷击在设备设施或线路的附近发生,或闪电不直接对地放电,只在云层与云层之间发生放电现象。闪电释放电荷,并在电源和数据传输线路及金属管道金属支架上感应生成过电压。

雷击放电于具有避雷设施的建筑物时,雷电波沿着建筑物顶部接闪器(避雷带、避雷线、避雷网或避雷针)、引下线泄放到大地的过程中,会在引下线周围形成强大的瞬变磁场,轻则造成电子设备受到干扰,数据丢失,产生误动作或暂时瘫痪;严重时可引起元器件击穿及电路板烧毁,使整个系统陷于瘫痪。

(4) 系统内部操作过电压。因断路器的操作、电力重负荷以及感性负荷的投入和切除、系统短路故障等系统内部状态的变化而使系统参数发生改变,引起的电力系统内部电磁能量转化,从而产生内部过电压,即操作过电压。操作过电压的幅值虽小,但发生的概率却远远大于雷电感应过电压。实验证明,无论是感应过电压还是内部操作过电压,均为暂态过电压(或称瞬时过电压),最终以电气浪涌的方式危及电子设备,包括破坏印刷电路印制线、元件和绝缘过早老化寿命缩短、破坏数据库或使软件误操作,使一些控制元件失控。

(5) 地电位反击。如果雷电直接击中具有避雷装置的建筑物或设施,接地网的地电位会在数微秒之内被抬高数万或数十万伏。高度破坏性的雷电流将从各种装置的接地部分,流向供电系统或各种网络信号系统,或者击穿大地绝缘而流向另一设施的供电系统或各种网络信号系统，从而反击破坏或损害电子设备。同时，在未实行等电位连接的导线回路中，可能诱发高电位而产生火花放电的危险。

3. 防雷保护的原理及方法

（1）传统的防雷方法。传统的防雷方法主要就是直击雷的防护，参见 GB 50057—2010《建筑物防雷设计规范》，其技术措施可分接闪器、引下线、接地体和法拉第笼。其中金属接闪器包括避雷针、避雷带、避雷网等。根据建筑物的地理位置、现有结构、重要程度等，决定是否采用避雷针、避雷带、避雷网或其联合接闪方式。

（2）现代防雷保护的原理及方法。德国防雷专家希曼斯基给出了防雷框图，见图 7-2。

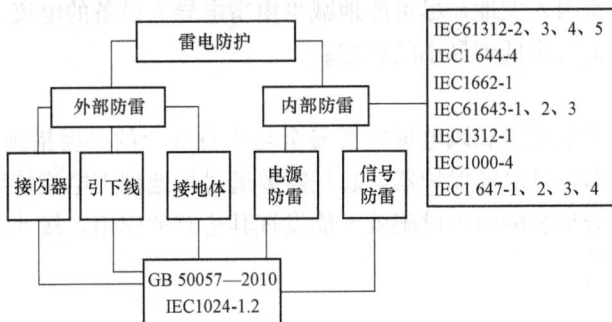

图 7-2　防雷接地框图

1）外部防雷。外部防雷的作用是将绝大部分雷电流直接引入地下泄散。

外部防雷主要指建筑物的防雷，一般是防止建筑物或设施（含室外独立电子设备）免遭直击雷危害，其技术措施可分接闪器（避雷针、避雷带、避雷网等金属接闪器）、引下线、接地体等。

2）内部防雷。内部防雷是快速泄放沿着电源或信号线路侵入的雷电波或各种危险过电压这两道防线，互相配合，各尽其职，缺一不可。

内部防雷系统主要是对建筑物内易受过电压破坏的电子设备（或室外独立电子设备）加装过电压保护装置，在设备受到过电压侵袭时，防雷保护装置能快速动作泄放能量，从而保护设备免受损坏。

内部防雷又可分为电源线路防雷和信号线路防雷。

a. 电源线路防雷。电源防雷系统主要是防止雷电波通过电源线路对计算机及相关设备造成危害。为避免高电压经过避雷器对地泄放后的残压过大或因更大的雷电流在击毁避雷器后继续毁坏后续设备，以及防止线缆遭受二次感应，应采取分级保护、逐级泄流的原则。一是在电源的总进线处安装放电电流较大的首级电源避雷器，二是在重要设备电源的进线处加装次级或末级电源避雷器。

b. 信号线路防雷。由于雷电波在线路上能感应出较高的瞬时冲击能量，因此要求信号设备能够承受较高能量的瞬时冲击，而目前大部分信号设备由于电子元器件的高度集成化而致耐过电压、耐过电流水平下降，信号设备在雷电波冲击下遭受过电压而损坏的现象越来越多。

4. 大型风力发电机组的避雷保护

风力发电机组工作在自然环境下，不可避免会受到自然灾害的影响。事实上，雷击是自然界中对风力发电机组安全运行危害最大的一种灾害。一旦发生雷击，雷电释放的巨大能量造成风力发电机组叶片损坏、发电机绝缘击穿、控制元器件烧毁等后果。我国沿海地区地形复杂，雷暴日较多，雷击给风力发电机组和运行人员带来巨大威胁。统计表明，风力发电机受到的雷击大多属于直接雷击，遭受雷击后叶片和电气系统一般均会受到不同程度的损坏，严重的会导致停运。

由于风力发电机内部结构非常紧凑，无论叶片、机舱、主轴、还是尾翼受到雷击，机舱内的发电机及控制系统等设备都可能受到机舱的高电位反击，在电源和控制回路沿塔柱引下的途中，也可能受到反击。鉴于雷击无法避免的特性，风力发电机组的防雷重点在于遭受雷击时如何迅速将雷电流引入大地，尽可能地减少由雷电导入设备的电流，最大限度地保障设备和人员的安全，使损失降低到最小的程度。

### 1.2　接地系统

接地是保障风力发电机组和风电场电气安全与人身安全的必要措施。从防雷的角度看，无论是避雷针、避雷器还是电涌保护器，总是需要通过接地把雷电流传导入地，没有良好的接地装置，机组各部分加装的防雷设施就不能发挥其应有的作用，接地装置的性能将直接决定着机组的防雷可靠性。

1. 接地的原理

（1）接地装置。在电力系统中，接地通常指的是接大地，即将电力系统或设备的某一金属部分经金属接地线连接到接地电极上。

电力系统中的接地装置通常是指中性点或相线上某点的金属部分。而电气设备的接地装置通常情况下是指不带电的金属导体（一般为金属外壳或底座）。此外，不属于电气设备的导体及电气设备外的导体，如金属水管、风管、输油管及建筑物的金属构件经金属接地线与接地电极相连接，也称为接地。

在接地装置中，接地体是埋入地中并直接与大地接触的导体（多为金属体），分为自然接地体和人工接地体两类。自然接地体是兼作接地体用的直接与大地接触的各种金属构件、金属管道和建筑物的钢筋混凝土基础等；人工接地体是指专门为接地而设，埋入地下的导体，包括垂直接地体、水平接地体、倾斜接地体和接地网。

接地连线就是将设备或系统的接地端与接地体相连接用的技术导体。对于风电机组的接地装置来说，其自然接地体为机组在地下的钢筋混凝土基础，其人工接地体通常是专门埋设在地下的水平和垂直导体。典型的机组人工接地体为一个围绕着机组钢筋混凝土基础的水平接地环，该接地环可以是圆形，也可以是正多边形，在接地环的周边上加设不少于两根的垂直接地棒，如图 7-3 所示。

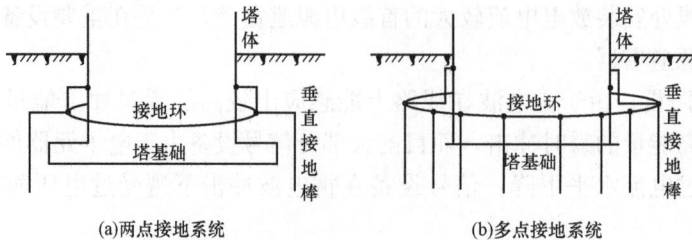

(a)两点接地系统　　　　　　　　　　(b)多点接地系统

图 7-3　风电机组的典型接地装置

为了节省接地造价投资和改善接地效果，作为机组人工接地体的接地环还需要有不少于两处与基础钢筋相连接，通过两者的相互连接来构成机组统一的接地装置。

接地的目的主要是防止人身触电伤亡，保证电力系统正常运行，保护输电线路和变配电设备以及用电设备绝缘免遭损坏；预防火灾、防止雷击损坏设备和防止静电放电的危害等。

接地的作用主要是利用接地极把故障电流或雷电流快速自如地泄放进大地土壤中，以达到保护人身安全和电气设备安全的目的。

（2）接地电阻及对地电位。大地并非理想的导体，它具有一定的电阻率，所以当外界强制施加于大地内部某一电流时，大地就不能保持等电位。流进大地的电流经过接地线、接地体注入大地后，以电流场的形式向周围远处扩散。接地装置对地电位分布曲线如图7-4所示。

接地的主要作用：一方面是保证电气设备的安全运行；另一方面是防止设备绝缘被破坏时可能带电，导致危及人身安全，同时能使保护装置迅速切断故障回路，防止故障扩大。

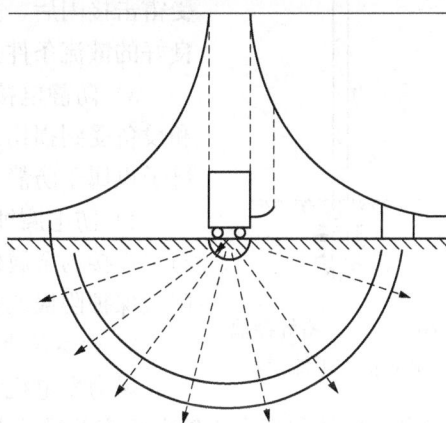

图7-4 接地装置对地电位分布曲线

2. 接地的意义

（1）功能性接地。

1）工作接地。为保证电力系统的正常运行，在电力系统的适当地点进行的接地，称为工作接地。在交流系统中，适当的接地点一般为电气设备，如三相输电系统的中性点接地（见图7-5），其目的是稳定系统的对地电压，降低电气设备的对地绝缘水平，有利于实现继电保护等。

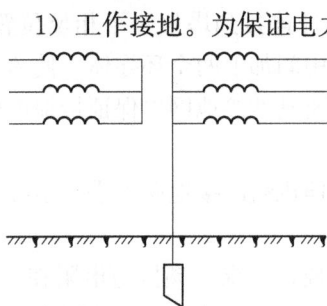

图7-5 工作接地

2）逻辑接地。为了获得稳定的参考电位，将电子设备中的适当金属部件，如金属底座等作为参考零电位，把需要获得零电位的电子器件接于该金属部件上，这种接地称为逻辑接地。该基准电位不一定是大地的零电位。

3）信号接地。为保证信号具有稳定的基准电位而设置的接地，称为信号接地。

4）屏蔽接地。将设备的金属外壳或金属网接地，以保证金属壳内或金属网内的电子设备不受外部的电磁干扰；或者使金属壳内或金属网内的电子设备不对外部电子设备引起干扰。这种接地称为屏蔽接地。法拉第笼就是最好的屏蔽设备。

（2）保护性接地。

1）保护接地。为防止电气设备绝缘损坏而使人身遭受触电危险，将与电气设备绝缘的金属外壳或构架与接地极做良好的连接，称为保护接地，如图7-6所示。接低压保护线（PE线）或保护中性线（PEN线），也称为保护接地。停电检修时所采取的临时接地，也属于保护

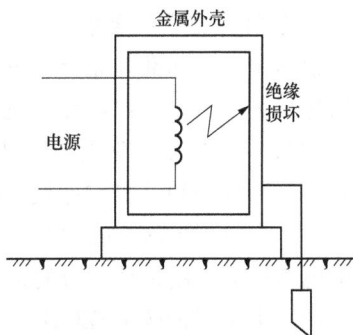

图7-6 保护接地

接地。

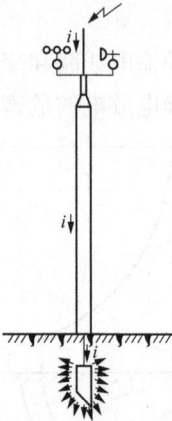

图 7 - 7　避雷针接地
装置泄雷电流示意

2）防雷接地。避雷针、避雷线、避雷器和雷电电涌保护器等都需要接地，以把雷电流泄放入大地，这就是防雷接地。图 7 - 7 所示为风电场气象仪支撑杆避雷针接地装置泄流作用的示意，在避雷针受雷击接闪后，接地体向土壤泄散的是高幅值的快速雷电冲击电流，良好的散流条件是防雷可靠性和雷电安全性对接地装置的基本要求。

3）防静电接地。将静电荷引入大地，防止由于静电积累对人体和设备受到损伤的接地，称为防静电接地。油罐汽车后面拖地的铁链子也属于防静电接地。

4）防电腐蚀接地。在地下埋设金属体作为牺牲阳极以达到保护与之连接的金属体（如输油金属管道等）称为防电腐蚀接地。牺牲阳极保护阴极的称为阴极保护。

3. 大型风力发电机组的接地

风力发电机的接地系统是风力发电机防雷保护系统中的一个关键环节，应该保证在土壤电阻率差异较大的不同地区，风力发电机的接地系统均能达到 IEC（国际电工委员会）规范的要求。一个有效的风力发电机接地系统应保证雷电顺利入地，为人员和动物提供最大限度的安全，保护风力发电机部件不受损坏。

风力发电机接地系统应包括一个围绕风力发电机基础的环状导体，此环状导体埋设在距风力发电机基础一米远的地面下一米处，采用 $50\text{mm}^2$ 铜导体或直径更大些的铜导体，每隔一定距离打入地下镀铜接地棒，作为铜导电环的补充；铜导电环连接到塔架 2 个相反位置，地面的控制器连接到连接点之一。有的设计在铜环导体与塔基中间加上两个环导体，使跨步电压更加改善。如果风力发电机放置在接地电阻率高的区域，要延伸接地网以保证接地电阻达到规范要求。

可以将多台风力发电机组的接地网进行互连，这样通过延伸机组的接地网可进一步降低接地电阻，使雷电流迅速流散入大地而不产生危险的过电压。

地基接地体由两个基础的垂直接地体和一个环形接地体组成，要求工频接地电阻在 4～10Ω 的范围内。环形接地体上焊 4 点钢条引线到塔筒根部，再分别将钢筋引线焊接到塔底环形接地排，组成塔底共同接地体，其中由两点接地线汇集到控制箱接地母线排上。另两点可直接接塔底上引线去机舱。控制箱接地母线排上接箱式变压器中线、塔基控制系统地线。

### 1.3　大型风力发电机组的防雷接地系统

1. 风机防雷系统要求

根据相应的标准并充分考虑雷电的特点，将风力发电系统的内外部分成多个电磁兼容性防雷保护区。其中，在叶片、机舱、塔身和主控室内外可以分为 LPZ0、LPZ1 和 LPZ2 三个区，如图 7 - 8 所示。针对不同防雷区域采取有效的防护手段，主要包括雷电接收和传导系统、过电压保护和等电位连接、电控系统防雷等措施。

（1）雷电保护区 LPZOA。该区内的各物体都可能遭受直接雷击，同时在该区内雷电产生的电磁场能自由传播，没有衰减。

（2）雷电保护区 LPZOB。该区内的各种物体在接闪器保护范围内，不会遭受直接雷击，但该区内的雷电电磁场因没有屏蔽装置，雷电产生的电磁场也能自由传播，没有衰减。

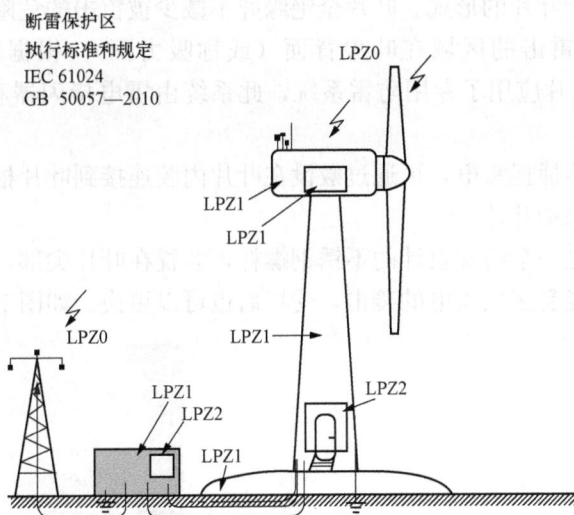

图 7 - 8　防雷保护区划分示意

（3）雷电保护区 LPZ$i$（$i=1$，2，…）。当需要进一步减少雷电流和电磁场时，应引入后续防雷区，并按照需要保护的系统所需求的环境选择后续防雷区的要求条件。

B、C、D 三级防雷器（SPD）保护水平的要求见表 7 - 1。

表 7 - 1　　　　　　　　　　　B、C、D 三级防雷器（SPD）保护水平的要求

| 防雷器 | 保护水平/kV | 防雷器安装等级 |
| --- | --- | --- |
| B 级电源防雷器 | ＜6 | Ⅰ |
| B 级电源防雷器 | ＜4 | Ⅰ |
| C 级电源防雷器 | ＜2.5 | Ⅱ |
| D 级电源防雷器 | ＜1.5 | Ⅲ |

B 级防雷器一般采用具有较大通电流的防雷器，可以将较大的雷电流泄放入地，达到限流的目的，同时将危险过电压减小到一定的程度。

C、D 级防雷采用具有较低残压的防雷器，可以将线路中剩余的雷电流泄放入地，达到限压的效果，使过电压减小到设备能承受的水平。

2. 雷电接收和传导途径

雷电由在叶片表面接闪电极引导，由雷电引下线传到叶片根部，通过叶片根部传给叶片法兰，通过叶片法兰和变桨轴承传到轮毂，通过轮毂法兰和主轴承传到主轴，通过主轴和基座传到偏航轴承，通过偏航轴承和塔架最终导入接地网。

3. 叶片部分防雷接地

（1）作为风力发电机组中位置最高的部件，叶片是雷电袭击的首要目标；同时叶片又是风力发电机组中最昂贵的部件之一，因此叶片的防雷保护至关重要。

（2）雷击造成叶片损坏的机理：雷电释放巨大能量，使叶片结构温度急剧升高，分解气体高温膨胀，压力上升，造成爆裂破坏。叶片防雷系统的主要目标是避免雷电直击叶片本体而导致叶片损害。研究表明：不管叶片是用木头或玻璃纤维制成，还是叶片包导电体，雷电

导致损害的范围取决于叶片的形式。叶片全绝缘并不减少被雷击的危险，而且会增加损害的次数。多数情况下被雷击的区域在叶尖背面（或称吸力面）。根据以上研究结果，针对1500kW系列机组的叶片应用了专用防雷系统，此系统由雷电接闪器和雷电传导部分组成，如图 7-9 所示。

在叶尖装有接闪器捕捉雷电，再通过敷设在叶片内腔连接到叶片根部的导引线使雷电导入大地，约束雷电，保护叶片。

（3）雷电接闪器是一个特殊设计的不锈钢螺杆，装置在叶片尖部，即叶片最可能被袭击的部位，接闪器可以经受多次雷电的袭击，受损后也可以更换。如图 7-10 的 $A$ 点所示。

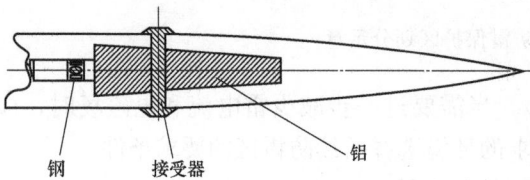

图 7-9　叶尖防雷接地系统示意

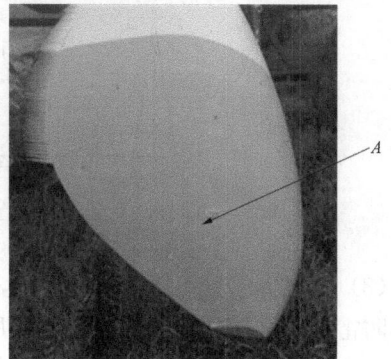

图 7-10　叶尖雷电接闪器

4. 机舱部分防雷接地

（1）在机舱顶部装有一个避雷针，避雷针用作保护风速计和风标免受雷击，在遭受雷击的情况下将雷电流通过接地电缆传到机舱上层平台，避免雷电流沿传动系统的传导。

（2）机舱上层平台为钢结构件，机舱内的零部件都通过接地线与之相连，接地线尽可能地短直。

5. 机组基础防雷接地

机组基础的接地设计符合 IEC 61024-1 或 GB 50057—2010 的规定，采用环形接地体，包围面积的平均半径不小于 10m，单台机组的接地电阻不大于 4Ω，使雷电流迅速流散入大地而不产生危险的过电压。

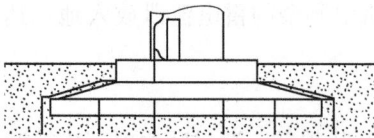

图 7-11　接地网

接地网设在混凝土基础的周围，如图 7-11 所示。接地网包括 1 个 50mm² 铜环导体，置在离基础 1m 的地下深 1m 处；每隔一定距离打入地下镀铜接地棒，作为铜导电环的补充；铜导电环连接到塔架 2 个相反位置，地面的控制器连接到连接点之一。有的设计在铜环导体与塔基中间加上两个环导体，使跨步电压更加改善。如果风机放置在高电阻区域，地网将要延伸保证地电阻达到规范要求。

6. 过电压保护和等电位连接

（1）风力发电机组的防雷系统中所采取的过电压保护和等电位连接措施应符合相关规定，在不同的保护区的交界处，通过 SPD（防雷及电涌保护器）对有源线路（包括电源线、数据线、测控线等）进行等电位连接。其中在 LPZ0 区和 LPZ1 区的交界处，采用通过 I 类测试的 B 级 SPD 将通过电流、电感和电容耦合三种耦合方式侵入到系统内部的大能量的雷电流泄放，并将残压控制在小于 2.5kV 的范围。对于 LPZ1 区与 LPZ2 的交界处，采用通过 II 类测试的 C 级 SPD 并将残压控制在小于 1.5kV 的范围。

（2）为了预防雷电效应，对处在机舱内的金属设备（如金属构架、金属装置、电气装置、通信装置和外来的导体）作了等电位连接，连接母线与接地装置连接。汇集到机舱底座的雷电流，传送到塔架，由塔架本体将雷电流传输到底部，并通过 3 个接入点传输到接地网。在 LPZ0 与 LPZ1、LPZ1 与 LPZ2 区的界面处应做等电位连接。如风向标、风速仪、环境温度传感器在机舱 TOPBOX 内做等电位连接；避雷针、机舱 TOPBOX、发电机开关柜等在机舱平台的接地汇流排上做等电位连接；主空开进线电缆接地线与控制柜、变压器、电抗器在塔底接地汇流排上做等电位连接。

7. 电控系统防雷

（1）主配电采用的是 TN-C 式供电系统，即系统的 N 线和 PE 线合为一根 PEN 线。根据以上对不同电磁兼容性防雷保护区的划分和应用 SPD 的原理，在塔底的 620V 电网进线侧和变压器输出 400V 侧安装 B 级 SPD，如图 7-12 所示。以防护直接雷击，将残压降低到 2.5kV 水平，同时做好风机的接地系统。

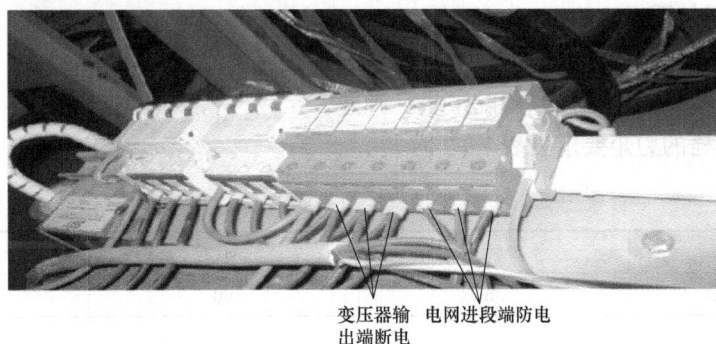

变压器输出端断电　电网进段端防电

图 7-12　电控系统 B 级防雷示意

（2）C 级防雷说明：在风向标风速仪信号输出端加装信号防雷模块防护（见图 7-13），残余浪涌电流为 20kA（8/20μs），响应时间小于等于 500ns。

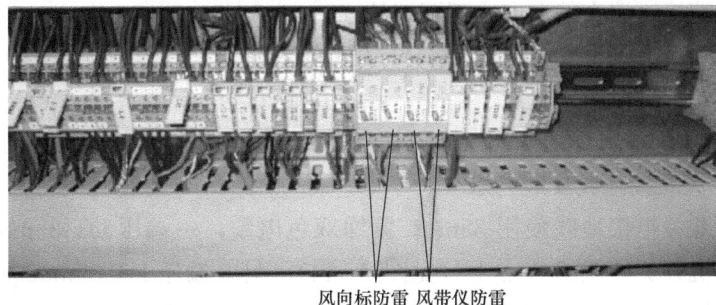

风向标防雷　风带仪防雷

图 7-13　电控系统 C 级防雷示意

（3）电源系统防护。如果采用 690V/400V 的风力发电机供电线路，为防止沿低电压电源侵入的浪涌通过电压损坏用电设备，供电电路应采用 TN-S 供电方式，保护线路 PE 与电源中性线 N 分离。整个供电系统可采用三级保护原理，第一级使用防雷击浪涌保护器，第二级使用浪涌保护器，第三级使用终端设备保护器。由于各级保护器的响应时间和放电时间不同，需相互配合使用，对供电源系统提供保护。

（4）PLC 防护。计算机柜内的 PLC 是控制系统的心脏，其对电涌的抗冲击能力较弱，由于其处在 PLZ2 区内，可在其变压器输出端并联加装 C 级防雷器 VAL-MS230 进行防护，通流量 40kA，响应时间 25ns。它同时起到对开关电源和 PLC 的保护。

在控制柜与机舱柜通信回路中，在信号输出端及 PLC 模块前端加装信号防雷模块 TV3-PB 防护，残余浪涌电流为 20kA，响应时间小于等于 500ns。

（5）通信信号线路的保护。对于经地埋并从室外（LPZ0 区）进入塔座内（LPZ1 区）的通信线路，必须在线路的两端终端设备处安装信号防雷器。

对于在塔内的较长信号线缆，在两端分别加装保护，以阻止感应浪涌对两端设备的冲击，确保重要信号的传输。

# 任务 2　防雷与接地系统维护

## 2.1　接地螺栓要求

（1）接地系统使用的螺栓如没有特别注明均为达克罗螺栓，8.8 级以上。

（2）对于需带螺母的螺栓，须配平垫、弹垫。

（3）接地螺栓的力矩要求见表 7-2。

表 7-2　　　　　　　　　　　　　　　　接地螺栓力矩要求

| 螺栓规格 | M10 | M12 | M16 |
|---|---|---|---|
| 力矩/(N·m) | 35 | 60 | 120 |

## 2.2　接地线制作安装要求

（1）本要求适用于 35mm² 以上接地电缆。

（2）在剥电缆头时，要根据接线端头长度加 2mm 剥除，注意不要将电缆芯打散。

（3）电缆与接线端头的连接，要求先涂导电膏后，用专用工具压接三道，并去除毛刺。

（4）注意两端接线端头的方向，不要扭绞。

（5）两端分别套上长 100mm 的热缩套，用热风机缩紧。

（6）接地两端接触面要求除漆、除锈、除渣并涂抹导电膏。

## 2.3　接地系统安装具体要求

1. 发电机开关柜接地线安装要求

（1）发电机开关柜接地线使用 35mm² 黄绿双色电缆，一端压 DT-35mm² φ12 铜接线端头，连接在发电机开关外壳的 A 点上（见图 7-14）；另一端压 DT-35mm² φ10 铜接线端头，接在发电机开关柜的右下侧 B 点背面 D 点上（见图 7-15 和图 7-16）。

（2）发电机开关柜接地线从 A 点引出，经 C 点穿出，接至 D 点，如图 7-15 和图 7-16 所示。

（3）发电机开关柜接地线长度为 500mm，每个开关柜 1 根，共 2 根。

（4）A 点螺栓规格为 M12×40，B 点螺栓规格为 M10×35。

图 7-14 发电机开关柜接地线安装示意

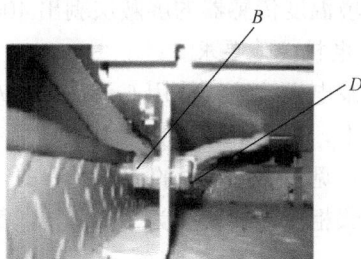

图 7-15 发电机开关柜接地线安装示意　　图 7-16 发电机开关柜接地线安装示意

2. 机舱 TOPBOX 接地线安装要求

（1）机舱 TOPBOX 接地线使用 6mm² 黄绿双色电缆，一端压 ROT8-6mm² 环型预绝缘端头，连接在 TOPBOX 右下侧接地螺栓上，见图 7-17 中的 A 点；另一端压 ROT10-6mm² 环型预绝缘端头，接在机舱上层平台接地排上，见图 7-17 中的 B 点。

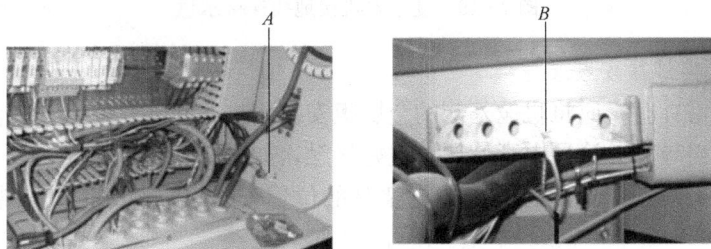

图 7-17 机舱 TOPBOX 接地线连接示意

（2）机舱 TOPBOX 接地线长度为 2000mm，TOPBOX 侧螺栓规格为 M8×25，接地排侧螺栓规格为 M10×35。

3. 信号接地线安装要求

（1）风向标屏蔽层进入 TOPBOX 后接在防雷模块 116A3 下口接地端子，如图 7-18 中 A 点所示；从防雷模块上口输出端引出的电缆屏蔽层接在 116A3 上口的接地端子，如图 7-18 中 B 点所示。

（2）风速仪屏蔽层进入 TOPBOX 后接在防雷模块 116A5 下口接地端子，如图 7-18 中 A 点所示；从防雷模块上口输出端引出的电缆屏蔽层接在 116A5 上口的接地端子，如图 7-18 中 B 点所示。

（3）温度传感器屏蔽层接地：6 个电机温度传感器、TOPBOX 温度传感器和机舱柜温

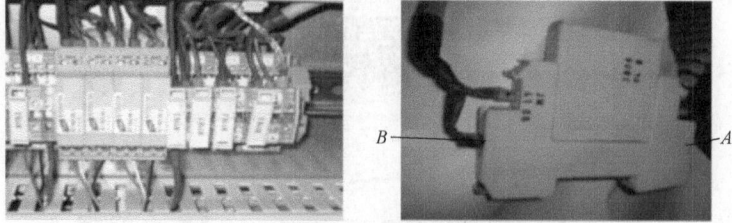

图7-18　TOPBOX信号接地线连接示意

度传感器的屏蔽层剥出450mm，集中压接在一个线鼻子上接到TOPBOX底部有接地标志的螺栓上；环境温度传感器的屏蔽层剥出400mm压上管型接线端子接到就近的接地端子上。

4. 变浆电机接地要求

（1）变浆电机接地线使用6mm² 黄绿双色电缆，一端压DT-6mm² φ6 铜接线端头，连接在电机外壳上，见图7-19中的 A 点；另一端压DT-6mm² φ6 铜接线端头，接在变浆柜支架接地螺栓上，见图7-19中的 B 点所示。

（2）变浆柜接地线长度为2000mm，每个变浆电机1根，共3根。

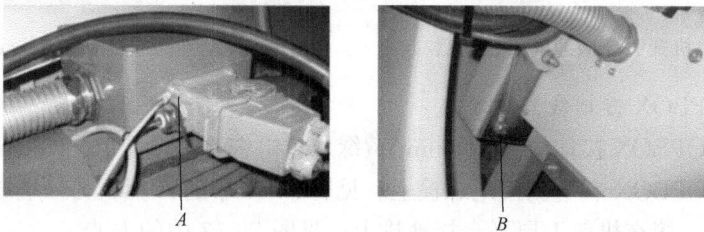

图7-19　变浆电机接地线连接示意

5. 避雷针及接地线安装要求

（1）安装避雷针时，应将机舱外侧的金属板安装面进行除漆、除锈、除渣，避免接触不良影响雷电流的引导，并涂导电膏使导体良好接触，如图7-20所示。

（2）从机舱天窗正对避雷针，左边支架高的位置安装风向标，右边安装风速仪，如图7-21所示。

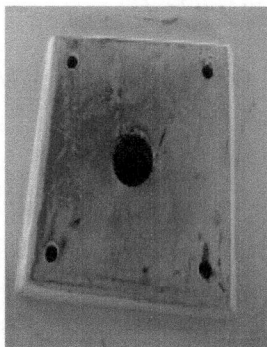

图7-20　机舱外侧避雷针安装金属板示意　　　图7-21　风向标风速仪安装示意

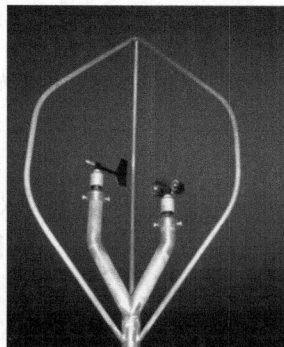

（3）避雷针接地线使用 95mm² 黄绿双色电缆，一端压 DT-95mm²$\phi$10 铜接线端头，连接在避雷针安装金属板下方机舱内侧，见图 7-35 中的 A 点；另一端压 DT-95mm²$\phi$10 铜接线端头，接在机舱上层平台左下侧接地排上，见图 7-22 中的 B 点。

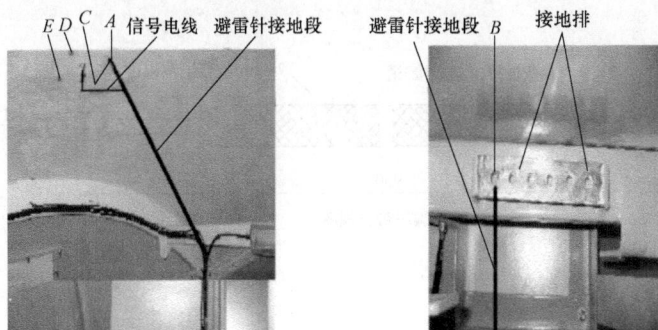

图 7-22　避雷针接地线连接示意

（4）由于机舱内侧是绝缘的，为保证铜接线端头接触面积，增加一个块金属板放在 A 点与 C、D、E 点之间，再将铜接线端头接在金属板上，如图 7-35 所示。

（5）避雷针接地线长度为 4000mm，避雷针安装金属板下方机舱内侧螺栓规格为 M10×55，接地排侧螺栓规格为 M10×35。

6.塔段之间接地线安装要求

（1）塔段与塔段之间的接地连接用 70mm² 镀锡铜编织带，共需 9 根镀锡铜编织带，其中底座环与下塔段连接为 3 根，下塔段与中塔段连接为 3 根，中塔段与上塔段连接为 3 根，如图 7-23 所示。

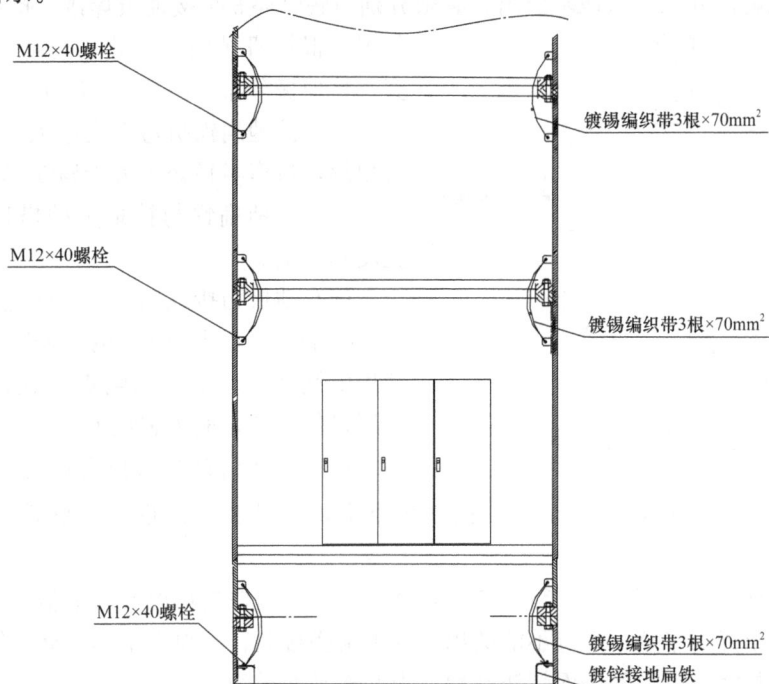

图 7-23　塔段接地连接示意

（2）塔段与塔段之间每组接地极都要连接良好，不能遗漏，连接前先对镀锡铜编织带接线鼻和接地极的安装面进行除漆、除锈、除渣，并涂导电膏使导体良好接触。

（3）铜编织带与塔架接地极之间用 M12×40 螺栓与塔架连接。铜编织带外形如图 7-24 所示。

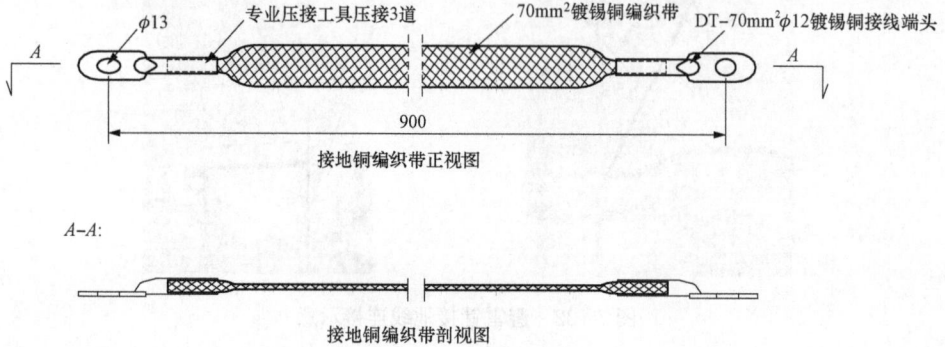

图 7-24　接地铜编织带示意

7. 放电电阻接地线安装要求

（1）放电电阻接地线使用 35mm² 黄绿双色电缆，一端压 DT-35mm²φ12 铜接线端头，连接在接地排上；另一端压 DT-35mm²φ8 铜接线端头，接在放电电阻壳体接地螺栓上。

（2）放电电阻接地线长度为 3000mm，接地排侧螺栓规格为 M12×40，壳体侧螺栓规格为 M8×25。

8. 底座环与镀锌接地扁铁连接安装要求

（1）接地扁铁分 120°从地基引出，必须分别与底座环 3 个接地极焊接。接地扁铁的引出位置要根据机械图纸确定，与底座环接地极对齐。接地极分布如图 7-25 所示。

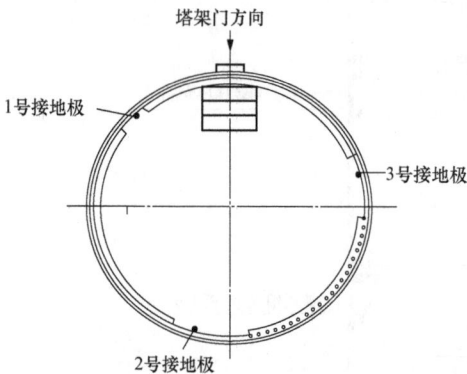

图 7-25　接地极分布图

（2）接地扁铁折弯弧度应大于 90°，不宜呈直角形，折弯半径必须大于扁铁厚度的 2.5 倍。

（3）接地扁铁与接地极的搭接长度为扁铁宽度的两倍。

（4）地极与接地扁铁连接前先在扁铁上开 1 个 φ13 的孔，孔与底座环接地极的孔对齐。须使用电钻开孔，不能用电焊开孔，防止扁铁镀锌层过热脱落，避免扁铁上下表面有焊渣。

（5）接地扁铁与底座环接地极焊接时，扁铁可以放在接地极上面，也可以放在接地极下面，但是要保证搭接长度符合要求，三面焊接。

（6）焊接前先清理搭接面进行除漆、除锈、除渣，扁铁搭接面要求平整无形变。

（7）缝要求光滑平整，焊迹不能突出扁铁上端搭接面，不得有虚焊、夹渣等缺陷。

（8）搭焊接完毕需清除表面焊渣及扁铁上端接平面异物。

（9）对焊接处刷银粉漆作防腐处理（扁铁上端搭接平面不允许刷漆，必须保持清洁）。

（10）接地极1、2、3安装及焊接要求如图7-26所示。

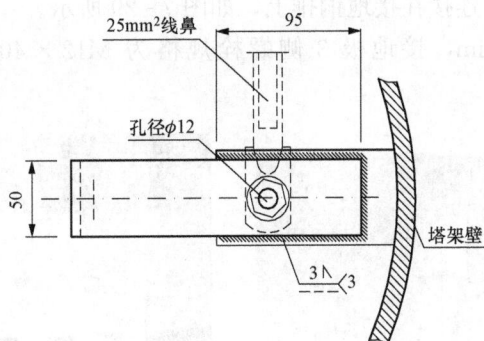

图7-26 接地极安装及焊接示意

9. 主空开进线电缆接地要求

（1）从箱变引入的主空开进线铠装电缆内的接地线接在接地排上，压DT-500mm²φ12铜接线端头，接地线长度2200mm，接地排侧螺栓规格为M12×40，如图7-27所示。

图7-27 主空开进线电缆接地示意

（2）从主空开进线铠装电缆引出的7根接地铜编织带接在接地排上，压DT-35mm²φ10铜接线端头，接地铜编织带长度1900mm，接地排侧螺栓规格为M10×35，如图7-27所示。

10. 主空开外壳接地要求

（1）主空开接地线使用95mm²电缆，一端压DT-95mm²φ12铜接线端头，连接在主开关外壳的A点上，如图7-28所示；另一端压DT-95mm²φ12铜接线端头，接在接地排B点，如图7-28。

（2）空开接地线从A点引出，经主空开正下方，接至B点，如图7-28所示。

（3）主空开接地线长度900mm，主开关外壳的A点螺栓规格为M12×40，接地排侧螺栓规格为M12×40。

11. 接地铜排与接地扁铁之间的主接地线连接要求

主接地线使用185mm²电缆，一端压

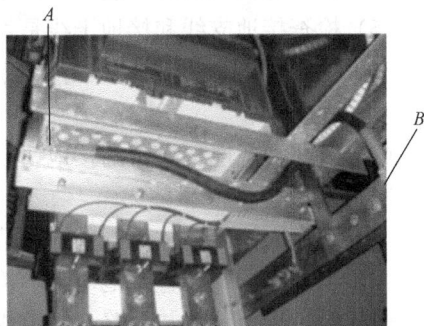

图7-28 主空开外壳接地示意

DT-185mm² φ12 铜接线端头，连接在接地极 3 上，如图 7-29 所示；另一端压 DT-185mm² φ12 铜接线端头，连接在接地铜排上，如图 7-29 所示。

接地线长度为 3000mm，接地极 3 侧螺栓规格为 M12×40，接地排侧螺栓规格为 M12×40。

图 7-29　主接地排与接地扁铁连接示意

### 2.4　接地装置的维护

接地装置在运行中接地线与接中性线有时遭到外力破坏或腐蚀，会发生损伤或断裂。另外，随着土壤的变化，接地电阻也会变化。因此，必须对接地装置定期检查和测试。

1. 接地装置的安全检查周期

(1) 各种防雷装置的接地线每年（雨季前）检查一次。

(2) 对有腐蚀性土壤的接地装置，安装后应根据运行情况，一般每 5 年左右挖开局部地面检查一次。

(3) 手动电动工具及移动式电气设备的接地线，在每次使用前应进行检查。

(4) 接地电阻一般 1～3 年测量一次。

2. 检查内容

(1) 检查地线各连接点的接触是否良好，有无损伤、折断和腐蚀现象。

(2) 对含有重酸、碱、盐和金属矿岩等化学成分的土壤地带，应定期对接地装置的地下 500mm 以上部位挖开地面进行检查，观察接地体的腐蚀程度。

(3) 检查分析所测量的接地电阻值变化情况，是否符合要求，并在土壤电阻率最大时进行测量，应做好记录，以便分析和比较。

(4) 设备每次检修后，应检查接地线是否牢靠。

(5) 检查接地支线和接地干线是否连接可靠。

(6) 检查接地线与电气设备及接地网的接触是否良好，若有松动脱落现象，要及时修补。

(7) 对移动式电气设备的接地线，每次使用前检查接地情况，观察有无断股等现象。

3. 接地装置保护措施

(1) 观察人工接地体周围的环境情况，不应堆放具有强烈腐蚀性的化学物质。

(2) 当发现接地装置接地电阻不符合要求时，及时采取降低接地电阻的措施。

(3) 对于接地装置与公路、铁道或管道等交叉的地方，要采取保护措施，避免接地体受到损坏。

(4) 在接地线引入建筑物的入口处，最好设有明显标记，为维护工作提供方便。

（5）应保持明敷的接地体表面所涂的标记完好无损。

### 2.5　有关人员安全注意事项

（1）电击危险涉及任何处于风力发电机内的人员及风力发电场接地网附近的人员。虽然电击可能不致命，但它可产生危险，如致使正在爬梯的人员失手等。线缆爆炸效应的威胁仅与风力发电场的人员有关。风力发电机所使用的所有线缆的尺寸应该能够安全地承载雷击所产生的电涌电流。最后，来自叶片材料的威胁可以通过使用叶片雷电防护系统的方式来避免。

（2）风力发电机周边人员的第一项原则：如果风力发电场区域预测到将有雷雨发生，或者观测到雷雨时，所有人员应立即撤离。

（3）雷电的警告应该贴在风力发电场显著的位置，工作人员应演习雷击时的紧急应对。

（4）风力发电场应建造庇护设施，人员能在此安全地等待雷雨结束。

（5）预测雷雨的发生是实现此策略的关键。应配备可以提前两小时预测雷雨来临的仪器。

（6）当雷电电流进入风力发电场的接地系统时，接地系统的电位会上升，而这将会提升土壤表面的电位。土壤表面存在的电位梯度会使正在风力发电场内行走的人员产生跨步电压，从而危及人员的安全。如果在雷雨期间发生紧急事件需要人员在场，应确定该人员穿戴特制的、能隔绝雷电流及跨步电压的手套和鞋。在工作区的地板上使用厚橡皮垫也可以起到很好的作用。最理想的做法是在雷雨期间，工作人员离风力机的距离应不小于 30m。

【小贴士】

全国劳动模范
伍治国：一直
奋斗在路上

【事故案例】

事故案例7.1
某风电场箱变遭
感应雷击损坏事故

# 项目八　智能风电通信网络技术

视频8.1
智能风电通信
网络技术

## 学习背景

在风电工业生产过程中，智能风电通信网络技术在新一代信息技术与风电生产过程深度融合的背景下，在向数字化、网络化、智能化转型。智能风电通信网络技术由风电场感知层、数据传输层、智能应用层及网络信息安全组成。通过广泛部署智能感知终端与数据采集设备，实时监测风电生产管理过程中的全要素、多维度、多尺度状态信息。由具有通信能力的现场测量控制器、交换机、监控计算机等通信设备和传输介质构成通信网络系统，及时将数据信息传送到目的地。以感知得到的现场数据为基础，构建设备控制系统、风电场站生产和管理系统、风电场群智能化协同系统、大数据分析决策系统等应用系统进一步提高风电场管理效率，有效降低弃风率。

## 学习目标

1. 掌握风电场感知层监测状态数据、传感器及接口选型；
2. 掌握组建风电通信网络系统的基本流程；
3. 了解常见网络安全技术。

## 任务1　风电场感知层设备及接口

### 1.1　风电场监测的状态数据

1. 监测风电场周边环境状态数据

在风电场测风塔不同高度安装环境智能感知设备，实现对不同高度下的温度、湿度、风速、风向、气压、辐射度等气象信息的准确测量。在海上风电场区安装能够监测波浪、海流、海冰、冲刷、盐雾等海洋环境的智能感知设备，实现对海洋环境的监测。在风电场区、楼房、道路、线路和危险区域等地方安装音频或视频感知设备，实现对风电场区域的智能监测。

2. 监测风电场设备运行状态数据

风电场主要监测的运行设备包括风电机组和电气设备，具体内容如下：

（1）监测风电机组运行状态数据时，对机组叶片、发电机、机组轮毂、机舱、塔筒、传动链、齿轮箱等主要设备进行监测。可在机组叶片上安装应力和振动智能感知设备，实现对叶片摆动幅值、频率及应力的测量。在风电场配置无人机监测机组叶片状态，实现对叶片运行状态的远程监测。对叶片覆冰率较高的冰冻地区，设置叶片结冰智能检测系统。在机组轮毂、机舱和塔筒的关键部位安装应力智能感知设备，实现对关键部位载荷的测量。在传动链上安装振动、温度和压力等智能感知设备，实现对传动链振动、轴承及齿轮箱的温度和压力、液压系统压力等信息的测量。对齿轮箱润滑油液进行实时监测，实现对油液中金属颗粒数量、油液黏度、水分、酸值、介电常数等润滑油品质参数的测量。在发电机上安装应力、温度和气体等智能感知设备，实现对不平衡应力、温度和绝缘材料性能等参数的监测。在机舱、机舱外部、塔筒等部位安装温湿度智能感知设备、烟雾智能感知设备、视频智能感知设备等装置，实现机组温湿度、烟雾、运行状态的实时监测。

（2）监测风电场电气设备运行状态数据时，对主变压器、断路器、隔离开关、母线等主要设备进行监测。在主变压器上配置油色谱监测、局部放电监测、套管绝缘监测、接地电流监测、有载分接开关监测等，实现对主变压器油质量、绝缘套管放电、中性点接地电流、有载分接开关油质量等参数的监测。在断路器、各类开关上配置智能控制终端、机械特性实时状态监测、SF₆在线监测等，实现对断路器、隔离开关、接地开关的分/合智能操作以及对开关设备分/合位置及连锁/闭锁状态、操动机构、储能系统、开关触头、气体绝缘性能、灭弧能力、泄漏率及微水含量等参数信息的监测。在风电场升压站场区、主变压器、主断路器、户外隔离开关、站用变、无功补偿装置等区域安装摄像头，实现对各类表计读数、刀闸状态、绝缘子状态、设备漏油漏液、除湿器状态等信息的获取与识别。在变压器母线、母排、场区出线触点、断路器、隔离开关等位置安装红外摄像装置，实现对连接触点温度的监测。在电气二次室和35kV开关室内布置搭载摄像头的机器人或者轨道式自动巡检系统，实现对柜体指示灯、仪表读数、开关状态等信息的监测。在风电场升压站周界部署报警装置，实现对人员徘徊、入侵等影响安全作业的现场状况进行实时监测并进行报警。

3. 风电生产管理数据采集

风电生产管理过程中，对记录填写工作票、操作票、钥匙管理、交接班管理等运行管理实施信息化。对设备图纸、设备台账、设备检修维护、技改消缺、检修工单、预防性试验等设备管理实施信息化。对采购计划、采购单、物资入库、物资出库、查询统计等物资管理实施信息化。对安全规章措施、安全培训、安全活动、应急预案、安全检查、安全演练、反事故演习等安全管理实施信息化。对发电量报表、设备可靠性报表、风电场周期性报表、专项管理报表等统计报表实施信息化采集。

为了保证数据采集的有效性和精度，应定期校准智能传感设备。采集的数据适用于人工智能算法或大数据分析，为应用决策系统提供可靠数据。

**1.2 风电场传感技术**

风电场传感器包括温度传感器、转速传感器、电流传感器、应力传感器、气量液量传感器等，下面主要介绍常见的温度传感器和转速传感器。

1. 温度传感器

温度传感器是能感知被测物体温度并转换为信号输出的传感器，分为热敏电阻、热电偶、RTD电阻温度探测器、IC温度传感器。

热敏电阻是一种温度感测器，电阻是温度的函数。热敏电阻有两种类型：PTC（正温度系数）和NTC（负温度系数）。随着温度升高，PTC热敏电阻的电阻增加；相反，NTC热敏电阻的电阻随着温度的升高而降低。其特点如下：

（1）灵敏度较高。

（2）工作温度范围宽，常温器件适用于−55～315℃，高温器件适用温度高于315℃，低温器件适用于−273～−55℃。

（3）体积小，能够测量空隙温度。

（4）可加工成复杂的形状。

热电偶是温度测量仪器中常用的测温元件，它直接测量温度，并把温度信号转换成电信号，通过电路转换成被测物体的温度。各种热电偶的外形常因需要而不同，但是它们的基本结构大致相同，通常由热电极、绝缘套保护管和接线盒等主要部分组成。其特点如下：

1）测量精度高。因热电偶直接与被测对象接触，不受中间介质的影响。

2）测量范围广。常用的热电偶从－50～＋1600℃均可连续测量，某些特殊热电偶最低可测到－269℃（如金铁镍铬），最高可达＋2800℃（如钨－铼）。

3）构造简单，使用方便。热电偶通常是由两种不同的金属丝组成，而且不受大小和开头的限制，外有保护套管，用起来非常方便。

RTD 电阻温度探测器的电阻随温度的变化而变化。其电阻随传感器温度升高而增大。RTD 是一种无源设备。它不会单独产生输出，可使用外部电子设备来测量传感器电阻，方法是使小电流通过传感器，以产生电压（通常是 1mA 或更低的测量电流，最大 5mA，没有自热风险）。

IC 温度传感器基于半导体的温度传感器被集成到集成电路（IC）中，这些传感器使用两个相同的二极管，它们具有温度敏感的电压和电流特性，以监视温度变化。它们提供线性响应，但具有基本传感器类型中最低的精度。这些温度传感器在温度范围（－70～150℃）中响应速度也最慢。

2. 转速传感器

常见的转速传感器有光电式转速传感器、磁电式转速传感器。

光电式转速传感器主要由光源、聚光镜、反射透光玻璃、光敏管等组成。光源产生的光束经反射透光玻璃射到光码盘上，光码盘安装在被测转速的转轴上。光码盘的表面有一些呈辐射状并且间隔布置的反光面以及不反光面条纹。所以当转轴转动时，光码盘将间隔有反射光射到光敏二极管上，使光敏二极管电阻值产生交替变化频率。

磁电式转速传感器主要由永久磁钢、铁芯、线圈等组成，它是根据磁路中磁阻变化引起磁通变化，从而在线圈中产生感应电势的原理工作的。当被测轴带动齿轮转动时，铁芯和齿轮的齿之间的间隙发生周期性变化，使得磁路中磁阻也产生相应变化，从而引起通过线圈的磁通发生变化，感应线圈中就产生交变感应电势。

### 1.3　接口通信方式

1. 通信方式

通信方式是指计算机与外部设备或计算机与计算机之间的信息交换。

通信方式有并行通信（见图 8-1）和串行通信（见图 8-2）两种。并行通信的"并行"就是一起的意思，也就是说数据以字或字节的形式同时发送出去或者同时接收，这种方式的传输速度比较快。串行通信，就是数据一位一位地发送或者是接收，这种方式传输的速度比较慢。

并行通信的特点：控制简单、传输速率快；由于传输线较多，长距离传送时，成本高且接收方的各位同时接收存在困难，一般用在短距离传输的场合。

串行通信的特点：传输线少，长距离传送时成本低，且可以利用电话网等现成的设备，但数据的传送控制比并行通信复杂，一般用在远距离传输的场合。

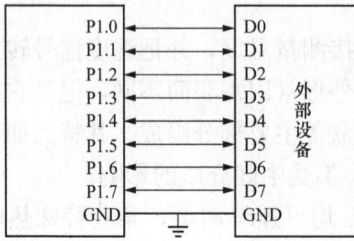

图 8-1 并行通信

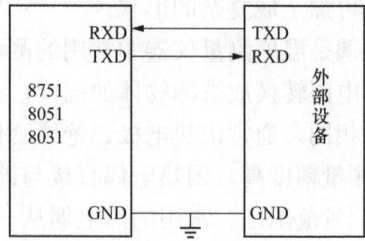

图 8-2 串行通信

2. 串行通信中的异步通信与同步通信

串行通信的数据信息和控制信息都要在一条线上实现。为了对数据和控制信息进行区分，收发双方要事先约定共同遵守的通信协议。通信协议约定内容包括同步方式、数据格式、传输速率、校验方式。

根据发送与接收时钟的配置方式串行通信可以分为异步通信和同步通信。

（1）异步通信。异步通信是指通信的发送与接收设备使用各自的时钟控制数据发送和接收的过程。为使双方的收发协调，要求发送和接收设备的时钟尽可能一致。

异步通信是以帧为单位进行传输，帧与帧之间的间隙（时间间隔）是任意的，但每个帧中的各位是以固定的时间传送的，即帧之间是异步的，但同一帧内的各位是同步的。异步通信要求发送设备与接收设备传送数据同步，采用的办法是使传送的每一个字符都以起始位 0 开始，以停止位 1 结束。这样，传送的每一帧都用起始位来进行收发双方的有效信息确认。停止位和间隙作为时钟频率偏差的缓冲，即使收发双方时钟频率略有偏差，积累的误差也仅限制在本帧之内。异步通信的帧格式如图 8-3 所示。

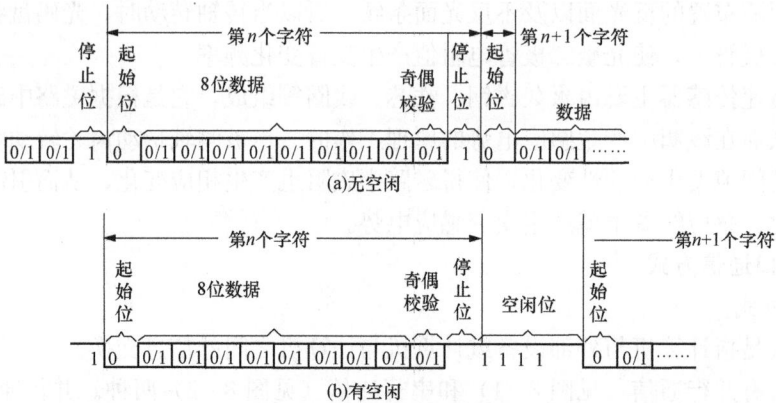

图 8-3 异步通信帧格式

在异步通信中，每个数据都是以特定的帧形式传送，数据在通信线上一位一位地串行传送，每帧按先后顺序由以下四部分组成：

1）起始位：表示传送一个数据的开始，用低电平表示，占 1 位。

2）数据位：要传送的数据的具体内容，可以是 5 位（D0～D4）、6 位、7 位或 8 位，数据从低位开始传送。

3）奇偶校验位：为了保证数据传输的正确性，在数据位之后紧跟一位奇偶校验位，用于有限差错检测。当数据不需进行奇偶校验时，此位可省略。

4）停止位：表示发送一个数据的结束，用高电平表示，占1位、1.5位或2位。

在图8-3中给出的是1位起始位、8位数据位、1位校验位和1位停止位，共11位组成的一个数据帧。数据传送时低位先传送，高位后传送。字符之间允许有不定长度的空闲位。起始位0作为传输开始的联络信号，它通知接收方传送的开始，接下来就是数据位和奇偶校验位，停止位1表示一个帧的结束。

接收设备在接收状态时不断地检测传输数据线，看是否有起始位到来。当收到一系列的1（空闲位和停止位）之后，检测一个0，说明起始位出现，就开始接收所规定的数据位和奇偶校验位以及停止位。串行接口电路将停止位去掉后把数据位拼成一个并行字节，再经校验无误才算正确地接收到一个字符。一个字符接收完毕后，接收设备又继续测试传输线路，监视0电平的到来（下一个字符开始），直到全部数据接收完毕。

异步通信的特点是不要求收发双方时钟的严格一致，实现容易，设备开销较小，但每个字符要附加2～3位用于起止位和停止位，各帧之间还有间隔，因此传输效率不高。

（2）同步通信。同步通信时要建立发送方时钟对接收方时钟的直接控制，使双方达到完全同步。同步通信传输效率高。

在异步通信中，每一个数据都包含起始位和停止位，占用了传送的时间，当数据量较大时，这一问题更为突出，因此在大量数据传输时，常采用同步通信方式来实现。在同步通信中，发送端首先发送1～2个同步字符（SYN），紧接着连续传送数据（称为数据块），并由同步时钟来保证发送端与接收端的同步。同步通信数据传送格式如图8-4所示。

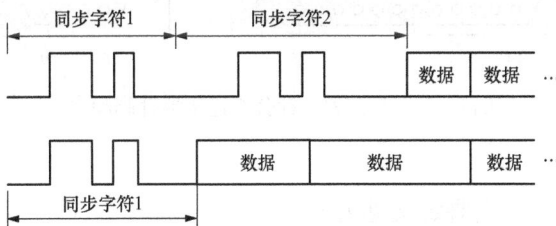

图8-4　同步传送的数据格式

同步通信传送速度快，但硬件结构比较复杂。异步通信硬件结构比较简单，但传送速度较慢。

3. 串行通信的错误校验

串行通信的错误校验包括：奇偶校验、代码和校验、循环冗余校验。

奇偶校验。在发送数据时，数据位尾随的1位为奇偶校验位（1或0）。奇校验时，数据中"1"的个数与校验位"1"的个数之和应为奇数；偶校验时，数据中"1"的个数与校验位"1"的个数之和应为偶数。接收字符时，对"1"的个数进行校验，若发现不一致，则说明传输数据过程中出现了差错。

代码和校验（Checksum）是将被校验数据进行"累加"，并省略"累加"溢出的位，最终得到的1个或多个字节的结果。这个"累加"，可以是简单的整数加法校验，又或者是反码加法校验等。

循环冗余校验（Cyclicredundancycheck，CRC）是一种根据网络数据包或电脑文件等数据产生简短固定位数校验码的一种散列函数，主要用来检测或校验数据传输或者保存后可能出现的错误。生成的数字在传输或者存储之前计算出来并且附加到数据后面，然后接收方进行检验确定数据是否发生变化。由于本函数易于用二进制的电脑硬件使用、容易进行数学分析并且尤其善于检测传输通道干扰引起的错误，因此获得广泛应用。

4. 传输速率

传输速率也称为波特率。波特率是每秒钟传输二进制代码的位数，单位是位/秒（bps）。如每秒钟传送 240 个字符，而每个字符格式包含 10 位（1 个起始位、1 个停止位、8 个数据位），这时的波特率为：10 位/个×240 个/秒＝2400bps。

### 1.4  串行通信接口标准

串行通信接口标准包括 RS-232、RS-422 与 RS-485，标准定义类似，这里以 RS-232 标准为例介绍串行通信接口标准。

RS-232C 定义了数据终端设备（DTE）与数据通信设备（DCE）之间的物理接口标准。它规定了接口的机械特性、功能特性和电气特性的内容：

1. 机械特性

RS-232C 接口规定使用 25 针连接器，连接器的尺寸及每个插针的排列位置都有明确的定义。一般的应用中并不一定用到 RS-232C 定义的全部信号，这时常采用 9 针连接器替代 25 针的连接器，如图 8-5 所示。

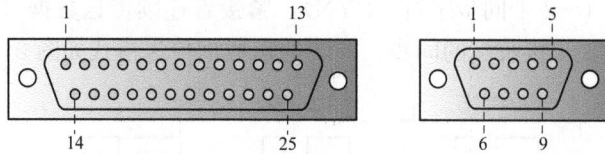

图 8-5  25 针和 9 针公头连接器针脚顺序

2. 功能特性

RS-232C 标准接口主要引脚定义见表 8-1。

表 8-1                          RS-232C 标准接口主要引脚定义

| 插针序号 | 信号名称 | 功能 | 信号方向 |
|---|---|---|---|
| 1 | PGND | 保护接地 | — |
| 2（3） | T8D | 发送数据（串行输出） | DTE →DCE |
| 3（2） | R8D | 接收数据（串行输入） | DTE ⊐DCE |
| 4（7） | RTS | 请求发送 | DTE →DCE |
| 5（8） | CTS | 允许发送 | DTE ⊐DCE |
| 6（6） | DSR | DCE 就绪（数据建立就绪） | DTE ⊐DCE |
| 7（5） | SGND | 信号接地 | — |
| 8（1） | DCD | 载波检测 | DTE ⊐DCE |
| 20（4） | DTR | DTE 就绪（数据终端准备就绪） | DTE →DCE |
| 22（9） | RI | 振铃指示 | DTE ⊐DCE |

3. 电气特性

在 TXD 和 RXD 上：逻辑 1（MARK）＝ －3～－15V；逻辑 0（SPACE）＝3～15V。

在 RTS、CTS、DSR、DTR 和 DCD 等控制线上：信号有效（接通，ON 状态，正电压）＝3～15V；信号无效（断开，OFF 状态，负电压）＝－3～－15V。

以上规定说明了 RS232C 标准对逻辑电平的定义。对于数据（信息码），逻辑 1（传号）的电平低于－3V，逻辑 0（空号）的电平高于＋3V；对于控制信号，接通状态（ON）即信号有效的电平高于 3V，断开状态（OFF）即信号无效的电平低于－3V，也就是当传输电平的绝对值大于 3V 时，电路可以有效地检查出来，介于－3～3V 的电压无意义，低于－15V或高于 15V 的电压也认为无意义。因此，实际工作时，应保证电平在±（3～15）V 用RS232 总线连接系统时有近程通信方式和远程通信方式两种，近程通信是指传输距离小于15m 的通信，可以用 RS232 电缆直接连接；15m 以上的长距离通信，需要采用调制调解器。

# 任务 2　风电场通信网络工程建设及运维检修

## 2.1　风电场通信网络工程建设

1. 网络设计

通信网络分类的方式包括网络作用范围、拓扑结构、传输介质、传输技术等。

按网络作用范围分类：局域网（local area network，LAN）是一个小的地理区域内的专用网络，例如办公室、大楼和方圆几公里远的地域；城域网（metropolitan area network，MAN）是一种大型的 LAN，通常使用与 LAN 相似的技术，它可能覆盖一组邻近的公司办公室和一个城市；广域网（wide area network，WAN）覆盖一个国家的网络；互联网（Internet）实现全球网络互联，是范围最广的通信网络。

拓扑结构是指网络在物理上或逻辑上的布置方式。局域网的拓扑结构包括网状、星形、树形、总线形、环形，如图 8-6 所示。

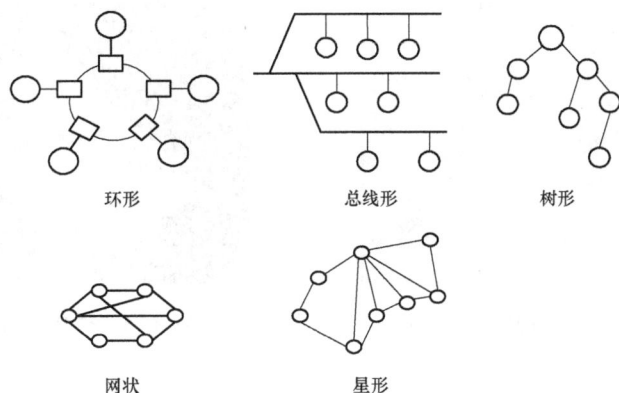

图 8-6　拓扑结构

（1）总线拓扑。总线拓扑结构采用单根传输线作为传输介质，所有站点都通过相应的硬件接口直接连接到传输介质上，或称总线上。任何一个站点发送的信号都可以沿着介质双向传播，而且能被其他所有站接收（广播方式）。

优点：电缆长度短，线缆用量少，容易布线；可靠性高；易于扩充。

缺点：故障诊断困难；一个故障则所有通信中断；信号衰减，需要中继器配置；设备的数量和布局影响性能。

（2）星形拓扑。星形拓扑是由中央结点和通过点到点链路接到中央结点的各站点组成。

优点：配置方便；每个连接点只接一个设备；单个连接点的故障只影响一个设备，不会影响全网；集中控制和故障诊断容易；容易检测和隔离故障，可方便地将有故障的结点从系统中删除；简单的访问协议。

缺点：这种拓扑结构需要大量电缆，增加的费用相当可观；扩展困难；在初始安装时，可能要放置大量冗余的电缆，以配置更多的连接点；依赖于中央结点，中央结点产生故障，则全网不能工作。

（3）树形拓扑。树形拓扑是星形拓扑的一种扩展。树形拓扑需要中央集线器和次级集线器连接不同的星形结构的局域网。

目前，由于物联网的兴起，无线传感网技术也逐渐应用到实际工程中。

2. 综合布线

（1）双绞线与双绞线缆。双绞线由两根具有绝缘保护层的铜导线按一定密度互相绞在一起组成，每根导线的绝缘层带有色标来标记，双绞线也因此而得名。

非屏蔽双绞线缆：局域网中常用到的双绞线一般都是非屏蔽的三类、五类和六类的电缆线。其最大传输距离为 100m，最高传输速率为 1000Mb/s，传输带宽 100MHz，如图 8-7 所示。

屏蔽双绞线缆：外层由铝箔包裹，以减小辐射，但并不能完全消除辐射。屏蔽双绞线价格相对较高，安装时要比非屏蔽双绞线电缆困难，必须配有支持屏蔽功能的特殊连接和施工工艺。

RJ-45 插头的制作工具：RJ-45 插头、压线钳，如图 8-8～图 8-10 所示。

RJ-45 插头：由金属片和塑料构成。

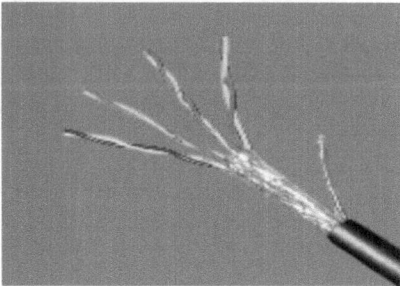

图 8-7　超五类非屏蔽双绞线外观

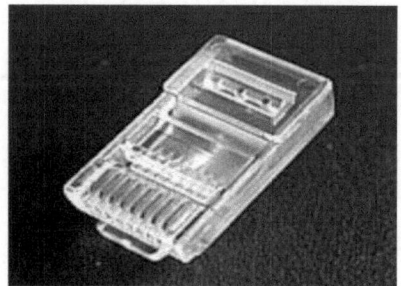

图 8-8　空 RJ-45 插头外观

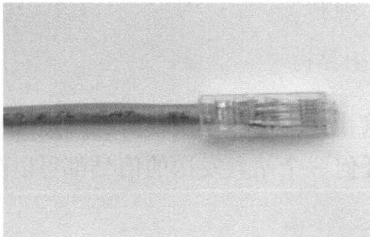

图 8-9　制作完成的 RJ-45 插头

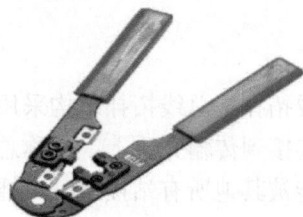

图 8-10　普通 RJ-45 压线钳

制作标准为 EIA/TIA568A 和 EIA/TIA568B。

网线有两种做法：交叉线、直通线。

交叉线的做法是一头采用 568A 标准，一头采用 568B 标准。直通线的做法是两头同为 568A 标准或 568B 标准，即两端 RJ-45 插头中的线序排列完全相同，一般采用是 568B 平行线的做法，适用于计算机到集线设备的连接。

568A 标准：绿白，绿，橙白，蓝，蓝白，橙，棕白，棕。

568B 标准：橙白，橙，绿白，蓝，蓝白，绿，棕白，棕。

RJ-45 双绞线接头制作步骤见表 8-2。

表 8-2  　　　　　　　　　　RJ-45 双绞线接头制作步骤

| 步骤 | 描述 |
|---|---|
| 剪断：利用压线钳的剪线刀口剪取适当长度的网线 | |
| 剥皮：用压线钳的剪线刀口将线头剪齐剥除外包皮后张开双绞线电缆 | |
| 排序：将 4 个线对的 8 条细导线一一拆开；<br>插入：一手以拇指和中指捏住水晶头，使有塑料弹片的一侧向下，针脚一方朝向远离自己的方向，并用食指抵住 | |

| 步骤 | 描述 |
|---|---|
| 压制：因为水晶头是透明的，所以可以从水晶头有卡位的一面或侧面清楚地看到每条芯线所插入的位置 |  |
| 制作完成，再用测线仪检验是否成功 |  |

（2）光缆。光导纤维（光纤）是一种传输光束的细而柔韧的媒质。光纤是用石英玻璃或塑料制成的横截面积很小的双层同心圆柱体。光纤由单根玻璃纤芯、紧靠纤芯的包层以及塑料保护涂层组成，如图8-11和图8-12所示。

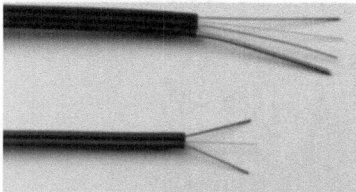

图 8-11　光缆束状

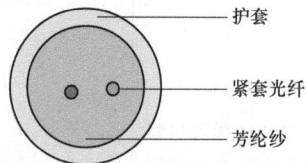

图 8-12　两芯束状光缆剖面

根据光纤结构的不同，室内光缆可以分为普通光纤和光纤带光缆。多芯光纤光缆端接至配线架或网络设备时，需借助于多芯光纤带光缆分支器（如图8-13所示），图8-14所示为中心束管式光纤带光缆剖面。

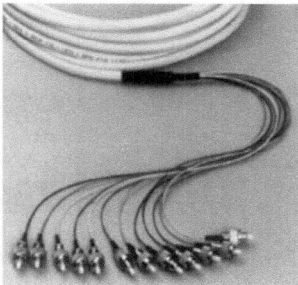

图 8-13　多芯光缆带光缆分支器

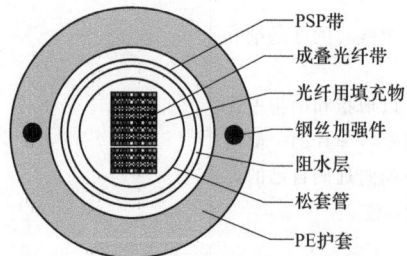

图 8-14　中心束管式光纤带光缆剖面

室外光缆的抗拉强度较大，保护层较厚重，并且通常为铠装，即金属皮包裹。室外光缆主要适用于建筑群子系统，如图 8-15 所示。

直埋式光缆用于直接埋设至开挖的电信沟内，埋设完毕即填土掩埋。采用直埋方式布线简单易行，且施工费用低廉，如图 8-16 所示。

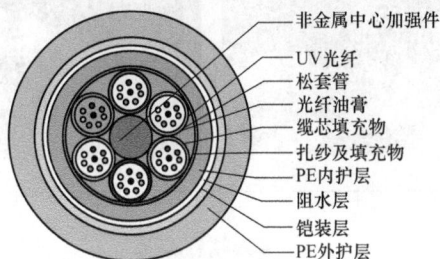

图 8-15　中心非金属加强构件层绞式直埋光缆　　　图 8-16　直埋式光缆剖面图

架空式光缆。当地面不适宜开挖、无法开挖或开挖费用太高时，可以考虑采用架空的方式架高建筑群子系统光缆。

光纤连接器，即光纤接头。它是用以稳定但并不是永久地连接两根或多根光纤的无源组件，是光纤通信系统中不可缺少的器件。

目前，大多数的光纤连接器是由三个部分组成，即两个配合插头和一个耦合管。两个插头装进两根光纤尾端；耦合管起对准套管的作用。

另外，耦合管多配有金属或非金属法兰，以便于连接器的安装固定，光纤连接器如图8-17所示。

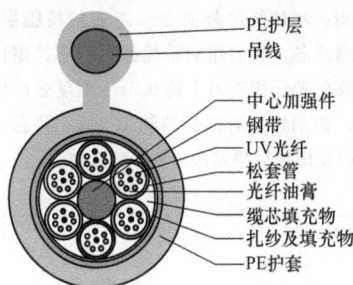

图 8-17　光纤连接器

光纤熔接步骤见表 8-3。所需工具和材料有光纤熔接机、光纤切割刀、接头盒、酒精棉、热缩管、开缆刀。

表 8-3　　　　　　　　　　　　　　　　光纤熔接步骤

| 步骤 | 描述 |
| --- | --- |
| 剥开光缆：用开缆刀把纤芯取出来 | 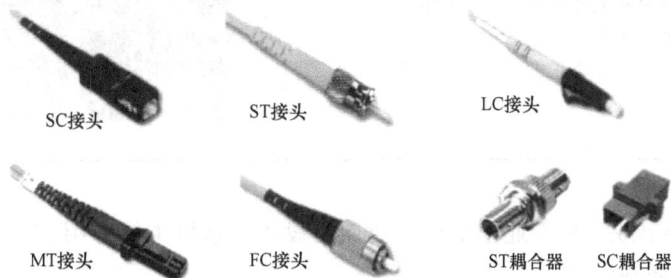 |

续表

| 步骤 | 描述 |
|---|---|
| 纤芯切割：刮掉纤芯外面 3cm 左右的树脂层，并进行切割纤芯，然后用酒精棉擦拭纤芯，擦拭干净之后放在光纤切割刀上的 0.5cm 刻度处压住进行切割，切割好之后的纤芯约 1.5cm。并套上热缩管，以便熔接后热缩保护光纤熔接部位 | 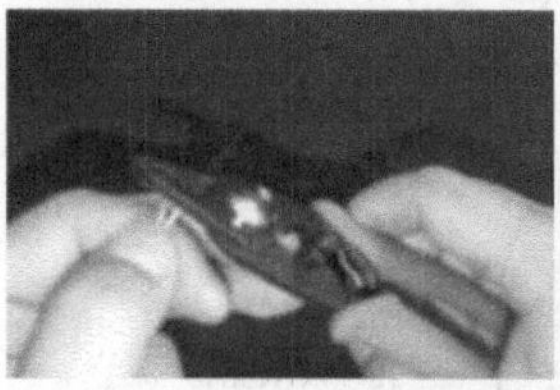 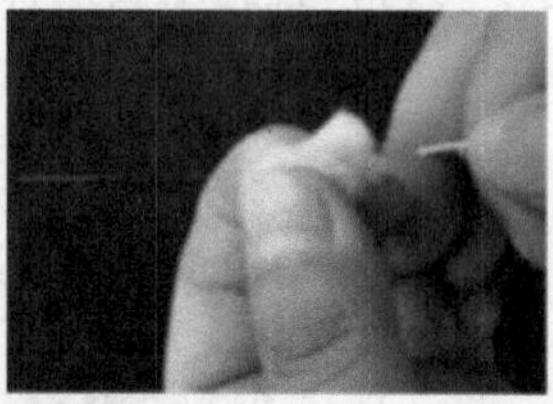 |
| 熔接光纤：两根切割好的纤芯放在熔接机的光纤压板上压住，要求纤芯离电极棒距离约 0.3cm。两边压好后把熔接机头盖盖住，自动熔接。查看熔接机显示屏显示纤芯有异常时，需重新熔接 |  |
| 加热热缩管：接好之后将光纤线拿出，套上热塑管，在机器加热区加热即可 |  |

3. 设备安装

　　根据作业指导书或工程作业单要求安装通信设备，这里主要介绍 SDH 光传输设备安装和 PCM 脉冲编码调制设备。

　　SDH（synchronous digital hierarchy）光传输设备，可实现网络有效管理、实时业务监控、动态网络维护、不同厂商设备间的互通等多项功能，提高网络资源利用率、降低管理及维护费用、实现灵活可靠和高效的网络运行与维护。

　　SDH 光传输设备安装：

　　（1）确保电源开关在"OFF"位置。

　　（2）安装设备支架，将固定后的支架与机柜内的接地母线可靠连接，以保证人身和设备的安全。

　　（3）将分盘插入支架对应的槽位上。

　　（4）安装机架电源支架到直流分配屏直流电源电缆，选择电源设备输出开关时要根据 SDH 设备用电容量选择合适的直流输出开关。

　　（5）安装设备支架到机架电源直流电源线。

　　（6）安装 SDH 设备的 2M 接口到数字配线架的 2M 电缆。

（7）安装 SDH 设备到光纤配线单元跳纤，跳纤须穿软塑料管进行保护，塑料管两头要用塑料胶布包好，以防管头磨损光纤。

（8）防止尾纤连接头防污帽意外脱落，尾纤连接后，防污帽应妥善保存。

（9）做好开关、设备以及线缆的标记，同线缆的两端应有相同或相对应的标示牌，尾纤的 OTN 设备安装与调试和微波通信设备安装与调试两端应避免以简单的"收""发"等易混淆的说明做标注。

（10）各类线缆（包括电源线、接地线、通信线缆等）规格型号应符合设计要求，中间无接头，不同颜色的缆线区分直流电源极性（红色正极、蓝色负极），黄绿双色线为地线，接地良好的电源线缆与信号线缆布放路由应尽可能远离，若有交叉，信号线缆应走在上面，线缆应排列整齐、顺直，无扭角、交叉，拐角圆滑（弯曲半径大于 20mm）。绑扎间隔均匀，松紧适度。跳纤不论在任何处转弯，都要保证最小弯曲半径大于 38mm。

（12）尾纤应单独固定，尽可能地不与其他线缆捆在一起，并尽可能减小尾纤的捆扎次数；多余的跳纤应分别在两端机柜内明显处或专用的盘绕构件上盘放。

PCM 脉冲编码调制设备，在光纤通信系统中，光纤中传输的是二进制光脉冲"0"码和"1"码，它由二进制数字信号对光源进行通断调制而产生；而数字信号是对连续变化的模拟信号进行抽样、量化和编码产生的，称为 PCM（pulse code modulation），即脉冲编码调制。这种电的数字信号称为数字基带信号，由 PCM 电端机产生。

PCM 设备安装：

（1）准备施工技术资料及工具。

（2）熟悉待安装设备的硬件总体结构及技术参数，熟悉设备安装的必备条件。

（3）支架安装：划线打孔并安装支架系统，根据工程设计文件依次安装各个机柜并完成机柜的连接。

（4）配线架安装：根据工程设计文件，结合机房具体情况，安装为设备配套的走线架和防震系统。

（5）线缆安装：PCM 设备的内部线缆是用来连接机柜内部的设备，这类电缆配置、数量固定，外部线缆包括外部光纤、中继电缆、用户电缆；

（6）设备配置调试软件安装：对设备硬件安装情况进行检查，安装设备调试软件。

根据通信工程需要，安装调试程控交换设备、软交换设备、交换外围设备、信息交换设备、信息网络路由设备、信息安全设备、服务器设备、直流通信电源系统、UPS 电源系统。

### 2.2　风电场通信网络运维检修

风电场通信网络运维检修包括传输系统检修、交换系统运维检修、专业技能网络系统运维检修、通信基础设施维护。这里主要介绍传输系统运维检修技能。

1. 传输系统运维检修

传输系统运维检修包括 SDH 设备运维检修、PCM 设备运维检修等。

通信 SDH 传输网是程控交换网业务、专网数据网业务及其他业务的基础承载网络和信息化基础设施的重要组成部分，SDH 传输设备的维护管理工作，为风电通信网络提供符合质量要求和畅通的传输电路。SDH 传输网分为干线、支线，SDH 传输网主要设备包括：网络管理平台系统、基本传输设备及配套设施。

一般网络管理平台系统分级管理：

（1）系统高级管理员：负责传输网管系统的全面管理。进行网管数据备份和恢复，各级用户口令设置，增减、修改或删除用户及进行日志管理和安全管理。

（2）系统一般管理员：负责传输系统的高级维护工作。可进行告警等级的修改或设置，可进行交叉连接数据的修改，可访问备份管理信息库中的数据等。

（3）系统操作员：负责通道和电路的一般维护。可以新建或拆除通道及电路的配置和日常维护操作以及可进行告警处理和故障查找定位等。可进行激光器关闭、端口环回、告警设置等日常网络维护操作。

（4）系统监控员级：负责监视系统告警，只有观察浏览网管和确认告警的权限。可对设备的性能测试结果（报告）的内存进行访问，或在高一级管理员允许和指导下进行某些简单操作。

SDH 设备运维工作的分类：

（1）常规运维：定期对机房、设备、网管及配套设施进行的巡视巡检、清洁、数据备份等日常操作。运维人员通过日常维护能够及时发现并解决问题，为网络稳定运行提供基本保障。

（2）常规检测：定期对设备及网络进行的周期性测试。维护人员通过日常测试能够及时了解网络运行情况，通过阶段性性能数据分析，及时发现网络隐患并解决，提高网络运行质量。

（3）隐患治理：对网络存在的重大隐患，比如大范围运行指标劣化等因素，进行专题解决，或对网络进行优化调整等操作。通过重点整治，可以解决重大网络隐患，保证网络运行质量。

（4）巡查维护：针对网络存在的典型问题，组织相关部门人员检查现场网络运行情况，解决存在的问题，交流维护经验，提高维护质量。

PCM 设备运维检修。PCM 设备的元器件由于出现自然老化和外部环境因素的干扰，在使用过程中会出现故障，设备维护人员分为网元维护人员和主站维护人员。

网元维护人员对电力通信系统的故障分析的依据是 PCM 设备的工作状态所反馈的信息。在实际工作中，反馈的信息通常有限，维护人员在分析和定位故障的难度比较大。维护人员必须要明白设备指示灯的各种状态所代表的含义，随时关注指示灯的状况，这也是 PCM 设备维护的基础。PCM 设备发生故障，设备的单板会发出报警。这时设备的维护应该遵循以下原则：先检查设备的中央处理单元，后检查分析支路单元；分析的顺序先高级告警单板，后低级告警单板。主要检查的设备的处理单元。在设备的维护工作中首先检查是否存在高级别报警即中央处理单元的指示灯的工作状态，再看支路指示灯的工作状态，还需要结合用户反馈的信息来确定故障的位置。网络维护人员同时通过网络管理平台对 PCM 设备实时监控，得到设备的性能参数和告警信息，实现了从全网络上实现故障点的判断。

风电场通信网络运维检修还包括 OTN 设备运维检修、光缆运维检修等。

2. 交换系统运维检修

交换系统运维检修包括：程控交换设备运维检修、软交换设备运维检修、交换外围设备运维检修等。

3. 网络系统运行检修

网络系统运行检修包括：以太网交换机运维检修、路由器运维检修、网络安全设备运维检修、网络系统运维检修。

4. 通信基础设施维护

通信基础设施维护包括：整流配电设备运维检修、蓄电池设备运维检修、UPS 设备运维检修。

# 任务 3　网络安全技术

## 3.1　网络安全概述

通信网络通过采用各种技术和管理措施，使网络系统正常运行，从而确保网络数据的可用性、完整性和保密性。所以，建立网络安全保护措施的目的是确保经过网络传输和交换的数据，不会发生增加、修改、丢失和泄漏等。

影响网络安全的原因包括：网络协议设计和实现中的漏洞，计算机软件系统的设计与实现中的漏洞，系统和网络在使用过程中的错误配置与错误操作。

## 3.2　网络监听

网络监听工具是提供给网络管理员的一种管理工具。使用这种工具，可以监视网络的状态、数据流动情况及网络上传输的信息。在网络上，监听效果最好的地方是在网关、路由器、防火墙一类的设备处，通常由网络管理员来操作。

网络监听可以在网上的任何一个位置实施，如局域网中的一台主机、网关或远程网的调制解调器之间等。

以太网中的监听原理是基于以太网协议，其工作方式是将要发送的数据包发往连接在一起的所有主机，当主机工作在监听模式下，无论数据包中的目标地址是什么，主机都可将其接收。

当主机工作在监听模式下，所有的数据帧都将被交给上层协议软件处理。而且，当连接在同一条电缆或集线器上的主机被逻辑地分为几个子网时，如果一台主机处于监听模式下，它还能接收到发向与自己不在同一子网的主机的数据包。也就是说，在同一条物理信道上传输的所有信息都可以被接收到。

## 3.3　防火墙配置

网络防火墙是指在两个网络之间加强访问控制的一整套装置，即防火墙是构造在一个内部网和外部网之间的保护装置，强制所有的访问和连接都必须经过此保护层，并在此进行连接和安全检查。只有合法的流量才能通过此保护层，从而保护内部网资源免遭非法入侵。

防火墙主要用到的方式有包过滤、参数网络、代理服务器。

包过滤：设备对进出网络的数据流（包）进行有选择地控制与操作。通常是对从外部网络到内部网络的包进行过滤。用户可设定一系列的规则，指定允许（或拒绝）哪些类型的数据包可以流入（或流出）内部网络。

参数网络：为了增加一层安全控制，在内部网与外部网之间增加的一个网络。

代理服务器：代表内部网络用户与外部服务器进行信息交换的计算机系统，它将已认可的内部用户的请求送达外部服务器，同时将外部网络服务器的响应再回送给用户。

构建网络防火墙的主要目的包括：

（1）限制访问者进入一个被严格控制的点。

（2）防止进攻者接近防御设备。

（3）限制访问者离开一个被严格控制的点。

（4）检查、筛选、过滤和屏蔽信息流中的有害服务，防止对计算机系统进行蓄意破坏。

网络防火墙的主要作用包括：

（1）有效地收集和记录网络活动和网络误用情况。

（2）能有效隔离网络中的多个网段，防止一个网段的问题传播到另外网段中。

（3）防火墙作为一个安全检查站，能有效地过滤、筛选和屏蔽一切有害的信息和服务。

（4）防火墙作为一个防止不良现象发生的警察，能执行和强化网络的安全策略。

网络防火墙分类：

（1）按防火墙的软硬件形式分类包括：软件防火墙、硬件防火墙、芯片级防火墙。

（2）按采用技术分类包括：包过滤型防火墙、代理服务器型防火墙、电路层网关防火墙、混合型防火墙、应用层网关防火墙、自适应代理技术防火墙。

【小贴士】

中电联百名
"电力工匠"风采
展——陶留海

【拓展 8】

风机监控系统的
结构组成及功能

# 项目九　风电场调度运行

视频9.1
风电场调度运行

## 学习背景

　　风能具有间歇性和随机性，当风电场大规模接入电网时会对电网带来较大冲击，影响电网运行的可靠性、稳定性和电能质量。要改善风电的随机性变化对电网的冲击，必须对风电场进行实时调度，其前提是对风电场的发电功率进行较为准确的预测。风功率预测是风电场大规模并网必不可少的关键环节，不仅能为电力系统调度部门安排发电计划提供依据，还可以提高风电渗透率，充分地利用风力资源，提高风电场的经济效益。风电调度运行技术是保障电网安全、提高资源优化配置能力的有效手段。风功率预测、风电调度决策、风电运行管理是风电调度运行技术的重要内容，是合理安排风电发电计划、提高电力系统风电接纳能力的关键技术。

　　该领域工作内容主要包括风功率预测、风电调度与优化技术、风电运行特性以及风电运行异常情况分析等。

## 学习目标

　　1. 熟知风功率预测的方法及数值天气预报的概念及特点。掌握风电场调度运行的基本原理和方法；

　　2. 能根据调度要求调整风功率运行曲线。能基于中长期风功率预测的机组组合技术，即以机组运行和启停成本为优化目标，优化机组开机容量和开机组合。

## 任务1　风力发电机组风功率预测

### 1.1　风功率预测系统

　　风功率预测预报是指风电场经营企业根据气象条件、统计规律等技术和手段，提前对一定运行时间内风电场发电有功功率进行分析预报，向电网调度机构提交预报结果，以提高风电场与电力系统协调运行的能力。及时、准确的风功率预测，能够为电网合理安排发电计划提供依据，提高风电穿透功率极限，使风电由劣质能源转变为优质能源。风电容量可以看作是负的用电负荷，叠加到原计划用电负荷上后，可以抵消部分用电负荷，在此基础上按火电和核电的情况安排发电，相当于降低了系统的备用用量和电网建设成本；根据预测数据，有预见性地安排火电机组的启停，提高发电的经济性，为提高系统中风电装机比例提供了有利条件。

　　1. 风功率预测技术分类

　　风功率预测技术从不同的角度有不同的分类原则，主要有基于时间尺度的分类、基于空间范围的分类、基于预测方法的分类、基于预测结果形式的分类等。常用的风功率预测技术分类见表9-1。

表 9-1 风功率预测技术分类

| 分类标准 | 类别 | 特点与适用范围 |
|---|---|---|
| 基于时间尺度的分类 | 超短期功率预测 | 预测风电场未来 0~4h 的有功功率,时间分辨率不小于 15min,主要用于电力系统实时调整及修正短期预测结果 |
| | 短期功率预测 | 预测风电场次日零时起 3 天的有功功率,时间分辨率为 15min,用于日前发电计划制订、备用容量安排等 |
| | 中长期电量预测 | 预测风电场月度和年度电量,主要用于年月电量平衡,安排场站、电网输变电设备检修及燃料计划等 |
| 基于空间范围的分类 | 单机功率预测 | 对单台风电机组进行功率预测 |
| | 单风功率预测 | 对单个风电场进行功率预测 |
| | 风电集群功率预测 | 对多个风电场组成的风电集群进行整体功率预测 |
| 基于预测方法的分类 | 物理方法 | 不需要历史功率数据,以风电场地形、地表粗糙度、风电机组功率曲线等基础信息为建模数据,可用于不同时间尺度的功率预测 |
| | 统计方法 | 采用人工神经网络、支持向量机、遗传算法等建立数值天气预报数据与风电场发电功率之间的映射关系,或以实时发电数据、实时测风数据为输入,采用时间序列分析、卡尔曼滤波等方法预测风电场发电功率 |
| | 组合方法 | 通过对物理方法、统计方法等不同预测方法以集合 NWP 为输入,获取多种可能的风电场发电功率,并根据各结果性能进行最佳组合 |
| 基于预测结果形式的分类 | 确定性预测 | 预测结果为不同时刻对应的发电功率确定值 |
| | 概率预测 | 对未来风功率可能波动范围的预测,预测结果具有概率属性,包括区间预测、爬坡事件预测、情景预测等 |

(1) 基于时间尺度的分类:各国对风功率预测的应用场景不同,因此,国际上对风功率预测时间尺度的划分没有统一的标准。归纳来看,现有预测时间尺度可划分为超短期、短期和中长期三类。

1) 超短期功率预测。我国对风电超短期功率预测的定义是预测未来 0~4h,时间分辨率为 15min,每 15min 滚动预测一次。美国阿贡国家实验室对超短期的定义是以小时为预测单位,但并没有给出明确的时间尺度。超短期预测主要用于电力系统实时调整及修正短期预测结果,常用的超短期功率预测方法包括统计外推法、持续法等。

2) 短期功率预测。我国对短期预测的明确要求是预测次日 0 时起未来 72h 的风功率,时间分辨率为 15min。美国阿贡国家实验室规定短期预测的预测上限为 48h 或 72h。国内外短期功率预测的用途差异较大,我国短期功率预测主要用于制订日前发电计划,欧洲、美国的短期预测主要用于电力市场的日前交易。短期风功率预测一般需要以数值天气预报 (numerical weather prediction,NWP) 的风速、风向等气象要素预报结果作为预测模型的输入,预测方法主要有物理方法、统计方法及组合方法等。

3) 中长期电量预测。中长期预测一般是指 3 天至若干周的功率预测以及月度、年度的电量预测。美国阿贡国家实验室规定中期预测的上限为 7 天。中期预测主要用于优化机组组合、制订常规电源开机计划及海上风电运维检修,长期预测主要用于年、月电量平衡及安排电网输变电设备检修计划、制订燃料计划等。

（2）基于空间范围的分类：风功率预测方法根据预测对象的不同可分为单机功率预测、单风电场功率预测、风电集群功率预测。

1）单机功率预测的预测对象是单台风电机组，预测精细化程度高，建模工作量较大。

2）单风电场功率预测是指以单个风电场的发电功率为预测目标的功率预测，目前也是研究和应用的重点。

3）风电集群功率预测是指对较大空间内多个风电场组成的风电集群进行整体功率预测，常用的风电集群功率预测方法包括累加法、统计升尺度法和空间资源匹配法等。

2. 数值天气预报

NWP 是指在给定初始条件和边界条件的情况下，通过数值分析方法求解描述大气运动的方程组，由已知的大气初始状态预报未来时刻大气状态的方法。

NWP 模式分为两种，一种是全球模式，另一种是区域模式。全球模式覆盖整个地球，其目标是预报全球的天气状况，目前世界上主要的全球模式包括美国的全球预报系统（global forecast system，GFS）、欧洲中期天气预报中心（European centre for medium-range weather forecasts，ECMWF）、加拿大的全球多尺度预报（global environmental multiscale，GEM）、日本的全球谱模式（global spectral model，GSM）等；我国的全球模式主要为 T639 和全球/区域同化和预测系统（global/regional assimilation and prediction system，GRAPES）模式。由于全球模式的水平空间分辨率一般在几十千米量级、时间分辨率在 3h 及以上，分辨率较低，所以在风功率预测中，全球模式的主要作用是为区域气象模式提供必需的背景场数据，包括初始条件和边界条件。全球模式的预报数据是各个国家开展气象预报的主要参考信息。

区域模式水平空间分辨率一般在几千米量级，时间分辨率可提高到 15min，能够更准确地模拟微地形、微气象等对风速变化的影响，风速、风向等气象参量的预报结果较全球模式更为精确，从而可以更加有效地支撑风电场发电功率预测。目前较为著名的区域模式包括美国的天气研究和预报（weather research and forecasting，WRF）模式、跨尺度预测模式（model for prediction acrossscales，MPAS）以及我国的中尺度全球/区域同化和预测系统（global/regional assimilation and prediction system-meso，GRAPES-MESO）等。区域模式的运行流程一般可以分为数据输入及预处理、主模式、后处理三部分，具体流程如图 9-1 所示。

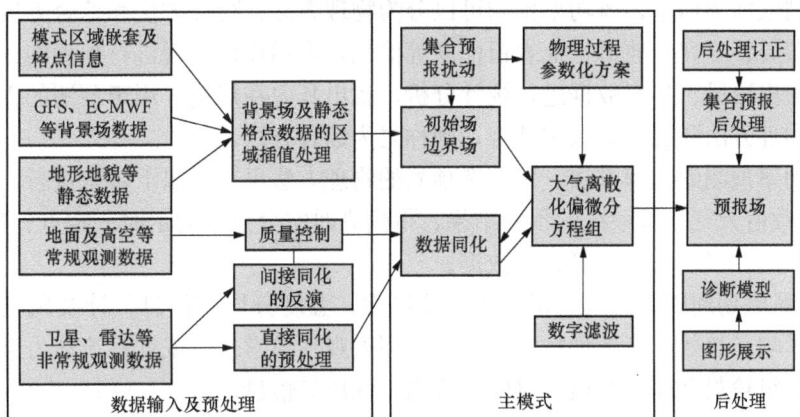

图 9-1　区域模式的运行流程

3. 风功率预测系统功能

(1) 时间要求。目前针对风电调度应用需求开发出两类风功率预测。其中一类是短期（日前）功率预测，主要应用于次日开机计划的制定；另一类是超短期（未来 0～4h）功率预测，主要应用于风电场 AGC 和 AVC 控制。

例如，根据风功率预测系统的工作原理和某电网调度的实际情况，某电网风功率预测系统的时间参数要求如下：

1) 每天 09：00 预测次日 0～24h 风功率，时间分辨率为 15min。

2) 每天 0：00 起报，每 15min 滚动循环预报未来 0～4h 风功率，时间分辨率为 15min。

(2) 空间要求。某电网风电装机容量较大，占全网总装机容量比重较高，且在冬季供暖期表现得尤为显著，风电对电网的安全运行影响问题不容忽视。在电网调度时，将一个风电场看作一个整体进行调度，不需要对每台风电机组的功率进行预测，只需要预测整个风电场的功率。因此某电网风功率预测系统的空间参数要求：在预测每个风电场的风功率基础上预测全网的风功率。

(3) 其他要求。

1) 风功率预测系统作为调度部门的技术支持系统之一，需要与能量管理系统（EMS）、D5000 等调度支持系统具有很好的协调性。

2) 风功率预测系统安装在网络安全二区运行，其网络结构和安全防护方案要满足二次系统安全防护规定的要求，外部门的数据接入如气象部门提供的数值天气预报结果，对实时性要求较高，且需考虑安全性和可实现性。

a. 预测风电场功率必须要掌握风电场的风机运行工况，需要风机工况信息接入。

b. 风电场实时监测和超短期风功率预测必须依赖风电场测风塔的实时信息接入，需要测风系统与需求侧信息管理系统（DMIS）之间有良好的接口。

## 1.2　风功率预测方法及路径

1. 风功率预测

根据预测的物理量不同，风功率预测可以分为两类，第一类为直接预测风电场的输出功率，称为直接预测法；第二类为实时采集风电场测风数据，预测风电场风速，然后根据风电机组或风电场的实际功率曲线得到风电场的预测功率，称为间接预测法。

根据预测依据的信息，风功率预测可以分为物理方法、统计方法和综合方法三种。充分考虑了风机布局、阵列、地形、地表粗糙度等信息，采用物理方程进行预测的方法称为物理方法；根据历史测风、功率数据进行统计分析，找出其内在规律并用于预测的方法称之为统计方法；将物理方法和统计方法相结合，则称之为综合方法。

(1) 风功率预测的物理方法。风功率预测的物理方法可以按以下步骤进行。

1) 根据数值天气预报系统的预测结果，得到高时空分辨率的定时、定点、定量的数值，包括风速、风向、气压、气温等天气数据。

2) 根据风电场周围等高线、粗糙度、障碍物、温度分层等信息，计及风机位置和轮毂高度、地形影响、热效应等多种物理因素，采用微观气象学理论或计算流体力学的方法，计算得到风电机组轮毂高度的风速、风向、气温、气压等信息。

3) 根据风电场风机运行实际情况，综合考虑各种风机发电影响因素，建立功率预测物理模型，进行风电场功率预测。

物理方法不需要大量的测量数据，但要求对大气的物理特性及风电场特性有准确的数学描述，这些方程求解困难，计算量大，相对于统计方法的精度略差，但适用于新建风电场。

（2）风功率预测的统计方法。统计方法不考虑风速变化的物理过程，而是根据历史统计数据，建立天气预报与功率输出间的相关性，然后根据实测数据和数值天气预报数据对风电场输出功率进行预测。常用的预测方法有随机时间序列法、BP 神经网络（BP neural network）、径向基函数神经网络（RBF neural networks）和支持向量机（support vector machines，SVM）等。其中采用神经网络的方法，建立风电场的预测模型，该方法能够不必考虑影响风电场输出的各类地形、风机性能等多种因素，具有分布并行处理、非线性映射、自适应学习、鲁棒容错和泛化能力等特性，可获得良好的预测精度。

统计方法不需要求解物理方程，计算速度快，但需要大量历史数据。为提高预测的准确度，投入前需要大量的历史数据进行训练，投入后仍然需要定期对所建模型进行再训练，因此需要大量的历史数据并且要不断积累下去。

（3）风功率预测的综合方法。综合方法的基本原理是首先采用基于微观气象学理论或基于计算流体力学（CFD）方法建立风电场的物理模型，对风电场的输出功率进行预测；然后建立风功率预测系统的统计模型，以物理模型的输出和数值天气预报数据作为统计模型的输入，从而实现对风电场输出功率的预测。综合方法的应用可有效提高预测精度和模型的适用性，其预测精度介于统计方法和物理方法之间。

从建模的观点来看，不同时间尺度是有本质区别的，对于日内预测，因其变化主要由大气条件的持续性决定，可以采用数理统计方法，对风电场测风塔数据进行时间序列分析，也可以采用数值天气预报方法和物理统计综合方法。对于日前预测，必须要使用数值天气预报方法才能满足预测需求，单纯依赖测风时间序列外推，不能保证预测精度。

2. 功率预测误差原因分析

从 NWP 理论的角度来看，风速预报误差由多方面原因导致。①NWP 模式为离散化计算系统，以离散的时间点、空间点来代替连续的时间、空间，必然会引入相关误差。②观测数据能够提高风速预报精度，但不可避免地存在异常观测数据，异常观测数据同化进入 NWP 模式时，反而进一步产生误差。③大气层同其他气候系统圈层（水圈、陆地圈、冰雪圈和生物圈）的相互作用机理非常复杂，理论认识还不够深入，而且描述次网格的微尺度物理过程，如大气湍流、辐射、相变、化学反应等微尺度过程的参数化方案也存在误差。④最重要的：大气系统是一个极其复杂的非线性系统，描述其动力、热力过程的偏微分方程组对初始误差具有高度敏感性，初始误差会随着计算时间的延长不断积累，导致初始条件"失之毫厘"，计算结果"差之千里"。由于以上原因，NWP 的误差不可避免，只能降低，无法消除，需使用各种方法和技术不断降低预报误差。

上述四种预报误差原因，虽然有一些共性，但同时也各有其特殊性，分述如下。

（1）幅值偏差。对于风速来说，虽然中尺度区域模式的水平空间分辨率已经达到千米级别，但由微尺度地形、地貌引起的局部加速或减弱现象，当前的中尺度区域模式仍做不到精确描述，造成预报存在系统性的幅值偏 B 侧网格是指小于 NWP 模式设定网格大小的网格，主要用于提高对小尺度天气过程的模拟能力。此外，大气湍流是影响高空风速动量下传的重要因素，涉及大气湍流的边界层过程、陆面过程等参数化方案，这些过程都很难精确描述，从而造成系统性的幅值偏差。

（2）相位偏差。对于风速来说，出现相位偏差意味着虽然正确预报了相应天气过程，但天气系统对应的时空特征（时间和空间位置）出现了偏差。比如某个大风过程出现了约 1h 的相位偏差，假设平均风速约为 10m/s，风向不变，则对大风天气系统的预报位置就出现 36km（10m/s×3600s）的偏离。造成相位偏差的原因可能是大尺度背景场出现了偏差，或参数化方案等方面的原因。

（3）其他偏差。在实际预报中，存在 NWP 未能预报出实际的波动过程或预报出完全相反的波动过程，从而产生较大的预报误差，其原因可能在于背景场、参数化方案、微地形、观测数据、计算精度等多个方面，但更大的可能性是该地区或该时段的 NWP 对于初始误差的敏感性较高。

NWP 对于初始误差的敏感性试验如图 9-2 所示。图中为江苏和宁夏的两个风电场对应的 46 个 NWP 集合预报成员的风速预报结果，不同预报成员的初始条件略有差异，但都保持在相对较小的偏差范围内，以观察成员的偏差范围随时间的演化情况。可以看到，二者的偏差范围演化情况差别较大。江苏的偏差范围分布较窄，且波动的相位、幅值都较为一致，说明该地点、该时间段的 NWP 对于初始时刻的误差敏感性较低。而宁夏各个成员的预报结果随时间演变发生明显的分叉，不同成员的偏差范围越来越大，甚至某些时刻波动的相位完全相反，说明该地点 NWP 对初始时刻的误差非常敏感，很容易造成较大的预报误差。

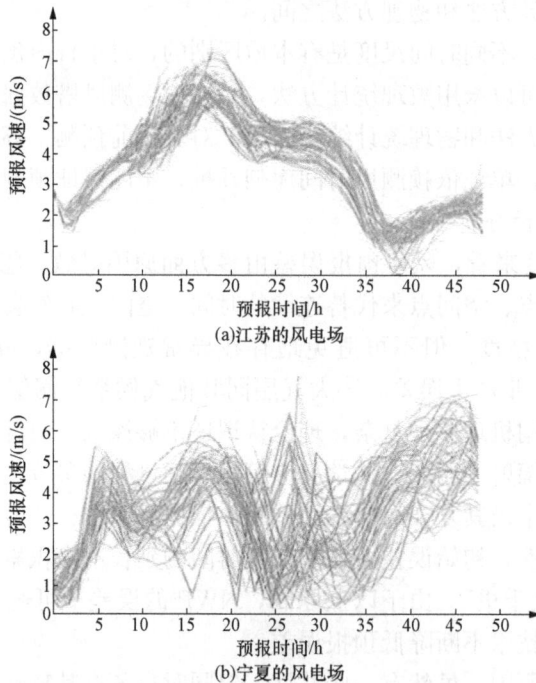

图 9-2 NWP 对于初始误差的敏感性试验

小尺度波动信息缺失。目前的 NWP 对于小尺度的气象波动捕捉能力不足，主要原因在于模式空间分辨率过低。模式为保持计算稳定性，空间分辨率和时间分辨率的比例保持为一定的常数，因此空间分辨率与时间分辨率具有同一性，使得较低的空间分辨率和时间分辨率无法准确把握小尺度的快速波动。

产生预测功率"上不去，下不来"的根本原因是 NWP 的准确度不够。在历史库中，当相似的 NWP 数据所对应的实际发电功率有较大差别时，比如，当一段较大风速的相似 NWP 数据在历史库中对应的实际数据既存在较高有功功率水平又存在无功功率水平，而且它们出现的情况几乎一样多，此时为使输出误差最小，只能使预测的发电功率趋于它们的中间态。但是如果相似的 NWP 数据对应的实际功率输出具有相对稳定的相似特性，此时系统可直接将预测输出变换至与实际相似的状态，而与输入数据的具体所处状态无关。对于在数值水平上相似的预测输出，其输入或者说其所处的数据环境不同，那么它们所表现出的数据特性肯定也不相同，如果能够对不同数据环境的数据加以区分，则能够提高对预测结果的识别度，同时据此缩小误差带区间。可据此判断，风功率预测误差应具有较为显著的功率水平特性。

3. 基于风功率预测的优化调度系统

基于风功率预测的优化调度系统包括两大功能：一是风功率预测模块，包括中长期风功率预测（风电电量计划）、日前风功率预测（风电场日前计划）和超短期风功率预测（风电场实时控制）。二是风电场与常规电源调度实时控制，包括日前计划、运行方式与机组组合等，包含以下三大技术：

（1）基于中长期风功率预测的机组组合技术，即以机组运行和启停成本为优化目标，优化系统常规机组开机容量和开机组合。

（2）基于短期风功率预测的机组计划技术，即以煤耗最低为目标，优化常规机组计划曲线，制定风电次日运行上限和运行范围。

（3）基于超短期风功率预测的实时控制技术，即调整风电运行曲线和常规机组计划曲线。

## 任务 2　风力发电机组调度与运行

### 2.1　风机调度与运行策略

风电调度运行技术是保障电网安全、提高资源优化配置能力的有效手段。风功率预测、风电调度决策、风电运行管理是风电调度运行技术的重要内容，是合理安排风电发电计划、提高电力系统风电接纳能力的关键技术。

大型风电场的并网运行是风能发展利用的主要形式。风电入网的间歇性和波动性给电网调度带来了极大的困难与挑战。从地域分布看，风电资源丰富区与电力主要负荷区不一定匹配。从时间分布看，风电年、日发电量，发电曲线和用电负荷不匹配，风资源的瞬时变化，会引起风电场发电量的变化，大量风电接入系统后对系统的电力平衡、安全性、稳定运行（如调峰、备用容量的安排）均产生较大的影响。风电场有功功率不稳，给电网调度、调峰和安全运行带来了一系列的问题。

为改善系统频率、电压稳定，使得风电能够与其他常规能源如火电、水电发电技术相竞争，提升整个系统的风电穿透率，提高风电利用时间和发电量，在调度端采用风功率预测系统是重要技术手段之一，通过风功率预测将有助于电网调度部门及时制定合理的日运行方式并准确地调整调度计划，从而保证电力系统的可靠、经济运行。

目前，GB/T 19963—2021《风电场接入电网技术规定》、国家电网公司 Q/GDW 432—

2010《风电调度运行管理规范》中，都对风电场的发电功率预测技术进行了明确的规定。2010 年 2 月 20 日，国家电网公司下发了《风电功率预测系统功能规范》（国家电网调〔2010〕201 号），要求风电接入电网必须具备预测预报等功能。

1. 风电调度与优化技术

按照《可再生能源法》中规定的"全额保障性收购制度"的政策要求，2007 年 9 月 1日，国家电力监管委员会发布《电网企业全额收购可再生能源电量监管办法》，为风电的大规模并网发电和全额收购提供了制度保障。由此可见，风电大规模投产对电网现行调度模式的影响进一步加大，电网调度工作在发电计划编制、调度运行控制、联络线考核及电量消纳机制、并网运行管理等方面都将发生较大的变化。

（1）调度运行控制。由于风电场运行存在较大的不确定性，增加了对系统频率调整、断面潮流监控、联络线功率调节、地区电压稳定等各方面运行控制的难度，因此必将对调度运行人员的运行监控水平和协调反应能力，以及调度自动化技术支持手段等提出更高的要求。

（2）联络线考核及电量消纳机制。目前由于国内大部分省（区）风电装机比例不高，现有的技术手段尚可满足风电分省平衡的控制要求。现行采取的风电分省平衡的调度模式也基本上能够实现将风电对系统的影响在本省（区）内消化掉，而且由于这种电量结算方式比较简单，在一定程度上保障了省际联络线考核的稳定性和全网电力电量交易的秩序化。但是，随着风电装机容量的迅速增加，分省平衡的风电调度模式将越来越难以满足联络线控制的要求，迫切需要对现行的风电调度模式进行改进，因此需要提前研究适合于大规模风电集中运行的新联络线考核和电量消纳机制，探索在全区域乃至跨区通道上实施风电平衡的新调度模式，解决好在当前电力市场交易框架下省际联络线功率制定、考核，以及与日前实时交易的组织、实施、结算有效衔接等一系列问题。

（3）风电机组的并网运行管理。风电机组的设备种类多，接入范围广，因此并网及运行管理的内容也点多面广。从机网协调角度来讲，风电机组无论在设备选型、保护配置还是控制策略、运行特性上都将对电网的安全稳定运行产生较大的影响，因此必须要深入研究大规模风电机组接入电力系统的相关技术问题，站在涉网安全管理的角度上对风电进行积极的技术监督和指导，制定统一的风电并网标准及相关运行管理规定。

2. 风电运行特性研究

我国风电正在经历由小规模、补充性电源向大规模重要电源的角色转换。与迅速增长的风电装机容量相比，国内风电及相关数据信息的搜集、整理、分析工作相对滞后，对风电运行信息的整理尚处于初步分析阶段，还未形成一套公认的、行之有效的评价体系。

深入开展风电运行评估指标与评价方法研究，是认识风电、评价风电、管理风电以及开展风电相关的电网规划工作的基础工具，是促进电网与风电协调发展的必然需求。对风电运行概况进行统计分析、建立综合评价指标体系，全面评估风电对电力系统的影响，是电网科学管理风电的依据，其结论将指导风电规划、风电运行管理、风电经济与技术评价等各个方面。

## 2.2　风机调度运行管理

为了实现和保障风电接入电网后的稳定运行，促进风电的持续健康发展，需要从风功率预测和风电功率优化两方面提供技术保障。风功率预测的目的是尽量弥补风电功率的不确定性给电网调度运行带来的负面影响，风电功率优化的目的是在电网接纳能力允许的情况下实现风电功率的最大化。

1. 基于风功率预测的优化调度系统

基于风功率预测的优化调度系统包括两大功能：一是风功率预测模块，包括中长期风功率预测（风电电量计划）、日前风功率预测（风电场日前计划）和超短期风功率预测（风电场实时控制）。二是风电场与常规电源调度实时控制，包括日前计划、运行方式与机组组合等，包含以下三大技术：

（1）基于中长期风功率预测的机组组合技术，即以机组运行和启停成本为优化目标，优化系统常规机组开机容量和开机组合。

（2）基于短期风功率预测的机组计划技术，即以煤耗最低为目标，优化常规机组计划曲线，制定风电次日运行上限和运行范围。

（3）基于超短期风功率预测的实时控制技术，即调整风电运行曲线和常规机组计划曲线。

（4）风电场群优化控制。风电场群优化控制的根本目的是在保证电网安全稳定运行的前提下，实现风电输出功率的最大化。风电场间协调控制策略的基本思路是根据电网约束条件，实时计算电网最大允许风电输出功率，根据电网最大允许风电输出功率的变化，以及各风电场风资源的时空差异，协调控制各风电场的输出功率。从而保证风电总输出功率不超过电网接纳风电能力，同时实现风电输出功率的最大化。

2. 发电计划编制

传统的发电计划编制是以电源的可靠性、负荷的可预测性作为前提的，在这两点确定的基础上，再对设备检修和互供电计划进行统筹安排。但是当系统内含有大量风电场时，由于目前风电输出功率的预测水平尚达不到工程实用要求的精度，如果把风电场看作负的负荷，可预测性较差；如果把它看作电源，可靠性又没有保证，因此会给发电计划的编制工作带来较大的难度。

一般的方法是将风功率与用电负荷叠加构成的等值负荷波动曲线来做研究，等值负荷曲线与常规用电负荷曲线相比，相当于加大了系统的峰谷差，增加了电网调峰的难度，对发电机组的开机方式和电网运行方式安排均产生较大影响。因此，在编制发电计划时必须要全网统筹安排，一方面保障系统在任何运行状态下都保持有与风电场额定输出功率相应的正、负旋转备用容量，另一方面要具备满足风电场输出功率骤变时的系统调峰速率。

3. 风电场有功功率和无功功率控制

风电场有功功率控制（AGC）的目的是在风电场侧建立一个面对全风电场的有功功率自动控制系统。在电网没有要求时，每台风机按各自最大输出功率运行；在电网限负荷运行时，实时监测各风机状态，进行优化计算，分配每台风机输出功率，实现风电场自动、优化、稳定地运行，以满足电网要求。

在风电装机容量大的区域电网里，公共连接点电压波动的幅度明显偏大，尤其是相对薄弱的并网变电站，电压波动问题更为突出。风电场无功功率控制（AVC）设备逐渐被安装，目前已成为新建风电场的标准配置。风电场多采用固定电容器、SVC、SVG 等无功补偿装置来满足电网的考核要求。但是，随着风电技术的发展，双馈风电机组和直驱风电机组都能够在一定范围内实现输出无功功率控制，其自身就是具备快速动态调节能力的无功源。现在国内大多数风电场的变速恒频双馈风电机组和直驱风电机组通常都以恒定功率因数方式运行，其自身快速动态无功能力并未得到充分运用。充分利用风电机组自身的无功调节能力，就能使风电场具备快速动态的无功调节能力，也能减少无功补偿设备的配置和使用，有着很大的经济效益。

（1）有功功率的控制方式。风电场有功功率控制的方式分为风电场运行人员手动控制、有功功率控制设备自动调节，也可由地方调度远程控制。

风电场有功功率的控制可以由启/停风电机组来实现，也可以由风电机组监控系统动态的无功调节能力，对全场风电机组进行变桨调节，从而实现限总功率。

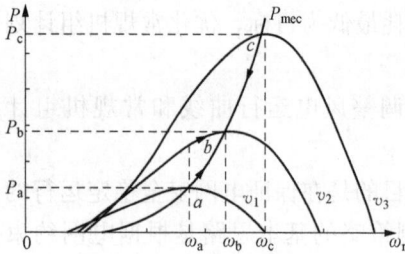

图 9-3 角速度特性曲线

（2）有功功率的控制范围。在切入风速以上额定风速以下时，双馈异步风电机组通常采用最大风能追踪控制，从而保证最佳的有功功率输出。不同风速下，不同功率对应的角速度特性曲线如图 9-3 所示。

可以看出，在不同的风速（$v_1$、$v_2$、$v_3$）下，通过调节转速比 $\omega_r$ 就能够调节风机的风能利用系数 $C_P$，从而对风机的有功输出进行限制。在不考虑风电机组稳定性的情况下，将转速下降到一定阶段后，能够让风电机组不对外输出功率，所以，理论上能够在零到额定功率之间进行调节。

发电机转速控制即给定风电机组的发电机转速上限值，风电机组将其发电机转速保持在给定的转速限定值之下。这种方式需要对风电机组的功率-转速曲线进行转换，控制的功率范围要小，其原因是在风电机组处于恒转速区间时，相同步长转速对应的有功功率变化值大。典型双馈风电机组输出功率和转速的关系如图 9-4 所示（$P_e$ 为额定功率）。

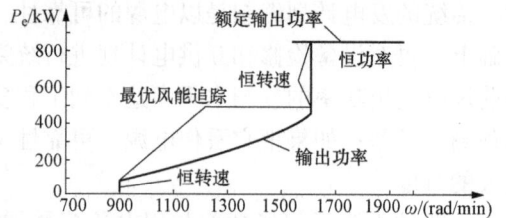

图 9-4 典型双馈风电机组输出功率和转速的关系

（3）无功功率的控制要求。风电场的无功容量应按照分（电压）层和分（电）区基本平衡的原则进行配置，并满足检修备用要求。无功容量配置应符合下列要求：

1）对于直接接入公共电网的风电场，其配置的容性无功容量能够补偿风电场满发时汇集线路、主变压器的感性无功及风电场送出线路的一半感性无功之和，其配置的感性无功容量能够补偿风电场送出线路的一半充电无功功率。

2）对于通过 220kV（或 330kV）风电汇集系统升压至 500kV（或 750kV）电压等级接入公共电网的风电场群中的风电场，其配置的容性无功容量能够补偿风电场满发时汇集线路、主变压器的感性无功及风电场送出线路的全部感性无功之和，其配置的感性无功容量能够补偿风电场送出线路的全部充电无功功率。

3）风电场配置的无功装置类型及其容量范围应结合风电场实际接入情况，通过风电场接入电力系统无功电压专题研究来确定。

4）风电场电压控制应符合下列要求：风电场应配置无功电压控制系统，具备无功功率和电压控制能力；根据电力系统调度部门指令，风电场自动调节其发出（或吸收）的无功功率，实现对并网点电压的控制，其调节速度和控制精度应能满足电力系统电压调节的要求；当公共电网电压处于正常范围内时，风电场应当能够控制风电场并网点电压在额定电压的97%～107%范围内；风电场变电站的主变压器应采用有载调压变压器，通过调整变电站主变压器分接头控制场内电压，确保场内风电机组正常运行。

4. 风机功率对系统调峰的影响

大规模风电接入电网后，日调峰容量需求会随着风电装机容量的增加而显著增长。风电场功率在日内会出现由最大功率降至0或由0升至最大功率的情形，这造成电网的调峰需求大幅度增加，电网的调峰能力可能成为风电发展的技术瓶颈，因此需要调用其他地域的调峰资源参与调整风电功率波动，减少弃风电量，实现风能资源的合理有效利用。

对电网运行管理而言，风功率的最大值和最小值都会对电网运行产生冲击。受联络线传输功率极限、功率平衡、常规机组调节能力等因素限制，风电功率过高尤其会在负荷低谷时对电网产生较为严重的影响，对于电网无法接纳的风电，一般采取控制输出功率的办法（弃风、限电），但这样一来便导致风能的浪费；当风电输出功率出现最小值时，一般通过提高常规机组输出功率便能够维持功率的平衡。因此，负荷低谷期的情况，是电网调度最应注意的。

在北方，冬季供热期是电网调峰最困难的时期，也是风电功率较高的季节。为了保证地方供热，网内所有供热机组不得不全部运行，供热机组的最低输出功率已降至火电机组输出功率的最低点，风电的间歇、波动特性要求电网必须有足够的调峰容量来平衡风电所产生的输出功率波动，但由于冬季负荷峰谷差较大，并且电力系统预留的调节裕度随着供热负荷的增加而逐步下降，这就导致整个电力系统没有足够的调峰容量来平衡大风时的风电输出功率，致使电网接纳风电的能力大大降低。所以，有必要根据实际情况对风电接入对系统调峰性能的影响进行评估，以便合理配置系统的调峰容量，同时也便于对风场进行合理的控制。综合考虑风电输出功率容量与负荷实际特性，从不同角度定义各个评价指标如下：

（1）从负荷峰谷差角度衡量风电的调峰作用。在衡量风电在调峰方面的作用时，最常见的方法便是将风电看作负的负荷与原始负荷进行叠加得到净负荷，然后进一步比较净负荷峰谷差与原始负荷峰谷差的大小关系。具体来说，根据风电对电网净负荷峰谷差改变模式的不同，将风电日内功率调峰效应分为反调峰、正调峰与过调峰3种情形。风电反调峰是指风电日内功率增减趋势与系统负荷曲线相反，风电接入后系统净负荷曲线峰谷差增大；风电正调峰指风电日内功率增减趋势与系统负荷基本相同，风电接入后系统净负荷曲线峰谷差减小；风电过调峰是指风电日内功率增减趋势与系统负荷基本相同，风电接入后系统净负荷曲线峰谷倒置。值得说明的是，风电过调峰的情况仅在风电装机容量相对于负荷的比例较大时才有可能出现。

（2）从风电输出功率与负荷变化趋势角度衡量风电输出功率对负荷的实时贡献情况。风电的随机波动性导致各个时间点风电对负荷的贡献有"正、负"之分，当风电变化趋势与负荷变化趋势相同时，风电的功率对负荷是正贡献，反之是负贡献。据此定义风电对负荷波动贡献率指标。

5. 风电运行异常优化措施

根据上述异常情况分析，建议电网企业和风电运营企业采取以下应对的措施：

（1）各级电网调度机构加强大风期间的运行监视与分析，优化电网运行方式安排，制定合理的反事故预案，做好事故预想，确保电网安全稳定运行。

（2）做好风电场涉网保护定值整定梳理工作，特别是风电机组的主控定值和变频器定值等应与低电压穿越功能相配合，低电压保护、过电压保护和频率保护等应与电网保护相协调，充分发挥风电机组所具有的抵御扰动的能力。

（3）全面梳理风电场和机组低电压穿越能力，各风电场要实事求是填报《风电场低电压穿越能力核查表》，由风电发电企业和风电机组制造企业确认后上报相关调度机构。对于低电压穿越能力不合格的风电机组，在技术可行的前提下，风电场应制定切实可行的整改计划。

（4）组织对风电场和风电机组低电压穿越能力的现场测试，各风电场委托有资质的检测机构进行风电机组的低电压穿越能力测试。同时，各级电网调度机构应对已完成出厂测试的机型进行现场抽检，并结合电网新设备投产调试中的人工短路试验项目，对风电场进行验证性辅助测试。

（5）加强风电场无功补偿装置运行管理，督促风电场投入 SVC 等动态无功补偿设备的自动调整功能，并确保发生故障时电容器支路和电抗器支路能正确投切。

（6）督促风电场开展 35kV 及 10kV 小电流接地系统的深入研究和完善改造，实现风电场汇集线单相故障的快速切除，避免故障扩大。

（7）各风电场应严格按照电气设备交接验收试验规程，加强电气设备交接试验和投产验收。针对电力电缆终端头和电压互感器等设备故障频发的问题，组织开展专项设备隐患排查，切实加强设备带电检测和状态评估分析，加强大负荷运行情况下电力电缆终端、非直埋式电缆中间接头和交叉互联箱等设备红外热像检测、电缆金属护套环流和接地电流检测以及超声波、高频、超高频局部放电检测分析，及时发现和消除设备缺陷和隐患，切实提高设备运行监测和状态管理水平。

（8）相关单位应针对风电场低电压穿越功能、无功补偿设备的运行控制策略、场内 35kV 汇集系统的接地方式和电缆头质量等突出问题，进行深入的专题研究，制定合理的技术解决方案，逐步整改，避免风电大规模脱网事件的频繁发生，保证电网和风电场的安全稳定运行。

风电场发生故障后，运行值班人员应及时将风电脱网等事故情况上报上级调度机构。

**【小贴士】**

追风筑梦——中国龙源德阿风电项目为南非 30 万户家庭提供照明

日前，南非独立传媒高级记者马洛莫围绕其近期中国行发表评论文章，高度赞赏国家能源集团龙源南非德阿风电项目点亮南非千家万户，并为中南文化融合、民生相通作出积极贡献。文章摘译如下：

正如世界上许多国家一样，南非正在努力确保有充足的能源以满足人口增长和工业化的不断发展，同时也要应对弃用煤炭的强烈呼吁。煤炭一直是南非庞大能源系统的支柱，满足了这个非洲经济大国 70% 的发电能力。

南非德阿项目于 2017 年底投入运营，总容量 244.5 兆瓦，每年提供 7.6 亿千瓦时的清洁电力，相当于节省 25 万吨标准煤，并满足 30 万个当地家庭的电力需求。2014 年，该项目获得了南非风电项目协会的优秀开发奖。在 2023 年，该项目被选为"一带一路"倡议十周年的绿色能源典型案例。本项目为当地提供了超过 1000 多个就业机会，到目前为止，已有 112 名成绩优秀的贫困大学生获得了奖学金项目资助。同时还设立了一个专项社区基金，并捐赠了医疗巴士，每年为超过 9000 多名社区成员提供免费的医疗服务。

来源：中国驻南非大使馆

【拓展 9】

风电场智能
调度系统

# 项目十　风电机组维修保养工器具的使用

## 学习背景

风力发电机组是集电气、机械、空气动力学等各学科于一体的综合产品，各部分紧密联系，息息相关。风电机组维护质量的好坏直接影响到发电量的多少和经济效益的高低，机组本身性能的稳定也要通过维护检修来保持。维护工作及时有效可以发现故障隐患，减少故障的发生，提高风机效率。

维修保养工器具是指为达到设备检修维护质量标准所必备的工具、机具和器材。常用的维修保养工器具包括螺钉旋具、扳手、电工工具、测量工具和安全工具等。正确选择和使用工器具是风电机组维修保养工首先应掌握的基本技能。

## 学习目标

1. 认知常用的维修保养工器具；
2. 正确操作使用常用的维修保养工器具；
3. 正确使用电力安全用具：
(1) 常规维护工具。包括螺钉旋具、扳手、电工工具和油脂加注枪等。
(2) 常用测量工具。包括百分表、塞尺、游标卡尺、万用表、绝缘电阻表、钳流表、相位测试仪、耐压测试仪、红外测温仪等。
(3) 常用电力安全用具使用的注意事项。包括验电笔、绝缘手套、绝缘靴、绝缘杆、安全帽、灭火器、防毒面具、接地线、梯子等。

视频10.1
风电机组维修保
养常规维护工具

视频10.2
风电机组维修保
养常用测量工具

## 任务 1　常规维护工具

在风电机组运行检修中常规维护工具包括螺钉旋具、扳手、电工工具和油脂加注枪等。

### 1.1　螺钉旋具

螺钉旋具又称起子、改锥或螺丝刀，它是一种紧固和拆卸螺钉的工具。螺钉旋具的样式和规格很多，常用的有一字形螺钉旋具、十字形螺钉旋具、内六角螺钉旋具、内六花螺钉旋具等。

一字形螺钉旋具（见图 10-1）用于紧固或拆卸一字槽螺钉、木螺钉。十字形螺钉旋（见图 10-2）具用于拆装十字槽螺钉。

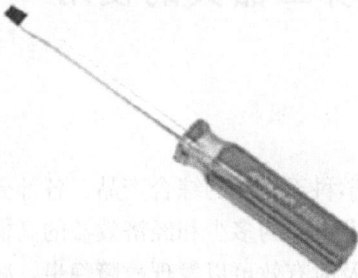

图 10-1　一字形螺钉旋具

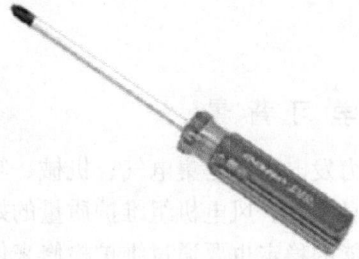

图 10-2　十字形螺钉旋具

**使用注意事项：**

（1）螺钉旋具在使用时应根据螺钉槽选择合适的类型和规格，旋具的工作部分必须与槽型、槽口相匹配，防止破坏槽口。

（2）普通型旋具端部不能用手锤敲击，不能把旋具当凿子、撬杠或其他工具使用。

（3）使用旋具紧固或拆卸带电的螺钉时，手不得触及螺丝刀的金属杆，以免发生触电事故。

（4）为了防止螺钉旋具的金属杆触及皮肤或邻近带电体，可在金属杆上套上绝缘管。

（5）电工不可以使用金属杆直通柄顶的螺钉旋具，否则容易造成触电事故。

**1.2　扳手**

扳手主要用来扳动一定范围尺寸的螺栓、螺母，启闭阀类，安装、拆卸杆类丝扣等。在风力发电机组运行检修中常用的扳手有开口扳手、活动扳手、梅花扳手、两用扳手、内六角扳手、套筒扳手、棘轮扳手、扭矩扳手、液压扳手、电动冲击扳手等十多种。

1. 普通扳手

如图 10-3 所示，普通扳手有开口扳手、活动扳手、梅花扳手、两用扳手、内六角扳手、套筒扳手、棘轮扳手等工具。

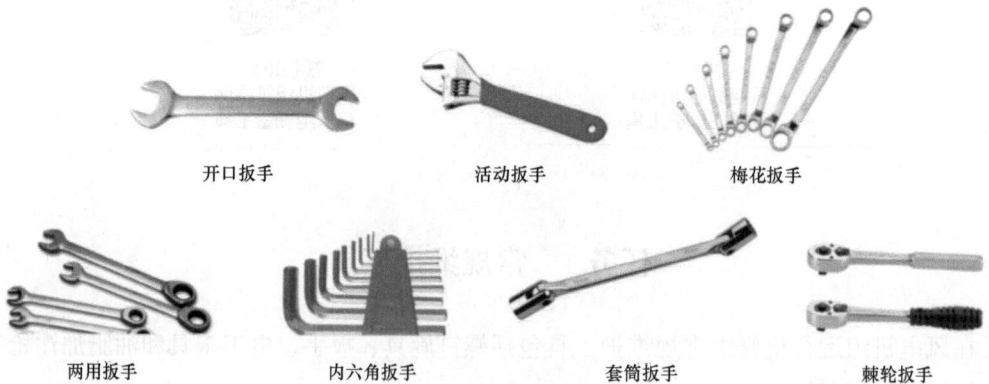

开口扳手　　　　　　活动扳手　　　　　　梅花扳手

两用扳手　　　内六角扳手　　　套筒扳手　　　棘轮扳手

图 10-3　普通扳手

（1）开口扳手又称呆扳手，可分为单头开口扳手和双头开口扳手两种。开口扳手用于紧固或拆卸某一种固定规格的六角头或方头螺栓、螺钉或螺母。在扭矩较大时，可与手锤配合使用。

（2）活动扳手开口宽度可在一定尺寸范围内进行调整，可用于拆装一定尺寸范围的六角或方头螺栓、螺钉或螺母。活动扳手的扳口夹持螺母时，呆扳唇在上、活扳唇在下，切不可反过来使用。在登高作业时，一个扳手可以拧多种规格的螺栓，可以减少携带工具的数量。但活动扳手头部较大，在较小的空间内不能使用，另外活动扳手的开口是活动的，不能用在紧固的螺栓上，易损坏螺栓和使人受伤。在装卸紧固的螺栓时，尽量使用开口扳手或梅花扳手。

（3）梅花扳手是两端具有带六角孔或十二角孔的工作端，适用于工作空间狭小，不能使用普通扳手的场合。

（4）两用扳手是一端与单头开口扳手相同，另一端与梅花扳手相同，两端紧固或拆卸相同规格的螺栓或螺母。

（5）内六角扳手是成 L 形的六角棒状扳手，专用于拆装各种内六角螺钉。内六角扳手的型号是按照六方的对边尺寸来说的，螺栓的尺寸有国家标准。

（6）套筒扳手是上紧或卸松螺丝的一种专用工具，它是由多个带六角孔或十二角孔的套筒并配有手柄、接杆等多种附件组成，特别适用于拧转位置十分狭小或凹陷很深处的螺栓或螺母，可以根据需要选用。

（7）棘轮扳手是利用棘轮机构，可在旋转角度较小的工作场合进行操作，拧紧和旋松螺钉或螺母。棘轮扳手需要与方榫尺寸相应的套筒配合使用，拧紧时做顺时针转动手柄，松开螺钉或螺母时只需翻转棘轮扳手朝逆时针方向转动。

2. 扭矩扳手

扭矩扳手（见图 10-4）又称为扭力扳手或力矩扳手，拧转螺栓或螺母时能显示出所施加的扭矩，或者当施加的扭矩到达规定值后会发出光或声响信号。扭矩扳手适用于对扭矩大小有明确规定的装配工作，对风电机组上的很多螺栓螺母的松紧程度有严格的要求，必须使用扭矩扳手紧固。它同棘轮扳手操作相似，也需要与方榫尺寸相应的套筒配合使用。

图 10-4 扭矩扳手

扭矩扳手一般分为 3 类：手动力矩扳手、电动力矩扳手和气动扭力扳手。手动力矩扳手采用杠杆原理，当力矩达到设定力矩值时，就会出现"嘭"机械相撞的声音，此时扳手处于一个死角，如再用力就会出现过力现象；电动力矩扳手由控制器和拧紧轴组成，当达到预定扭力时，电动机停止工作；气动扭力扳手是由空气压缩机中的压缩空气作为气源，带动扳手中的气动马达驱动齿轮对螺栓进行拧紧，当达到设定扭力值时，控制器控制电磁阀断气，扳手停转。

（1）手动力矩扳手使用方法。

1）根据工件所需扭矩值要求，确定预设扭矩值。

2）预设扭矩值时，将扳手手柄上的锁定环下拉，同时转动手柄，调节标尺主刻度线和微分刻度线数值至所需扭矩值。调节好后，松开锁定环，手柄自动锁定。

3）在扳手方榫上装上相应规格套筒，并套住紧固件，再在手柄上缓慢用力。施加外力时必须按标明的箭头方向。当拧紧到发出信号"咔嗒"的一声（已达到预设扭矩值），停止加力。一次作业完毕。

4）大规格扭矩扳手使用时，可外加接长套杆以便操作省力。

5）如长期不用，调节标尺刻线退至扭矩最小数值处。

（2）使用注意事项。

1）所选用的扭矩扳手的开口尺寸必须与螺栓或螺母的尺寸相符合，扳手开口过大易滑脱并损伤螺件的六角，在进口设备维护时应注意扳手公英制的选择。

2）为防止扳手损坏和滑脱，应使拉力作用在开口较厚的一边，这一点对受力较大的活动扳手尤其应该注意，以防开口出现"八"字形，损坏螺母和扳手。

3）扭矩扳手是按人手的力量来设计的，遇到较紧的螺纹件时，不能用锤击打扳手；除套筒扳手外，其他扳手都不能套装加力杆，以防损坏扳手或螺纹连接件。

3. 液压扳手

液压扳手对于风力发电机组高强度螺栓的安装与拆卸而言是一种非常方便的工具，具有不可替代性，所提供的扭矩值也非常精准。在机组前期安装和后期定期维护中，使用频繁。液压扳手由扳手、套筒、液压泵站和油管四部分组成，如图 10 - 5 所示。

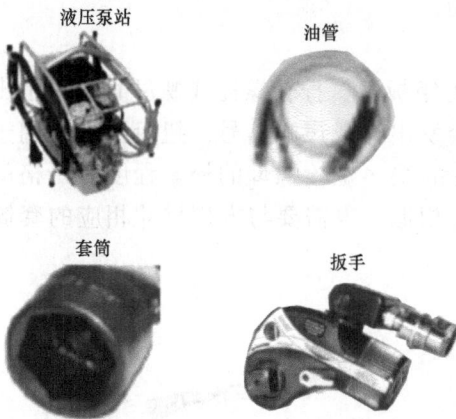

图 10 - 5　液压扳手

（1）液压扳手的使用规范。

1）确保套筒尺寸与安装或拆卸的螺栓与螺母规格匹配。

2）套筒另一端的方孔尺寸一定要与扳手的方驱尺寸相同。

3）确保扳手安装稳定可靠，扳手相应的防护装置安全有效，避免遭到损坏。在使用扳手工作时，要确保反作用力支撑点合理可靠；选择合适的反作用力支撑点，如邻近的螺栓或螺母；在反作用臂和反作用支撑点间不能垫放任何物体。

4）在操作使用过程中，可能会出现扳手和螺栓、螺母意外脱离的情况，因此操作者不能站在扳手脱离方向的一侧。

5）在安装和拆卸螺栓、螺母的过程中，扳手位置可能会出现轻微变动。由于压力及输出扭矩非常大，在安装和拆卸螺栓、螺母中，操作者的双手一定要远离扳手。特别要当心螺栓或螺母可能因破裂而飞溅。

6）确保用来保持另一端螺栓头或螺母的扳手安装稳定可靠。

7）在垂直或倒置使用扳手时，扳手要合理支撑定位。如果扳手从高处坠落，一定要先检测它是否完好无损；如有损坏，就不能使用。

8）如果在污染严重等苛刻场合使用扳手，要不断地对扳手进行清洗并添加润滑脂。

（2）使用方法。

1）扭矩设定。通过调节液压扳手泵压力来设定扳手扭矩。

2）扳手操作方法。安装液压扳手和套筒，见图10-6。将反作用力臂2挡靠在合适的反作用力点1上，反作用力点将抵消扳手工作时所产生的力，见图10-7。操作手柄启动液压扳手泵，见图10-8。

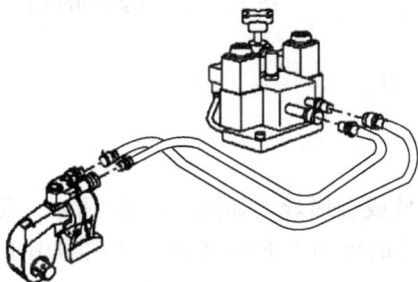

图 10-6　液压扳手

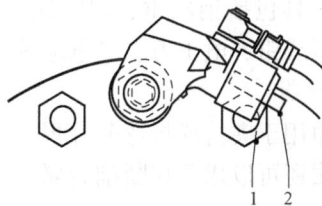

图 10-7　液压扳手

3）安装拆卸螺母。将扳手头放在螺栓或螺母上，见图10-9。

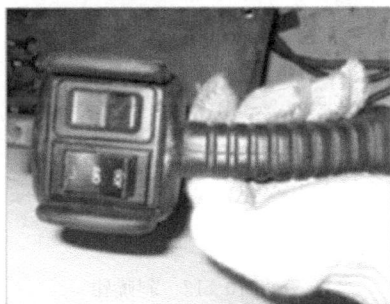

图 10-8　操作手柄

图 10-9　扳手头

安装螺母时，运行扳手泵直至将螺栓或螺母拧紧或至所需的扭矩值。拆卸螺母时，运行扳手泵直至将螺栓或螺母拆下。

运行扳手安装或拆卸螺栓或螺母。工作完成后，应立即停泵。

4. 电动冲击扳手

电动冲击扳手是以电源或电池为动力，具有旋转带切向冲击机构的电扳手，见图10-10。

工作时，电动冲击扳手对操作者的反作用扭矩小。风力发电机组使用的电动冲击扳手主要作用是初紧螺栓，快速将螺栓旋进连接件，操作方便、省时省力。但电动冲击扳手的精度在±10%以上，精度比较差，风力发电机组对扭矩大小有明确规定的高强度螺栓，紧固力矩时不使用电动冲击扳手，一般要采用精度等级较高的扭矩扳手或液压扳手。

使用注意事项：

（1）确认现场所接电源与电动扳手铭牌相符，以及电源回路是否接有漏电保护器。

（2）根据螺栓或螺母的规格选择匹配的套筒，并妥善安装。

（3）在送电前确认电动扳手上开关断开状态，否则可能导致电动扳手意外工作，从而造成人员受伤。

（4）应使用可靠的反向力距支靠点，以防反作用力伤人。

（5）当使用中发现电动机碳刷火花异常时，应立即停止工作，进行检查和处理。碳刷必须保持清洁。

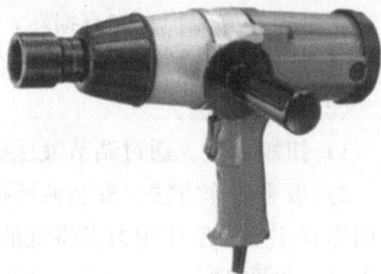

图 10 - 10　电动冲击扳手

### 1.3　电工工具

电工工具包括钢丝钳、斜嘴钳、尖嘴钳、圆嘴钳、剥线钳、压线钳、电工刀、验电笔等。

**1. 钢丝钳**

钢丝钳用于夹持或折弯薄片形、圆柱形金属零件或金属丝，如图 10 - 11 所示。带有刃口的钢丝钳还可以用于切断细金属（带有绝缘塑料套的可用于剪断电线），是维护中应用广泛的手工工具。

**2. 斜嘴钳**

斜嘴钳是剪断金属丝的常用工具。平口斜嘴钳还可在凹坑中完成对金属丝的剪切，常用于电力及电线安装工作场合，如图 10 - 12 所示。

图 10 - 11　钢丝钳

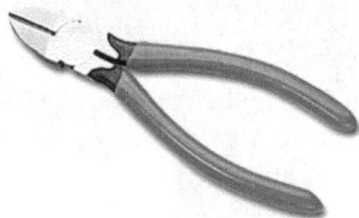

图 10 - 12　斜嘴钳

**3. 尖嘴钳**

尖嘴钳适用于比较狭小的工作空间位置上小零件的夹持，主要用于仪器仪表、电信、电器行业安装维修工作。带刃口的尖嘴钳还可以切断细金属丝，如图 10 - 13 所示。

**4. 圆嘴钳**

圆嘴钳可将金属薄片或细丝弯曲成圆形，是仪器仪表、电信器材以及家电装配、维修行业中常用的工具，如图 10 - 14 所示。

图 10 - 13　尖嘴钳

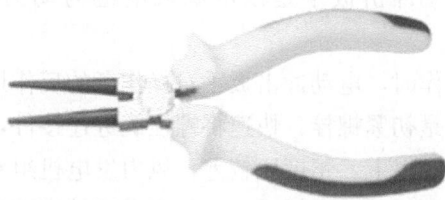

图 10 - 14　圆嘴钳

5. 剥线钳

剥线钳是操作人员在不带电情况下剥离线芯直径在 0.5～
2.5mm 范围的导线外部绝缘包层，漏出的铜线用于电气接线，如
图 10 - 15 所示。

使用注意事项：

（1）要根据导线直径，选用剥线钳刀片的孔径。

（2）根据缆线的粗细型号，选择相应的剥线刀口。

（3）将准备好的电缆放在剥线工具的刀刃中间，选择要剥线
的长度。

（4）握住剥线工具手柄，将电缆夹住，缓缓用力使电缆外表
皮慢慢剥落。

图 10 - 15　剥线钳

（5）松开工具手柄，取出电缆线，这时电缆金属整齐地露到
外面，其余绝缘塑料完好无损。

6. 压线钳

压线钳是用于线鼻子的压接工具。它主要是通
过手动液压、气动或电动驱动的方式，对导线和压
接端子施加足够压力，使端子和导线紧密接触牢固
地结合为一个整体，形成最终的电气连接，见图
10 - 16 和图 10 - 17。

图 10 - 16　压线钳

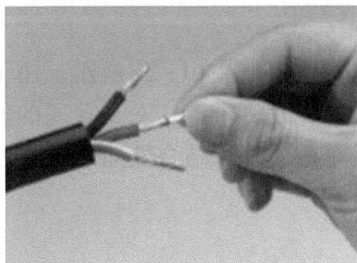

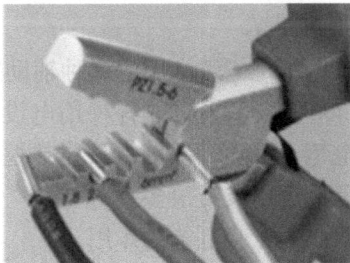

图 10 - 17　压线钳的使用

（1）预绝缘端子压线注意事项。电缆压线钳选口要正确，电缆压接牢固、平整、美观，
电缆不得有漏铜芯的现象。

管式预绝缘端头用压线钳压好后，会出现一面平整而另一面为凹槽的情形。端头与弹簧
端子连接时，必须将端头的平整面与弹簧端子的金属平面对应，见图 10 - 18。

（2）动力电缆的压线制作。应使用电动液压钳动力电缆端头和连接管的制作（例如
185mm² 电缆、240mm² 电缆）。为工作方便，一般使用的为便携式，液压钳出力大于等于
12T，可满足机组安装过程中不同电缆规格的压接，并且压接所需模具要和电缆规格相符。
见图 10 - 19。

7. 电工刀

电工刀用于电工装修施工中割削电线绝缘层、绳索、木桩及软性金属材料，多用式电工
刀的附件锥子、锯片还可用作钻孔和锯割木材，见图 10 - 20。

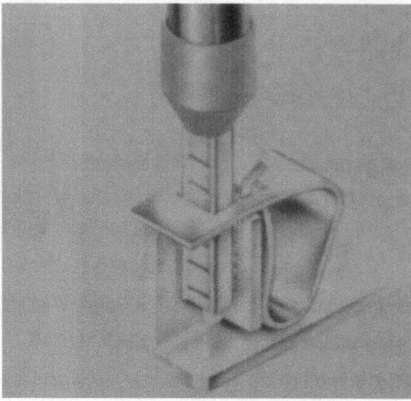

图 10-18　端头连接示意

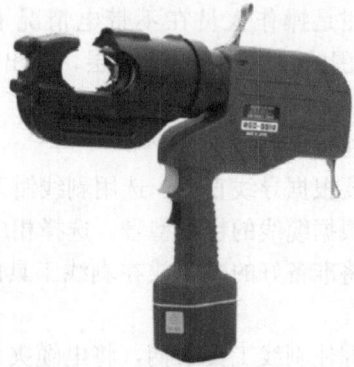

图 10-19　便携式电动液压钳

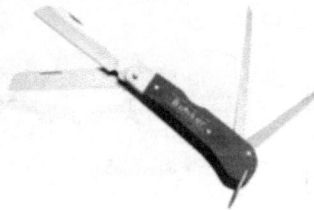

(a)多用电工刀

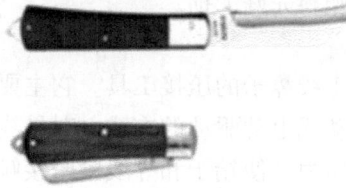

(b)普通电工刀

图 10-20　电工刀

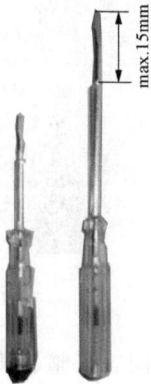

图 10-21　验电笔

8. 验电笔

验电笔是电工常用的一种辅助安全用具，如图 10-21 所示。用于检查 500V 以下导体或各种用电设备的外壳是否带电。一支普通的低压验电笔，可随身携带，只要掌握验电笔的原理，结合熟知的电工原理，灵活运用技巧很多。

(1) 低压验电笔的作用。

1) 判别交流和直流电。交流电通过验电笔时氖泡中两极会同时发亮，而直流电通过时氖泡里只有一个极发光。

2) 判断直流电的正负极。把验电笔跨接在直流电的正、负极之间，氖泡发亮的一头是负极，不发亮的一头是正极。

3) 判断交流电的同相和异相。两手各持一支验电笔，站在绝缘体上，将两支笔同时触及待测的两条导线，如果两支验电笔的氖泡均不太亮，则表明两条导线是同相；若发出很亮的光说明是异相。

4) 测试直流电是否接地并判断是正极还是负极接地。在要求对地绝缘的直流装置中，人站在地上用验电笔接触直流电，如果氖泡发光，说明直流电存在接地现象；反之则不接地。当验电笔尖端一极发亮时，说明正极接地，若手握的一极发亮，则是负极接地。

5) 用作中性线监测器。把验电笔一头与中性线相连，另一头与地线相连接，如果中性线断路，氖泡即发亮；如果没有断路，则氖泡不发亮。

6）可作为家用电器指示灯。把验电笔中的氖泡与电阻取出，将两元件串联后，接在家用电器电源线的相线与中性线之间。家用电器工作时，氖泡便可发光。

7）判断电器接地是否良好。把验电笔做成电器指示灯时，若氖泡光源闪烁，则表明某线头松动，接触不良或电压不稳定。

8）判断物体是否带有静电。手指验电笔接触在物体上，若氖泡发亮，说明该物体带有静电。

（2）低压验电笔的使用。

1）测试前，应该先在有电的地方试一下，检查验电笔是否完好，防止造成判断错误，引起触电事故。

2）测电时，电笔类金属体应该触到测试点上时，手必须接触笔尾金属体。应该注意，手千万不能碰到电笔尖金属体，以免触电。如果测试点带电，微小的电流便通过氖管和人体入地，从测电笔的"小窗口"可以看到氖管不发光，说明测试点不带电，或者接触了地。

3）验电笔应该经常检验。如果它的绝缘电阻小于 $1M\Omega$，就禁止使用。

4）验电笔握法不能像平时写字握笔那样。正确的握法：将验电笔尾顶住手心，或用食指按住电笔尾，其他手指捏住电笔身。

### 1.4 油脂加注枪

油脂加注枪是一种给机械设备加注润滑脂的手动工具，简称注油枪，如图 10-22 所示。它可以选装铁枪杆（铁枪头）或软管（平枪头）加油嘴，对加油位置方便。处于空间宽敞的地方可用铁枪杆（铁枪头），对加油位置隐蔽、拐角的地方必须用软管（平枪头）来加油。它具有操作简单、携带方便和使用范围广等诸多优点，在风力发电机组定期维护中属于必备工具。

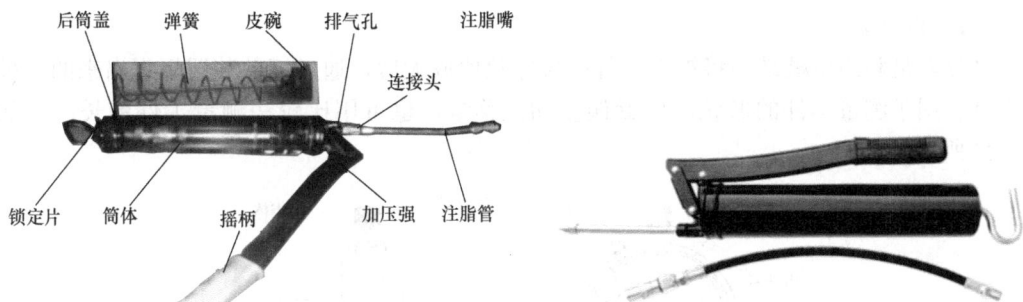

图 10-22 油脂加注枪

1. 操作步骤

（1）拉出拉杆。

（2）装入黄油，使黄油顶部成锥状，避免将空气混入黄油中。

（3）将黄油涂于枪盖内。

（4）按下锁片，推入拉杆到底。

（5）旋入枪筒，推拉活塞手柄，并反复旋动枪筒，排出空气，出油后旋紧枪筒。

**2. 注意事项**

（1）使用时，要注意防止夹伤。

（2）使用前，要检查油枪各部件是否完整。

（3）黄油应该干净，无沙子等固体颗粒。

（4）加入黄油后，要使油枪注油嘴朝上，摇动手柄，排出空气。

（5）使用时，应用注油嘴压紧设备黄油嘴，平稳摇动手柄。

（6）使用完毕后，应将黄油枪各个部件处理干净。

**3. 手持式电动油脂枪主要特点**

目前手持式电动油脂枪不断推出新产品，逐渐取代手动黄油枪。主要特点如下：

（1）带开关自锁装置，防止无意碰到开关或运输途中发生意外漏油等事故。

（2）带双排气阀，可以排出泵体和管路里存在的气泡，快速恢复正常工作。

（3）带安全阀设计，防止油路堵塞损坏设备。

（4）大功率充电电池，动力充沛。

（5）大功率快速充电器，一小时充满电。

（6）带 LCD 液晶电量显示器，可以显示剩余电量，确保及时充电。

（7）高压软管带防爆弹簧，确保使用者安全。

（8）可选配肩带，节省使用者体力。

（9）可选配逆变器，实现野外电池充电。

# 任务2　常用测量工具

在风电机组的运行维护测试中，经常用到百分表、塞尺、游标卡尺、万用表、绝缘电阻表、钳流表、相位测试仪、耐压测试仪和红外测温仪等测量工具。

## 2.1　百分表

百分表是利用机械结构将被测工件的尺寸数值放大后，通过读数装置标识出来的一种测量工具。用于测量工件的形状、位置误差和位移量，也可用比较法测量工件的长度，如图 10-23 所示。

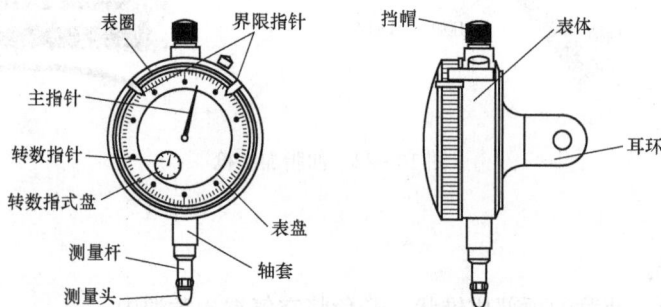

图 10-23　百分表

当测量杆向上或向下移动 1mm 时，通过齿轮传动系统带动主指针转一圈，转数指针转一格。表盘圆周上有 100 个等分格，每一个格子的读数值为 0.01mm。转数指示盘指针每格读数为 1mm，测量时，指针读数的变动量即为尺寸变化量。刻度盘可以转动，以便测量时大指针对准零刻线。

百分表的读数方法：先读出转数指针转过的刻度线（即毫米整数），再读出主指针转过的刻度线并估读一位（即小数部分），并乘以 0.01mm，然后，将两者相加，得到的即为测量的数值。

将百分表安装在专用表座上或磁性表座上。磁性表座夹持百分表，并可使其处于任意位置和角度。利用其磁性可使表座固定于空间任意位置和角度上，更便于使用。在发电机与齿轮安装后，可用于指示表和磁性表座测量发电机与齿轮箱对中。

### 2.2　塞尺

塞尺又名厚薄规或测微片，它由一组不同厚度的薄钢片重叠，并将一段松铆在一起而成，如图 10-24 所示，每片都刻有自身的厚度值。在设备检修中，常用来检测固定件与转动件之间的间隙、检查配合面之间的接触程度。在风电机组维护保养中，塞尺一般用于制动器闸片厚度的测量。

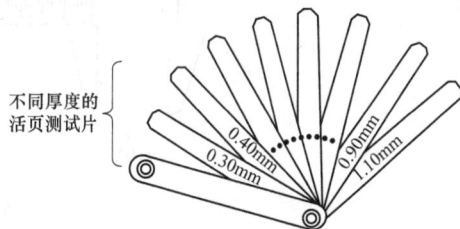

图 10-24　塞尺结构示意

塞尺一般用不锈钢制造，由厚度为 0.02～3.00mm、长度为 75～300mm 的塞尺片组成。自 0.02～0.1mm，各塞尺片厚度级差为 0.01mm；自 0.1～1mm，各塞尺片的厚度级差一般为 0.05mm；自 1mm 以上，塞尺片的厚度级差为 1mm。塞尺也是一种界限量具。测量时若用一片 0.04mm 的测试片可插入两零件间隙，但用一片 0.05mm 的测试片却不能插入，则该间隙的尺寸在 0.04～0.05mm。

1. 使用方法

（1）测量前用干净的布将塞尺和测量表面擦拭干净。

（2）测量间隙时，选择适当厚度的塞尺插入被测间隙中，然后一边调整，一边拉动塞尺，如果拉动时阻力过大或过小，则说明该间隙值小于或大于塞尺上所标出的数值；直到感觉稍有阻力时拧紧锁紧螺母，此时塞尺所标出的数值即为被测间隙值。

（3）如果厚度不合适，可同时组合几片进行测量，一般控制在 3～4 片内。超过 3 片，通常就要加修正值。根据经验，大体上每增加一片加 0.01mm 修正值。

2. 注意事项

（1）不允许在测量过程中剧烈弯折塞尺，或用较大的力硬将塞尺插入被检测间隙，否则将损坏塞尺的测量表面或零件表面的精度。

（2）使用完后，应将塞尺擦拭干净，并涂上机油，然后将塞尺折回夹框内，禁止将塞尺放在重物下，以防锈蚀、弯曲、变形而损坏。

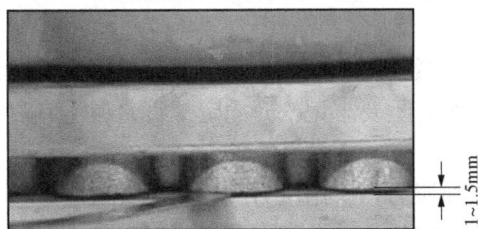

图 10-25　用塞尺检测制动器间隙

3. 定期检查制动片的磨损情况

一般以特种材料磨损至剩 2～4mm 为使用极限。定期用塞尺检测制动器间隙是否符合要求，如不符合，调整制动器间隙（以华锐 1.5MW 为例）单侧间隙要求 1～1.5mm，如图 10-25 所示。

### 2.3　游标卡尺

游标卡尺是测量长度、内外径、深度的量具，由主尺和附在主尺上能滑动的游标两部分构成，如图 10-26 所示。游标与尺身之间有一弹簧片，利用弹簧片的弹力使游标与尺身靠紧。游标上部有一紧固螺钉，可将游标固定在尺身上的任意位置。

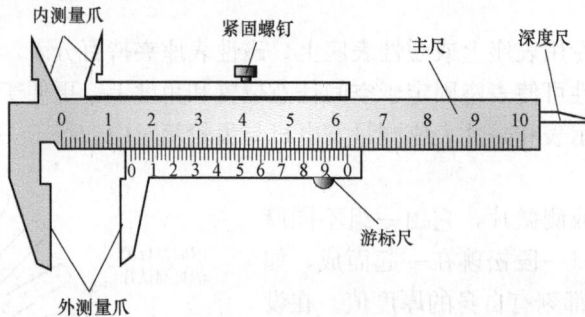

图 10-26　游标卡尺

游标卡尺的主尺和游标上有两副活动量爪，分别是内测量爪和外测量爪。利用内测量爪可以测量槽的宽度和管的内径，利用外测量爪可以测量零件的厚度和管的外径。深度尺与游标尺连在一起，可以测槽和筒的深度。

主尺一般以毫米为单位，而游标上则有 10、20 或 50 个分格。根据分格的不同，游标卡尺可分为十分度游标卡尺、二十分度游标卡尺、五十分度游标卡尺等。

1. 读数方法

下面以 0.02 游标卡尺的某一状态为例进行说明。

(1) 在主尺上读出副尺零刻度线以左的刻度，该值就是最后读数的整数部分。

(2) 副尺上一定有一条与主尺的刻线对齐，在副尺上读出该刻线距副尺的零刻度线以左的刻度的格数为 12 格，乘上该游标卡尺的精度 0.02mm，就得到最后读数的小数部分；或者直接在副尺上读出该刻线的读数。

(3) 将所得到的整数和小数部分相加，就得到总尺寸。

2. 注意事项

(1) 游标卡尺是比较精密的测量工具，要轻拿轻放，不得碰撞或跌落地下。使用时不要用来测量粗糙的物体，以免损坏量爪，避免与刀具放在一起，以免刀具划伤游标卡尺的表面，不使用时应置于干燥中性的地方，远离酸碱性物质，防止锈蚀。

(2) 测量前应把卡尺揩干净，检查卡尺的两个测量面和测量刃口是否平直无损，把两个量爪紧密贴合时，应无明显的间隙，同时游标和主尺的零位刻线要相互对准。这个过程称为校对游标卡尺的零位。

(3) 移动尺框时，活动要自如，不应有过松或过紧，更不能有晃动现象。用固定螺钉固定尺框时，卡尺的读数不应有所改变。在移动尺框时，不要忘记松开固定螺钉，但不宜过松以免掉了。

(4) 用游标卡尺测量零件时，不允许过分地施加压力，所用压力应使两个量爪刚好接触零件表面。如果测量压力过大，不但会使量爪弯曲或磨损，且量爪在压力作用下产生弹性变形，使测量得的尺寸不准确（外尺寸小于实际尺寸，内尺寸大于实际尺寸）。

（5）在游标卡尺上读数时，应把卡尺水平地拿着，朝着亮光的方向，使人的视线尽可能和卡尺的刻线表面垂直，以免由于视线的歪斜造成读数误差。

（6）为了获得正确的测量结果，可以多测量几次。即在零件的同一截面上的不同方向进行测量。

3. 使用游标卡尺进行偏航系统齿侧间隙的检查

为保证偏航小齿轮与外齿圈的啮合良好，其啮合间隙 $t$ 应在规定的范围内（金风 0.5～0.9mm）。这个间隙在组装时已经调整好，在试运转或更换偏航零部件后，应对偏航齿轮啮合间隙进行检查，如果不合适，可通过转动与底座面接触的偏航减速器偏心盘进行调整。如图 10 - 27 所示。

图 10 - 27　偏航系统齿侧间隙的检查

## 2.4　万用表

万用表是一种多功能、多量程的测量仪表，一般可测量直流电流、直流电压、交流电流、交流电压、电阻、电容量及半导体的一些参数等。万用表有指针式和数字式两种，目前数字式测量仪表已成为主流，具有灵敏度高、准确度高、显示清晰、过载能力强、便于携带、使用方便等特点，如图 10 - 28 所示。下面以 VC9802 型数字万用表为例，简单介绍其使用方法和注意事项。

图 10 - 28　数字万用表与指针万用表

　　1. 使用方法

　　(1) 使用前, 应认真阅读有关的使用说明书, 熟悉电源开关、量程开关、插孔、特殊插口的作用。

　　(2) 将电源开关置于 ON 位置。

　　(3) 交直流电压的测量: 根据需要将量程开关拨至 DCV (直流) 或 ACV (交流) 的合适量程, 红表笔插入 V/Ω 孔, 黑表笔插入 COM 孔, 并将表笔与被测线路并联, 读数即显示。

　　(4) 交直流电流的测量: 将量程开关拨至 DCA (直流) 或 ACA (交流) 的合适量程, 红表笔插入 mA 孔 (小于 200mA 时) 或 10A 孔 (大于 200mA 时), 黑表笔插入 COM 孔, 并将万用表串联在被测电路中即可。测量直流量时, 数字万用表能自动显示极性。

　　(5) 电阻的测量: 将量程开关拨至 Ω 的合适量程, 红表笔插入 V/Ω 孔, 黑表笔插入 COM 孔。如果被测电阻值超出所选择量程的最大值, 万用表将显示 "1", 这时应选择更高的量程。测量电阻时, 红表笔为正极, 黑表笔为负极, 这与指针式万用表正好相反。因此, 测量晶体管、电解电容器等有极性的元器件时, 必须注意表笔的极性。

　　2. 使用注意事项

　　(1) 如果无法预先估计被测电压或电流的大小, 则应先拨至最高量程档测量一次, 再视情况逐渐把量程减小到合适位置。测量完毕, 应将量程开关拨到最高电压挡, 并关闭电源。

　　(2) 满量程时, 仪表仅在最高位显示数字 "1", 其他位均消失, 这时应选择更高的量程。

　　(3) 测量电压时, 应将数字万用表与被测电路并联。测电流时应与被测电路串联, 测直流量时不必考虑正、负极性。

　　(4) 当误用交流电压挡去测量直流电压, 或者误用直流电压挡去测量交流电压时, 显示屏将显示 "000", 或低位上的数字出现跳动。

　　(5) 禁止在测量高电压 (220V 以上) 或大电流 (0.5A 以上) 时换量程, 以防止产生电弧, 烧毁开关触点。

　　(6) 当显示 "BATT" 或 "LOW BAT" 时, 表示电池电压低于工作电压。

　　3. 如何借助万用表检测晶闸管

　　晶闸管分单向晶闸管和双向晶闸管两种, 都是三个电极。单向晶闸管有阴极 (K)、阳极 (A)、控制极 (G)。双向晶闸管等效于两只单项晶闸管反向并联而成。即其中一只单向硅阳极与另一只阴极相连, 其引出端称 T1 极, 其中一只单向硅阴极与另一只阳极相连, 其引出端称 T2 极, 剩下则为控制极 (G)。

　　(1) 单、双向晶闸管的判别: 先任测两个极, 若正、反测指针均不动 (R×1 挡), 可能是 A、K 或 G、A 极 (对单向晶闸管), 也可能是 T2、T1 或 T2、G 极 (对双向晶闸管)。若其中有一次测量指示为几十至几百欧, 则必为单向晶闸管, 且红笔所接为 K 极, 黑笔接的为 G 极, 剩下即为 A 极。若正、反向测指示均为几十至几百欧, 则必为双向晶闸管。再将旋钮拨至 R×1 或 R×10 挡复测, 其中必有一次阻值稍大, 则稍大的一次红笔接的为 G 极, 黑笔所接为 T1 极, 余下是 T2 极。

　　(2) 性能的差别: 将旋钮拨至 R×1 挡, 对于 1~10A 单向晶闸管, 红笔接 K 极, 黑笔同时接通 G、A 极, 在保持黑笔不脱离 A 极状态下断开 G 极, 指针应指示几十欧至一百欧,此时晶闸管已被触发，且触发电压低（或触发电流小）。然后瞬时断开 A 极再接通，指针应退回∞位置，则表明晶闸管良好。

对于 1～10A 双向晶闸管，红笔接 T1 极，黑笔同时接 G、T2 极，在保证黑笔不脱离 T2 极的前提下断开 G 极，指针应指示为几十至一百多欧（视晶闸管电流大小、厂家不同而异）。然后将两笔对调，重复上述步骤测一次，指针指示还要比上一次稍大十几至几十欧，则表明晶闸管良好，且触发电压（或电流）小。

若保持接通 A 极或 T2 极时断开 G 极，指针立即退回∞位置，则说明晶闸管触发电流太大或损坏。对于单向晶闸管，闭合开关 K，灯应发亮，断开 K 灯仍不熄灭，否则说明晶闸管损坏。

对于双向晶闸管，闭合开关 K，灯应发亮，断开 K，灯应不熄灭。然后将电池反接，重复上述步骤，均应是同一结果，才说明是好的，否则说明该器件已损坏。

4. 用万用表判断电容器质量

视电解电容器容量大小，通常选用万用表的 R×10、R×100、R×1K 挡进行测试判断。红、黑表笔分别接电容器的负极（每次测试前，需将电容器放电），由表针的偏摆来判断电容器质量。若表针迅速向右摆起，然后慢慢向左退回原位，一般来说电容器是好的。如果表针摆起后不再回转，说明电容器已经击穿。如果表针摆起后逐渐退回到某一位置停位，则说明电容器已经漏电。如果表针摆不起来，说明电容器电解质已经干涸失去容量。

有些漏电的电容器，用上述方法不易准确判断出好坏。当电容器的耐压值大于万用表内电池电压值时，根据电解电容器正向充电时漏电电流小，反向充电时漏电电流大的特点，可采用 R×10K 挡，对电容器进行反向充电，观察表针停留处是否稳定（即反向漏电电流是否恒定），由此判断电容器质量，准确度较高。黑表笔接电容器的负极，红表笔接电容器的正极，表针迅速摆起，然后逐渐退至某处停留不动，则说明电容器是好的，凡是表针在某一位置停留不稳或停留后又逐渐慢慢向右移动的，则说明电容器已经漏电，不能继续使用了。表针一般停留并稳定在 50～200K 刻度范围内。

## 2.5 绝缘电阻表

绝缘电阻表又称绝缘电阻表抑或绝缘电阻测试仪，是一种简便、常用的测量高电阻的直读式仪表，可用来测量电路、电机绕组、电缆、电气设备等的绝缘电阻，如图 10 - 29 所示。

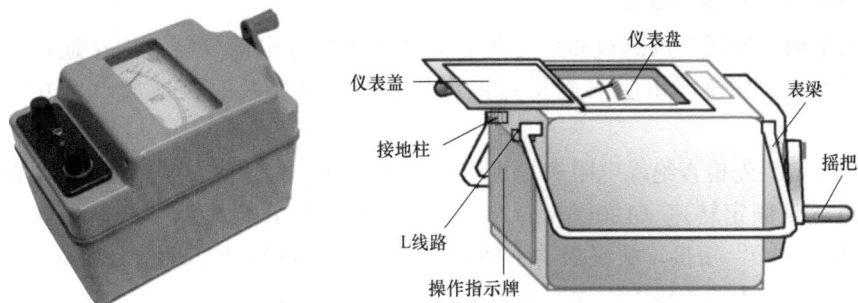

图 10 - 29 绝缘电阻表

还有一种数字绝缘表，它和绝缘电阻表的功能相同。数字绝缘表是由集成电路组成，具有输出电压等级多、准确度高，读数方便、直观，操作方便的特点。以数字绝缘表 Fluek 1508 为例，测量电压 1000V，测量范围 0.01MΩ～10GΩ，如图 10 - 30 所示。

1. 绝缘电阻表的使用注意事项

（1）测量前先将绝缘电阻表进行一次开路和短路试验，检查绝缘电阻表是否正常。具体操作：将两连接线开路，摇动手柄指针应指在无穷大处，再把两连接线短接一下，指针应指在零处。

（2）被测设备必须与其他电源断开，测量完毕一定要将被测设备充分放电（约需 2～3min），以保护设备及人身安全。

（3）绝缘电阻表与被测设备之间应使用单股线分开单独连接，并保持线路表面清洁干燥，避免因线与线之间绝缘不良引起误差。

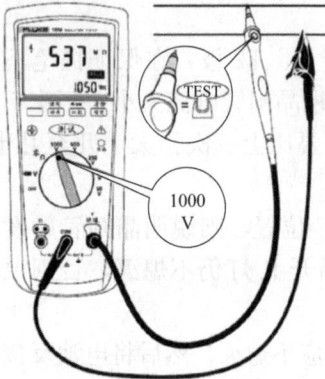

图 10 - 30　数字绝缘表 Fluek 1508

（4）摇测时，将绝缘电阻表置于水平位置，摇把转动时其端钮间不许短路。摇测电容器、电缆时，必须在摇把转动的情况下才能将接线拆开，否则反充电将会损坏绝缘电阻表。

（5）摇动手柄时，应由慢渐快，均匀加速到 120r/min，并注意防止触电。摇动过程中，当出现指针已指零时，就不能再继续摇动，以防表内线圈发热损坏。为了防止被测设备表面泄漏电阻，使用绝缘电阻表时，应将被测设备的中间层（如电缆壳芯之间的内层绝缘物）接入保护环。

（6）应视被测设备电压等级的不同选用合适的绝缘电阻测试仪。一般额定电压在 500V 以下的设备，选用 500V 或 1000V 的绝缘电阻表；额定电压在 500V 及以上的设备，选用 1000～2500V 的绝缘电阻表。量程范围的选用一般应注意不要使其测量范围过多地超过所测设备的绝缘电阻值，以免使读数产生较大的误差。

（7）禁止在雷电天气或在邻近有带高压导体的设备处使用绝缘电阻表测量。如果用万用表来测量设备的绝缘电阻，那么测得的只是在低压下的绝缘电阻值，不能真正反映在高压条件下工作时的绝缘性能。绝缘电阻表与万用表不同之处是本身带有电压较高的电源，一般由手摇直流发电机或晶体管变换器产生，电压为 500～5000V。因此，用绝缘电阻表测量绝缘电阻，能得到符合实际工作条件的绝缘电阻值。

2. 绝缘电阻表的使用维护

（1）测量前要先切断被测设备的电源，并将设备的导电部分与大地接通，进行充分放电，以保证安全。用绝缘电阻表测量过的电气设备，也要及时接地放电，方可进行再次测量。

（2）测量前要先检查绝缘电阻表是否完好，即在绝缘电阻表未接上被测物之前，摇动手柄使发电机达到额定转速（120r/min），观察指针是否指在标尺的"∞"位置。将接线柱"线（L）和地（E）"短接，缓慢摇动手柄，观察指针是否指在标尺的"0"位。如指针不能指到该指的位置，表明绝缘电阻表有故障，应检修后再用。

（3）必须正确接线。绝缘电阻表上一般有三个接线柱，分别标有 L（线路）、E（接地）和 G（屏蔽）。其中 L 接在被测物和大地绝缘的导体部分，E 接在被测物的外壳或大地，G 接在被测物的屏蔽上或不需要测量的部分。接线柱 G 是用来屏蔽表面电流的。如测量电缆的绝缘电阻时，由于绝缘材料表面存在漏电电流，将使测量结果不准，尤其是在湿度很大的场合及电缆绝缘表面不干净的情况下，会使测量误差很大。为避免表面电流的影响，在被测物的表面加一个金属屏蔽环，与绝缘电阻表的"屏蔽"接线柱相连。这样，表面漏电流 IB 从发电机正极出发，经接线柱 G 流回发电机负极而构成回路。IB 不再经过绝缘电阻表的测量机构，因此从根本上消除了表面漏电流的影响。

（4）接线柱与被测设备间连接的导线不能用双股绝缘线或绞线，应该用单股线分开单独连接，避免因绞线绝缘不良而引起误差。为获得正确的测量结果，被测设备的表面应用干净的布或棉纱擦拭干净。

（5）摇动手柄应由慢渐快，若发现指针指零说明被测绝缘物可能发生了短路，这时就不能继续摇动手柄，以防表内线圈发热损坏。手摇发电机要保持匀速，不可忽快忽慢而使指针不停地摆动。通常最适宜的速度是 120r/min。

（6）测量具有大电容设备的绝缘电阻，读数后不能立即停止摇动绝缘电阻表，否则已被充电的电容器将对绝缘电阻表放电，有可能烧坏绝缘电阻表。应在读数后降低手柄转速，同时拆去接地端线头，在绝缘电阻表停止转动和被测物充分放电以前，不能用手触及被试设备的导电部分。

（7）测量设备的绝缘电阻时，还应记下测量时的温度、湿度、被试物的有关状况等，以便对测量结果进行分析。

3. 绝缘电阻表的选择

绝缘电阻表的选择，主要是选择它的电压及测量范围。高压电气设备绝缘电阻要求高，须选用电压高的绝缘电阻表进行测试；低压电气设备内部绝缘材料所能承受的电压不高，为保证设备安全，应选择电压低的绝缘电阻表。选择绝缘电阻表的原则是不使测量范围过多地超出被测绝缘电阻的数值，以免因刻度较粗而产生较大的读数误差。不同电压等级绝缘电阻测量时绝缘电阻表的选择方法见表 10 - 1。

表 10 - 1　　　　　　　不同电压等级绝缘电阻测量时绝缘电阻表的选择方法

| 电压等级 | 选用绝缘电阻表/V |
| --- | --- |
| 35kV 以上 | 5000 |
| 1000V 以上 | 2500 |
| 1000V 以下 | 1000 |
| 不足 500V | 500 |
| 220V 以下 | 250 |
| 二次回路 | 1000/500 |

另外还要注意有些绝缘电阻表的起始刻度不是零，而是 $1M\Omega$ 或 $2M\Omega$，这种绝缘电阻表不宜测量处于潮湿环境中的低压电气设备的绝缘电阻，因为在这种环境中的设备绝缘电阻较小，有可能小于 $1M\Omega$，在仪表上读不到读数，容易误认为绝缘电阻为 $1M\Omega$ 或为零值。

## 2.6　钳流表

由穿心式电流互感器铁芯制成的活动开口，外表呈钳形，所以称为钳形电流表，简称钳流表，是一种不需断开电路就可直接测量电路交流电流的携带式仪表，如图 10 - 31 所示。

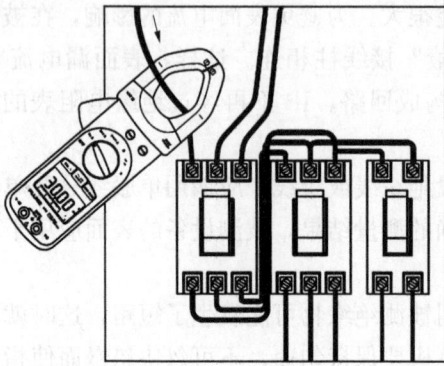

图 10-31　钳流表应用图示

1. 结构原理

钳流表实质上是由一只电流互感器、钳形扳手和一只整流式磁电系有反作用力仪表所组成。

2. 使用方法

（1）测量前要机械调零。

（2）选择合适的量程，先选大、后选小量程或看铭牌值估算。

（3）当使用最小量程测量，其读数还不明显时，可将被测导线绕几匝，匝数要以钳口中央的匝数为准，则读数＝指示值×量程/满偏×匝数。

（4）测量时，应使被测导线处在钳口的中央，并使钳口闭合紧密，以减少误差。

（5）测量完毕，要将转换开关放在最左量程处。

3. 注意事项

钳形表携带方便，无需断开电源和线路即可直接测量运行中电气设备的工作电流，以便及时了解设备的工作状况。使用钳形电流表应注意以下问题：

（1）测量前应先估计被测电流的大小，选择合适量程。若无法估计，为防止损坏钳形电流表，应从最大量程开始测量，逐步变换挡位直至量程合适。改变量程时应将钳形电流表的钳口断开。

（2）为减小误差，测量时被测导线（单根）应尽量位于钳口的中央。

（3）测量时，钳形电流表的钳口应紧密接合，若指针抖晃，可重新开闭一次钳口，如果抖晃仍然存在，应仔细检查，注意清除钳口杂物、污垢，然后进行测量。

（4）测量小电流时，为使读数更准确，在条件允许时，可将被测载流导线绕数圈后放入钳口进行测量。此时被测导线实际电流值应等于仪表读数值除以放入钳口的导线圈数。

（5）测量结束，应将量程开关置于最高挡位，以防下次使用时疏忽，未选准量程就进行测量而损坏仪表。

**2.7　相位测试仪**

风力发电机并网时，风力发电机的相序与电网的相序一致。相位测试仪就是用来检测电网和风力发电机相序的仪器，也称相序表。下面以 FS9040 型测试仪为例介绍相位测试仪的使用方法。

1. 用于 500V 以下电路相序测量

将测试仪的三个输入端 A、B、C 分别接入三相电源。若仪表红灯向右移动，说明被测相序是顺相；若仪表绿灯向左移动，说明被测相序逆相。将其中两互换，可以改变相位顺序。低压检测，接地插座可接地，也可不接地，如图 10-32 所示。

2. 用于 3kV 或以上电压电路测量

（1）先将仪表线两端分别插入仪表与绝缘管插孔（见图 10-33）。

（2）在操作前用万用表检查仪表线应是通的，操作杆电阻是否良好，电阻约 10～50MΩ，仪表与绝缘管一定要接触良好（接牢），仪表接地要接触良好（接牢）；检验相序时，三人操作，一人监护；在操作时，人体不得接触仪表及仪表线，并保持安全距离。仪表线不得与外壳（地）接触并保持安全距离。

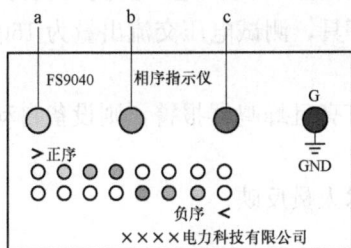

图 10-32　低压相序测量

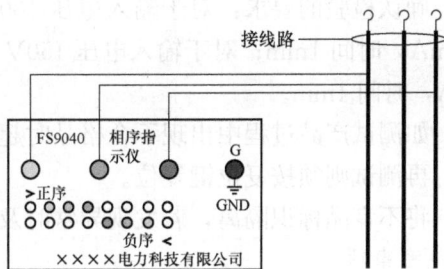

图 10-33　高压相序测量

除了上述 FS9040 相位测试仪，还有全数字型相序仪。Fluke9040 就是一款数字型旋转磁场指示仪，可通过 LCD 显示屏清晰指示 3 个相线以及相序旋转方向，以确定正确的连接，可快速确定相序，如图 10-34 所示。

### 2.8　耐压测试仪

耐压试验是检测电气设备、电气装置、电气线路和电工安全用具等承受过电压的能力的主要方法之一，如变压器耐压试验，是对所用绝缘材料的绝缘强度的考验。当电力系统某一部分出现不正常情况时，电网中常常产生比额定电压高出数倍的过电压，进行变压器耐压试验非常必要。耐压试验的目的，就是对所测设备施加较高的电压（略高于运行中可能遇到的过电压），以确定该设备是否具

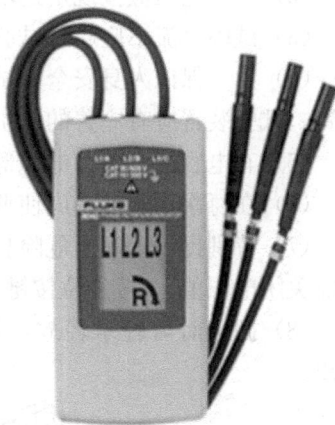

×图 10-34　Fluke9040 相序测试仪

有足够的耐压强度。进行耐压试验时，绝缘物发生电击穿的电压，称为击穿电压；击穿时的电场强度，称为绝缘物的耐压强度。交直流耐压测试仪如图 10-35 所示。

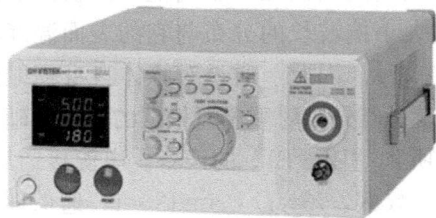

图 10-35　交直流耐压测试仪

1. 操作前准备

（1）将耐压测试仪接上有效地线。

（2）接入正确电源 AC220V，50Hz。

（3）打开电源开关，将定时开关设到关的位置（即为手动测试）。

（4）转动电压调节之旋钮设置电压，按下测试/预置钮后旋转预置调节钮，按要求设置漏电电流值。

（5）将测试/预置钮复原到测试状态。

2. 测试步骤

（1）按下"启动"按钮，红色测试指示灯亮，电压指示表工作时，便可测试。

（2）成品：将产品的电源线插头接触到黄色测试极，红色测试棒与产品外露金属部位保持 1~5s，仪器没有报警则表示此台测试产品合格。

（3）在生产例行检验中的要求：对于输入电压 100V 以上的灯具，测试电压交流出量为 1500V，电流 10mA，时间 1s；对于输入电压 150V 以上的灯具，测试电压交流出量为

1700V，电流 10mA，时间 1s。

（4）确认检验的要求：对于输入电压 100V 以上的灯具，测试电压交流出量为 1200V，电流 10mA，时间 1min；对于输入电压 150V 以上的灯具，测试电压交流出量为 1500V，电流 10mA，时间 1min。

（5）如测试产品过程中出现不合格品时超漏指示灯亮且蜂鸣器报警，则设备自动切断输出电压，再测试则须按复位键复位。

（6）将不良品标识隔离，若发现异常时及时向技术人员反映。

3. 注意事项

（1）耐压试验只有在绝缘电阻摇测合格后才能进行。

（2）试验电压应按规定选取，不得超出规定值。

（3）试验电流不应超过试验装置的允许电流。

（4）为了保证人身安全，试验场地应设立防护围栏，防止作业人员偶然接近带电的高压装置，试验装置应有完善的保护接地（或接零）措施。

（5）有电容的设备、电缆等，试验前后应进行放电。

（6）在每次试验后，应使调压器返回零位，最好有自动回零装置。

（7）特别提示：高压危险！按下启动开关后测试棒不可接触到人身及其他导体，不使用时需关闭电压值，（按复位按键，使其处于非工作状态）。

（8）搬运时需轻拿轻放，操作人员须戴绝缘手套，仪器和测试人员座位下要垫绝缘胶皮。

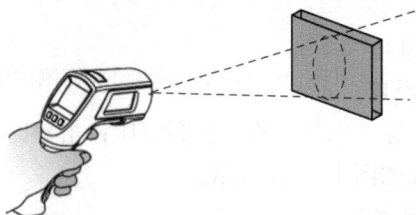

图 10-36　红外测温仪

## 2.9　红外测温仪

手持式红外测温仪又名便携式红外测温仪，是一种小巧、便于携带的红外测温仪，见图 10-36。

在自然界中，一切温度高于绝对零度的物体都在不停地向周围空间发出红外辐射能量。物体的红外辐射能量的大小按波长的分布与它的表面温度有着十分密切的关系。因此，通过对物体自身辐射的红外能量的测量，便能准确地测定它的表面温度，这就是红外辐射测温所依据的客观基础。

使用者用手握住测温仪手柄，食指扣动开关，会听到 "BI-BI" 的声音。电源接通后，屏幕将显示枪口正对物体的温度，测量时应注意距离系数 $K$，$K = D : S = 12 : 1$，通俗理解为测量范围 $D$ 为 12m 时，被测物体面积 $S$ 为直径 1m 的圆。如果大于 12m 处存在一个 1m 直径的物体，所测量物体的温度将不准确。

测量物体时将镜头正对被测物体，按住开关将进行测量，这时屏幕左上侧将出现扫描（SCAN）符号，表示正在测量。松开开关，屏幕左上侧将出现保持（HOLD）符号，这时屏幕上所显示的即是被测物体温度。

1. 红外测温仪的特点

（1）非接触测量：它不需要接触到被测温度场的内部或表面，因此，不会干扰被测温度场的状态，测温仪本身也不受温度场的损伤。

（2）测量范围广：因其是非接触测温，所以测温仪并不处在较高或较低的温度场中，而是工作在正常的温度或测温仪允许的条件下，一般情况下可测量负几十度到三千多度。

（3）测温速度快：即响应时间快。只要接收到目标的红外辐射即可在短时间内定温。

（4）只限于测量物体外部温度，不方便测量物体内部和存在障碍物时的温度。

2．红外测温仪的使用注意事项

（1）必须准确确定被测物体的发射率。

（2）避免受周围环境高温物体的影响。

（3）对于透明材料，环境温度应低于被测物体温度。

（4）测温仪要垂直对准被测物体表面，在任何情况下，角度都不能超过30℃。

（5）不能应用于光亮的或抛光的金属表面的测温，不能透过玻璃进行测温。

（6）正确选择距离系数，目标直径必须充满视场。

（7）如果红外测温仪突然处于环境温度差为20℃或更高的情况下，测量数据将不准确，温度平衡后再取其测量的温度值。

# 任务3　安全工器具使用注意事项

## 3.1　验电器使用注意事项

1．使用前检查

（1）检查验电器的绝缘杆外观应良好无弯曲变形，表面光滑，无裂缝，无脱落层，各部件连接牢固，护手环明显醒目，固定牢固。

（2）验电器工作正常，电池电力充足，按下试验按钮时能发出正常的闪光和报警音响信号。

（3）验电器本体上标有清晰的电压等级、编号、制造厂名、出厂日期等内容。

（4）交流耐压试验每年进行一次，在验电器上应贴有耐压试验的合格证并且在试验的有效期内。

2．如何正确使用

（1）使用高压验电器首先注意它的应用电压等级要与被试设备电压等级相同。

（2）使用前要检查高压验电器的各项性能应完好，并要在同一电压等级的带电设备上，验证无问题后才可以对待验电的设备进行验电。无法在有电设备上进行试验时可用高压发生器等确证验电器良好。

（3）使用验电器时操作人应戴绝缘手套，穿绝缘靴（鞋），手握在护环下侧握柄部分，人体与带电部分距离应符合《安规》规定的安全距离。

（4）使用抽拉式验电器时，绝缘杆应完全拉开。

（5）验电时验电器的接触电极与被试设备的导电部分接触时间不能小于1s，并要在应挂地线点及附近反复检测，如果验电器无指示则可认为设备无电。

（6）同杆架设的多层电力线路验电时，先验低压，后验高压，先验下层，后验上层。

（7）验电时需要专人监护，监护要到位。

（8）必须逐项进行验电。

3．正确保管维护方法

（1）高压验电器适宜存放于温度在−15～35℃，相对湿度为5％～80％，条件许可应将验电器统一分类编号存放在防潮盒或绝缘安全工器具柜内，将柜体置于通风干燥处。

（2）验电器在运输途中应有防雨防潮的措施，应专门保管。

（3）使用前要检查验电笔的电压等级是否相符。

（4）使用前要检查验电笔是否有破损、声响是否正常。

（5）使用前要将验电笔拉至足够的长度。

（6）先在有电设备上或在高压发生器上试验验电笔是否工作正常。

### 3.2　绝缘手套使用注意事项

1. 使用前检查

（1）检查有无粘黏、漏气现象。

（2）检查是否经试验合格，不超有效周期。

2. 如何正确使用

（1）手套佩戴在工作人员双手上，手指与手套指孔吻合牢固，衣服袖口应套入手套筒内。

（2）沾污的绝缘手套可采用肥皂和不超过100℃的清水洗涤，有类似焦油、油漆的物质残留在手套上未清除前不宜使用。清洗时应采用专用的绝缘橡胶制品去污剂。不得采用香蕉水，汽油等进行去污，否则将损害绝缘手套的绝缘性能。

（3）使用中受潮或清洗后潮湿的手套应充分晾干并涂抹滑石灰后予以保存。

（4）不准将绝缘手套与材料混放运输。

（5）不准将绝缘手套与油类或腐蚀性物质混放。

3. 正确保管维护方法

（1）绝缘手套应统一分类编号并存放在干燥通风、温度为－15～35℃，相对湿度为50％～80％的室内。条件许可应将绝缘手套存放在绝缘安全工器具柜内。

（2）绝缘手套应远离热源并避开酸、碱、油类等腐蚀品。

（3）避免阳光直射。

（4）绝缘手套一般应套放在支架上，采用水平放置时应涂抹滑石灰以防粘黏，上面不得堆压任何物品。

### 3.3　绝缘靴使用注意事项

1. 使用前检查

（1）检查确认绝缘靴经试验合格，合格证清晰可辨且不超试验周期。

（2）检查确认表面无裂纹、无漏洞、无气泡、无划痕等缺陷。

2. 如何正确使用

（1）使用绝缘靴时应选择与使用者相适应的鞋码，穿着时应将裤管完全套入靴筒内。

（2）不准将绝缘靴放在烈日下暴晒。

3. 正确保管维护方法

（1）绝缘靴应统一分类编号存放于温度在－15～35℃、相对湿度在5％～80％的室内，条件许可应将绝缘靴存放在防潮盒或绝缘安全工器具柜内。

（2）绝缘靴存放在抢修车或巡检车辆时应有防雨防潮的措施。

（3）绝缘靴的存放地点要离开一切发热体1m以上，要远离可能受到油、酸、碱类或腐蚀物影响的场所。

（4）绝缘靴不能与普通防雨胶靴混放。

### 3.4　绝缘杆使用注意事项

1. 使用前检查

（1）观察绝缘杆无弯曲变形，表面光滑，无气泡，无皱纹，无裂缝，无脱落层。

（2）绝缘杆各段间连接牢固可靠，空心管绝缘杆两端要封堵严密。

（3）绝缘杆每年要进行一次耐压试验，杆上有试验合格证，并在有效期内。

（4）绝缘杆上各节编号清晰、准确。

2. 如何正确使用

（1）使用绝缘杆前应检查绝缘杆的允许使用电压应与设备电压等级相符。

（2）使用绝缘杆前应检查绝缘杆的堵头完好，如发现破损应禁止使用。

（3）使用绝缘杆时人体应与带电设备保持足够的安全距离，并注意防止绝缘杆被人体或设备短接，以保持有效的绝缘长度。

（4）雨天在户外操作电气设备时绝缘杆的绝缘部分应有防雨罩或使用带绝缘子的绝缘杆，并戴绝缘手套。防雨罩的上端口应与绝缘部分紧密结合无渗漏现象。

（5）不能将绝缘杆放在潮湿的地面上。

（6）多节绝缘杆连接要牢靠。注意插接式要卡到位，螺旋式要旋到位。

3. 正确保管维护方法

（1）绝缘杆应储存在干燥、清洁通风良好的室内，并架在支架上或悬挂存放，不得斜靠及贴墙放置，有条件的应存放在恒温恒湿的安全工器具柜或恒温室。

（2）要确认绝缘棒是否在试验有效期内。

（3）要保证绝缘棒的安全长度足够。

### 3.5　安全帽使用注意事项

1. 使用前检查

（1）安全帽必须是经国家制定的监督部门检验合格取得生产许可证的工厂生产的。

（2）安全帽上要有清晰的制造厂名、商标、型号、制造日期、许可证。

（3）检查确认无龟裂、下凹、裂痕和磨损。

（4）检查确认帽箍、顶衬、后扣、下颏带齐全牢固。

（5）检查确认未超过有效期限。

2. 如何正确使用

（1）全帽佩戴时长头发必须盘进帽内，戴好后应将后扣拧到合适位置，锁好下颏带，下颏带和后扣松紧程度以前倾后仰时安全帽不会从头上掉下为准。

（2）加装近电报警器的安全帽使用前应选择与现场相对应的电压等级并检查其音响良好。

（3）安全帽加装近电报警器应装在帽壳前额部，严禁装在帽壳顶部、后部及两侧。

（4）安全帽在使用时受到较大冲击后无论帽壳是否有裂纹或变形都应报废处理。

（5）必须按规定的工种颜色佩戴安全帽。

（6）带电作业使用一般类安全帽。

（7）不准将安全帽当坐垫使用。

（8）不准使用与电力安全生产要求不符合的安全帽，如植物料安全帽、摩托车头盔等。

（9）不准将安全帽与工具材料等混放。

3．正确保管维护方法

安全帽适宜存放于干燥无腐蚀的室内，不得储存在酸、碱、高温、日晒、潮湿等场所，更不可和硬物放在一起。

### 3.6　灭火器使用注意事项

（1）检查灭火器的压力是否在正常范围。

（2）先抓好软管，避免其乱摆。

（3）要拔掉销子，方可按下压钳而喷出灭火物。

### 3.7　防毒面具使用注意事项

1．使用前检查

（1）检查确认面罩及导气管外观完好无破损。

（2）检查确认滤毒罐未超期，无受潮，无锈蚀。

（3）检查全套面具的气密性。将面罩和滤毒罐连接好，戴好面具后，用手或橡皮塞堵上滤毒罐进气孔，深吸气，如没有空气进入则此套面具致密可用，否则应修理或更换。

2．正确使用方法

（1）防毒面具适用于空气中氧气浓度不低于百分之十八的场所，因此使用前应检测确认毒区空气中的氧气含量满足要求。

（2）检查确认面罩、导气管、滤毒药罐无缺陷，滤毒罐在有效期内。

（3）连接防毒面具。先连接面罩与导气管再连接滤毒罐。连接滤毒罐时先旋下滤毒罐的罐盖，再将滤毒罐接在面罩下面并取下滤毒罐底部进气孔的橡皮塞。

（4）戴面具。戴面具时应暂停呼吸，闭上眼睛，两手拇指在内，四指在外握住面罩两侧将面罩撑开，两手均匀用力由下而上将面具戴在头上，同时调整罩体使其与面部密合。

（5）检查面具气密性。戴好面具后用手或橡皮塞堵住滤毒罐进气孔深吸气一次，检查面具的气密性正常，然后打开滤毒罐的进气孔恢复正常呼吸。

（6）防毒面具过滤剂的使用时间一般为 30～100min。当面具内有特殊气味时表示过滤剂失去过滤作用应及时更换。

（7）使用中感觉呼吸困难或自我感觉不适时应立即退出毒区，更换面具。严禁在毒区内摘掉面罩。

（8）脱面具时佩戴者应退至毒区的上风位置，迎风并用右手抓住导管与面罩连接处，稍向下用力，自下而上地脱下面具，然后拧下滤毒罐，将滤毒罐拧上罐盖，塞紧底塞。

（9）不准在槽、罐等密闭容器内使用防毒面具。

3．正确保管维护的方法

防毒面具应储存于干燥、清洁、空气流通的场所，防止潮湿和过热，同时滤毒罐要拧上罐盖、塞紧底塞。

### 3.8　接地线使用注意事项

1．使用前检查

（1）检查确认接地线缆及操作棒经试验合格，且不超试验有效周期。

（2）检查确认操作棒堵头完好，绝缘部分与握手部分区分标志清晰完整，接地线编号清晰。

（3）检查确认线夹完好无损，夹持式线夹弹性良好，有足够的夹持力度，连接铜辫子连接完好，线夹与绝缘棒连接牢固。

（4）检查确认线鼻与线夹连接牢固，接触良好无松动、腐蚀及灼伤痕迹。

（5）检查确认线缆无松股、断股和发黑腐蚀，线缆与线鼻、汇流管连接牢靠，线鼻与汇流管无裂纹。

（6）检查确认护套无破损、硬化、龟裂等现象。

（7）检查确认临时接地极光滑无锈蚀，截面积大于 $190\text{mm}^2$，埋深长度大于 $100\text{cm}$。

2．正确使用方法

（1）装设接地线时，接地线的额定短路电流不能小于悬挂点的最大故障电流，若单组接地线不能满足要求时，可以采用多组接地线组合挂设。

（2）接地线的挂接应用专人监护，当验明设备确已无电压后，应立即将检修设备接地并三相短路。

（3）装设接地线应先接接地端后接导体端，拆接地线的顺序与此相反。装、拆接地线均应使用绝缘棒或专用绝缘绳进行操作并戴绝缘手套。装、拆时人体不得碰触接地线或未接地的导线，以防止感应电触电。

（4）接地线应采用三相短路式接地线，若使用分相式接地线时，应设置三相合一的接地端。利用铁塔接地或与杆塔接地装置电气上直接相连的横担接地时，允许每相分别接地，但杆塔接地电阻与接地通道应良好。杆塔与接地线连接部分应清除油漆，接触良好。

（5）对于无接地引下线的杆塔可采用临时接地极，接地极的截面积不得小于 $190\text{mm}^2$，相当于直径为 $110\text{mm}$ 及以上圆钢，接地极在地面下深度不得小于 $100\text{cm}$。对于土壤电阻率较高地区如岩石、瓦砾、沙土等应采取增加接地体根数、长度、面积或埋地深度等措施改善接地电阻。禁止使用拉线棒为临时接地极。

（6）在同塔架设多回线路杆塔的停电线路上装设的接地线，应采取措施防止接地线摆动，并满足安全距离的规定。

（7）同杆塔架设的多层电力线路挂接地线时，应先挂低压，后挂高压，先挂下层，后挂上层；拆除时次序相反。

3．正确保管维护方法

接地线应统一进行编号，并存放在固定地点。接地线编号应与存放位置号码一致。

### 3.9　梯子使用注意事项

1．使用前检查

（1）梯子使用前应检查梯子的外观良好，无弯曲变形，表面光滑，无裂缝，无脱落层，各部件连接牢固；竹梯、木梯无虫蛀，无腐蚀。

（2）梯子的防滑装置，防散架措施，限制开度装置完好无损，连接铰链，铆接销钉完好无损。

（3）梯子的限高标志，编号标示清晰。

（4）梯子应每半年进行抗弯抗压和静负荷等实验。

2．正确使用方法

（1）梯子应能承受工作人员携带工具攀登时的总重量。

（2）梯子应放置稳固，梯子与地面的夹角应为 $105°$ 左右为宜。梯脚要有防滑装置。

（3）使用前应先进行试登，确认可靠后方可使用，攀爬时，应面向梯子，两手紧握梯梁，保持身体在两侧提梁中央，并有人在地面扶持，不得使用背面上下。

（4）工作人员必须站在限高标志及以下的踏板上工作。

（5）有人员在梯子上工作时应有人扶持和监护，并只允许一个人在梯子上工作。

（6）靠在管子上、导线上使用梯子时，其上端需用挂钩挂住或用绳索绑牢。

（7）在通道上使用梯子时，应有专人监护或设置临时围栏。

（8）在门、窗的四周使用梯子时，应采取防止门、窗突然开启的措施以防开关门窗撞倒梯子。

（9）人在梯子上时，严禁移动梯子，严禁上下抛掷工具、材料。使用折梯时禁止站或坐在顶阶上。

（10）在变、配电站内带电区域及邻近带电线路处，禁止使用金属梯。

（11）在变电站内搬动梯子时，应两人放倒搬运，并与带电部分保持足够的安全距离。

3. 正确保管维护方法

梯子应储存在干燥、清洁、通风良好的室内进行编号，定置摆放。梯子不得放在室外风吹雨淋及潮湿的环境，不得与其他材料、杂物堆放在一起，竹、木梯要做好防虫防蛀。

【小贴士】

"一带一路"上的
中国工程师
王晶：深耕风力
发电机的技术
创新，让中国
制造走向世界

【拓展】

机械伤害防护

# 附　录

视频11
风电作业危险点
辨识及预控措施

**附表1**　　　　　　　　　　　　　　　风电作业危险点辨识

| 项目 | 定义 | 内容 |
|---|---|---|
| 风险点划分 | 风险点定义 | 风险点：风险伴随的设施、部位、场所和区域，以及在设施、部位、场所和区域实施的伴随风险的作业活动，或以上两者的组合 |
| | 风险点类型 | 1）设备设施：包括了化工装置、特种设备、安全设施、消防设施、职业健康防护设施、公辅设施、工器具等。<br>2）作业活动：涵盖生产经营全过程所有常规和非常规状态的作业活动。如危险作业、设备操作等。<br>3）部位场所：对于生产经营全过程中"设备设施""作业活动"未覆盖到的，应采用"部位场所"进行补充，确保风险点全覆盖 |
| | 风险点确定的方法 | 可按照作业现场、公辅设施、储存区域等功能分区进行划分。按照工艺流程，采用先"作业活动"、再"设备设施"，最后"部位场所"的确定方法 |
| 辨识危险源 | 危险源 | 可能导致伤害和健康损害的根源。危险源＝致害物＋伤害方式 |
| | 危险源的五种类型 | 1）人的动作。<br>2）致害物的运动。<br>3）致害物的状态。<br>4）接触致害物。<br>5）吸收有害物质 |
| | 辨识危险源常用的三种方法 | 1）观察和讨论法。<br>2）参考资料法。<br>3）专家法 |
| | 危险源的三种时态 | 过去：以往遗留的职业健康安全问题和过去发生的职业健康安全事故。<br>现在：指组织现在产生的职业健康安全问题。<br>将来：指组织将来产生的职业健康安全问题 |
| | 危险源的三种状态 | 正常：在日常的生产条件（即正常运行或操作）下可能产生的职业健康安全问题。<br>异常：在可以预见到的情况下产生的与正常状态有较大不同的问题。<br>紧急：如火灾、爆炸、大规模泄漏、设施和仪器故障、台风、洪水等突发情况 |
| 制定有效的管控措施 | | 1）企业要对辨识出的安全风险进行分类梳理，参照 GB 6441—1986《企业职工伤亡事故分类》，综合考虑起因物、引起事故的诱导性原因、致害物、伤害方式等，确定安全风险类别。<br>2）先制定可防控事故的直接措施，再转化为管理措施：①编制作业规程；②加强安全培训；③加强日常监督。<br>3）制定切实有效的直接措施，用管理手段将直接措施落地 |

**附表 2** 　　　　　　　　　　　　　**风电机组检修作业预控措施**

| 工作内容 | 危险点 | 预控措施 | 备注 |
|---|---|---|---|
| 机组检修 | 触电 | 1）事前做好万用表绝缘检查，确认完好无损后进行作业。<br>2）对作业人员进行安全交底，严禁测量发电机绝缘不锁叶轮，不进行验电。<br>3）作业前对加水装置进行线路检查，确认没有出现线路裸露方可使用。<br>4）机组停机半小时后进行断电，放电之后进行验电，确认无电后可操作。<br>5）滑环维护时断掉机舱柜中有关滑环的电，并拔掉哈丁头产生明显的断开点 | |
| | 精神状态 | 安全站前关注人员状态，精神萎靡或生病人员禁止进入现场工作 | |
| | 高空坠落 | 1）使用提升机必须装设防护栏，人员穿安全衣挂安全绳并与吊物孔保持安全距离。<br>2）严禁在爬塔过程中接打电话。<br>3）项目检修清单里规定每次检修时做好安全钢丝绳的检查，对发现有问题的钢丝绳及时进行处理，并对每位项目人员进行安全告知。<br>4）作业人员进行轮毂作业时，佩戴头灯，检查叶片盖板是否丢失。<br>5）人员在爬塔时必须穿戴劳动防护用品。<br>6）严禁高处作业不佩戴安全带。<br>7）人员穿戴安全防护设备，将双钩挂在稳定可靠之处。<br>8）机舱作业必须穿戴好个人安全用品 | |
| | 其他伤害 | 1）严禁人员单独作业。<br>2）人员在切断扎带时佩戴护目镜。<br>3）现场配备护目镜，在对机组进行加水时，提醒人员佩戴护目镜。<br>4）对于水冷机组要求项目配备多双防水手套，无防水手套严禁进行机组加水作业。<br>5）变桨减速器表面有油污，及时用大布进行擦拭，检查变桨减速器。<br>6）人员佩戴头灯，并对机舱，塔筒内部损坏的照明设备进行修复。<br>7）在偏航时做好人员沟通，确认所有人员站好扶稳，所有人员远离旋转部件 | |
| | 物体打击 | 1）携带物品人员遵循先下后上原则，人员在攀爬过程中及时盖好盖板门。<br>2）严禁同一塔筒两人或者多人攀爬。<br>3）使用工具包时做好安全检查，确认拉链拉好无超长工器具。<br>4）每年检修时，对牵引钢丝绳等塔筒附件进行检查，发现问题及时采购备件，进行更换。<br>5）使用防坠落绳。<br>6）对机组进行偏航，使吊物口远离塔筒门。<br>7）更换时严禁单人操作，作业人员穿戴劳保鞋。<br>8）严禁抛接工具 | |

| 工作内容 | 危险点 | 预控措施 | 备注 |
|---|---|---|---|
| 机组检修 | 火灾 | 1）作业前开具动火作业票，写明安全措施。<br>2）进行消缺，配备灭火器 | |
| | 职业中毒 | 更换压力设备时进行断电并泄压，同时在操作时佩戴护目镜 | |
| | 机械伤害 | 1）进行作业区必须佩戴安全帽，引导检修方购买专业安全帽头灯附件。<br>2）无防护装置的旋转部件增加保护罩。<br>3）在变桨时做好人员沟通，确认所有人员站好扶稳，所有人员远离旋转部件 | |
| | 中毒和窒息 | 作业时使用油漆、清洗剂等化学品时佩戴口罩等防护用品 | |
| | 车辆伤害 | 1）行车前做好路书编制，对应地对司机进行安全交底，督促司机做好行车检查。<br>2）乘车人员发现车速过快时对司机进行提示。<br>3）司机提醒乘车人员系好安全带 | |
| 机组巡检 | 触电 | 1）严格按照要求，挂"有人操作，禁止合闸"标示牌。<br>2）主断路器母排，变流柜母牌处裸露无安全防护挡板检修时要对箱变进行断电，人员进行验电，确认无电后方可操作。<br>3）对于储能原件，作业前必须进行放电，之后进行验电，确认无电后方可操作。<br>4）机组上电测相序时必须佩戴绝缘手套。<br>5）更换滤波柜电阻条必须锁定叶轮及放电。<br>6）雷雨天气严禁人员靠近风机，作业的人员撤离风机。<br>7）电气作业前必须先断电、放电、验电，确认无电后方可进行操作，作业时必须佩戴合格的防护用品 | |
| | 其他伤害 | 1）操作液压系统时带护目镜。<br>2）使用角磨机必须使用护目镜。<br>3）登机检修时必须对风机维护，锁定叶轮将两个锁定销完全推进。<br>4）发现油污及时清理，注意脚下，人员相互提醒 | |
| | 物体打击 | 1）作业人员严禁高空抛物，所有人员作业时必须佩戴安全帽。<br>2）人员接近风机时佩戴安全帽。<br>3）严禁未佩戴大工具包进行吊物，液压站必须单独一钩，严禁超长工具进行吊装。<br>4）进入塔筒时放下塔筒门插销，固定塔筒门。<br>5）需要两人配合，注意发力和口号一致，人员佩戴手套，抓稳抓牢 | |
| | 精神状态 | 安全站前关注人员状态，精神萎靡或生病人员禁止进入现场工作 | |
| | 火灾 | 1）作业后进行环境检查并对环境进行打扫，清点所携带的工器具，确保没有遗留物品。<br>2）严禁在机组周围及机组内部吸烟 | |
| | 高处坠落 | 1）每次检修时对导流罩螺栓进行检查。<br>2）每次检修对机组爬梯进行检查，禁锢爬梯螺栓。<br>3）打开吊物孔门时人员必须穿戴安全防护措施，双钩挂在牢固可靠的地方。<br>4）进入风机前对风机进行观察。<br>5）对劳保穿戴进行培训，要求所有人员进入机组严格按照要求穿戴个人防护用品。<br>6）人员穿戴安全衣，悬挂双钩，注意脚下线缆，防止摔倒 | |

| 工作内容 | 危险点 | 预控措施 | 备注 |
|---|---|---|---|
| 机组巡检 | 机械伤害 | 1) 风速超过 11m/s 进入叶轮作业。<br>2) 严禁佩戴手套接触旋转部件。<br>3) 培训工器具使用方法，在使用过程中严格按照要求使用。<br>4) 安全站班中进行告知，工作中远离旋转部件 | |
| | 中毒和窒息 | 对作业人员进行安全告知、培训，作业前对叶片内部进行通风，作业 1 小时必须透气休息 | |
| 大部件更换 | 物体打击 | 1) 搬运重物时应多人配合搬运，同时穿好劳保鞋，戴好手套。<br>2) 培训工器具使用方法，在使用过程中严格按照要求使用。<br>3) 安全交底时告知相关方劳保使用要求，并在每日站班中进行宣贯。<br>4) 吊装过程中进行试吊，发现不稳时，立即到地面进行调整。<br>5) 严禁吊装过程中不设置防护栏，人员与吊物孔保持安全距离。<br>6) 相应工具按照要求摆放。<br>7) 对叶片保护套进行检查，确保护套正常可用 | |
| | 机械伤害 | 1) 培训工器具使用方法，在使用过程中严格按照要求使用。<br>2) 焊接、切割工作前开具动火作业票，按照工作票严格执行相关安全措施 | |
| | 高处坠落 | 1) 安全交底时告知相关方劳保使用要求，并在每日站班中进行宣贯。<br>2) 作业前对高空平台进行检查，确保平台正常 | |
| | 起重伤害 | 1) 对作业人员进行安全交底，严禁吊装过程中不设置防护栏，人员与吊物孔保持安全距离。<br>2) 吊装前进行安全交底，对吊装危险源进行分析，明确职责分工。<br>3) 入场前对特种设备进行审核，严禁不合格设备进入现场 | |
| | 触电 | 支车时严格按照安全要求，与架空线路保持安全距离 | |
| 叶轮锁定 | 机械伤害 | 1) 每日站班严格按照红线要求，进入轮毂必须将两侧叶轮锁定销全部旋入。<br>2) 在日常维护或者检修过程中，锁定叶轮时，叶轮锁定故障未报出，变桨未顺桨时，要对机组进行偏航侧风；并有专人监护查看风速提醒，风速超过 11m 禁止锁定叶轮 | |
| 提升机 | 物体打击 | 1) 提升机在运行吊物时，下方严禁站人，在工作前对人员进行安全告知，降低安全风险，工作中实施监护。<br>2) 使用提升机进行吊物时，完成后必须关闭盖板门 | |
| | 触电 | 1) 做好安全培训及提升机操作培训。<br>2) 风速大于 10m/s 禁止使用提升机进行吊物 | |
| | 高空坠落 | 1) 当发现提升机有打结情况时，应立即停止使用，整改后，没有安全隐患再使用，避免发生安全事故。<br>2) 要求对吊物品进行二次绑扎，使用吊带应符合实际吊物的重量要求。<br>3) 做好安全培训及提升机操作培训，避免发生提升机超负荷运行，发生安全事故。<br>4) 使用提升机时对提升机进行检查，在使用提升机时禁止出现违规操作，提升机吊物孔下严禁站人。<br>5) 进行安全交底，作业人员在操作提升机时要先穿戴安全衣，挂双钩。<br>6) 严禁提升机吊人，现场进行监管 | |

续表

| 工作内容 | 危险点 | 预控措施 | 备注 |
|---|---|---|---|
| 变桨减速器、变桨电机、偏航减速器、偏航电机更换作业 | 触电 | 电气作业前必须先断电、验电，验明无电压后再进行操作 | |
| | 机械伤害 | 搬运过程使用适当的工具器，同时也可使用手拉葫芦进行辅助搬运，人员搬运动作协调，保持受力的一致性 | |
| | 其他伤害 | 使用提升机提升减速器时，必须将减速器分级拆开提升 | |
| | 物体打击 | 工作环境的油污以及鞋上的泥必须清理干净，轮毂搬运减速器时人员相互配合，将减速器分拆为小部件到轮毂内重新进行组装 | |
| 更换偏航制动器 | 机械伤害 | 1）两人抬制动器时注意配合，小心夹手。<br>2）使用电动扳手时禁止佩戴手套，工作必须穿好防砸劳保鞋。<br>3）做好安全技术交底，作业过程专人监督，作业人员持证上岗，做好警戒，带好工具和辅材，对更换下来的油孔进行封堵。<br>4）作业时注意沟通协调，未沟通确认安全禁止偏航。<br>5）入场前做好工器具的使用说明，人员禁止站在力矩扳手的反作用力力臂内 | |
| | 耳、鼻、喉、口腔疾病 | 打力矩前戴好耳塞 | |
| 齿形带更换 | 机械伤害 | 1）严格按照作业指导书进行更换齿形带。<br>2）禁止靠近转动部位，禁止未经允许变桨。<br>3）机械伤害专项应急预案 | |
| | 物体打击 | 对作业人员进行安全技术交底，齿形带更换过程专人监督，正确使用个人劳动防护用品 | |
| 升降机使用 | 高空坠落 | 1）升降机开关门损坏停止使用，打印危险标志。<br>2）升降机上下限位开关失效，更换上下限位开关，禁止屏蔽。<br>3）培训电梯使用技能。<br>4）升降机防护栏及时关闭 | |
| | 物体打击 | 升降机导向绳太松，受训人员进行拉紧，拉紧后仍然松的，联系厂家进行处理 | |

**附表3** 风电场建设

| 工作内容 | 危险点 | 预控措施 | 备注 |
|---|---|---|---|
| 机组吊装 | 车辆伤害 | 对运输司机进行安全告知，提前进行路勘修整，指派专人监督 | |
| | 起重伤害 | 1）对吊车司机进行安全告知，现场指派专人监督指导。<br>2）多台吊车同时作业时，对吊车司机进行安全告知，现场指派专人监督指导。<br>3）使用合格吊索具，正确使用吊索具核对检查吊装工具，现场指派专人监督指导，核对检查吊装工具。<br>4）指定总指挥，严格审核入场资质。<br>5）严禁人员在吊物下作业。<br>6）吊装场地空间狭小情况，提前进行路勘，制定吊装方案。<br>7）时刻关注风速曲线，吊装时突发阵风，必要时停工 | |
| | 物体打击 | 起吊过程绑扎牢固，进行试吊调整 | |
| | 机械伤害 | 1）多台吊车同时作业转动时，现场指派专人监督指导并设置警示灯。<br>2）夜间作业环境，照明光线足够，执行夜间作业申请制度 | |
| | 高空坠落 | 1）人员在机舱边缘作业时系挂安全带。<br>2）在未安装梯子的塔筒内作业，设置临时攀登设备 | |

续表

| 工作内容 | 危险点 | 预控措施 | 备注 |
|---|---|---|---|
| 风机卸车 | 起重伤害 | 1）由于下雨道路虚软，起重设备做负荷试验，吊车放置钢板，吊装场地用工业废料压实度测试。<br>2）起吊前检查钢丝绳、吊装带磨损情况，设置警戒区域。<br>3）多台吊车同时作业时专人指挥，使用规定指挥手势或对讲机，在规定风速内吊装卸货，吊件上拴上牢固的溜绳 | |
| | 物体打击 | 多台吊车同时作业时专人指挥，使用规定指挥手势或对讲机，在规定风速内吊装卸货，吊件上拴上牢固的溜绳 | |
| | 机械伤害 | 1）正确穿戴劳保用品。<br>2）对现场人员安全告知和交底。<br>3）设置警戒区域 | |
| 安装验收 | 物体打击 | 安全交底，佩戴安全帽，过程监护 | |
| | 高空坠落 | 1）检查电缆使用防坠装置，穿戴劳保用品。<br>2）出机舱未使用防坠落装置，过程监护。<br>3）严禁攀爬风机不使用安全衣、双钩 | |
| | 火灾 | 严禁现场工作人员在现场抽烟或明火作业 | |
| | 中毒和窒息 | 进行防腐漆、防锈漆喷涂时使用防毒口罩 | |
| | 耳、鼻、喉、口腔疾病 | 打力矩时使用耳塞 | |
| 接线 | 触电 | 1）接线时按工艺要求压线鼻子。<br>2）叶轮锁定后再安装动力电缆 | |
| | 物体打击 | 交叉作业时注意高空坠物，佩戴安全帽 | |
| | 高空坠落 | 安全交底，穿戴劳保用品 | |
| | 灼烫 | 使用热风枪注意选择适当的温度，使用完毕后立即关闭电源 | |

**附表 4　　　　　　　　　　风电机组安装及调试**

| 工作内容 | 危险点 | 预控措施 | 备注 |
|---|---|---|---|
| 静调、动调过程 | 触电 | 1）人员在检查塔底螺栓或风道作业时，禁止触碰主断路器裸露的母排。<br>2）机组上电测相序时佩戴绝缘手套，调试时发现相序接错先断电再进行倒相序操作。<br>3）处理电气故障时，断电后须验电；带电调试时谨慎操作，防止误碰带电设备。<br>4）检查风机变桨柜航空插头，先断滑环电源 | |
| | 物体打击 | 1）攀爬风机时，塔架平台盖板及时关闭，谨防工具或备件从攀爬处滑落。<br>2）作业时严禁高空抛物。<br>3）冬季叶片覆冰，启机时人员远离机组，佩戴好安全帽 | |
| | 机械伤害 | 1）操作变桨前通知其他工作人员，得到回答后再操作。<br>2）严禁触碰联轴器、偏航轴承、偏航齿、高速刹车等旋转部位，旋转部位必须有防护罩；没有防护罩的部位设立警示标志，并进行警戒隔离 | |

续表

| 工作内容 | 危险点 | 预控措施 | 备注 |
|---|---|---|---|
| 免爬器使用 | 高空坠落 | 1) 严禁超重运行（大于 120kg），每年对免爬器进行维护检查，尽量使用提升机进行货物运送，必要时人、货分开上下塔筒。<br>2) 每人配备一个防坠落锁扣，上下塔筒期间必须使用。<br>3) 使用前检查免爬器上下功能受控 | |
| | 物体打击 | 尽量使用提升机运送货物，货物固定牢固，严禁使用遥控方式进行物件运送 | |
| 助爬器使用 | 物体打击 | 1) 使用前对助爬器绳连接处进行检查，如出现有断裂迹象，立即停止使用，打印危险标志，联系厂家进行维修。<br>2) 每次登塔作业时，在偏航平台对助爬器塔筒扶梯顶部定滑轮固定情况进行检查，发现松动及时紧固；登塔作业上下塔时及时关闭塔筒各层平台盖板；使用助爬器前对助爬器绳的紧度进行检查，如出现松动情况，禁止使用助爬器进行登塔 | |
| | 机械伤害 | 助爬器安装时严格要求助爬器厂家进行安全提升力设定，现场作业人员禁止私自修改提升力设定 | |
| 助爬器、免爬器安装 | 其他伤害 | 作业时对安全带进行检查，遵守安全带的使用规范；对作业的工作环境评估，采用合适现场的防护措施 | |
| | 物体打击 | 1) 作业时严禁高空抛物。<br>2) 设备安装过程中，佩戴安全帽，及时关闭塔筒各层平台盖板，避免物品从高空坠落砸伤下面作业人员 | |
| | 高空坠落 | 1) 对作业人员进行安全告知（交底）。加强人员教育现场监督检查、宣贯管理制度规范行为。<br>2) 设备安装过程中，时刻关注环境变化，严禁大风天工作 | |
| 升降机使用 | 高空坠落 | 1) 升降机开关门损坏，停止使用，打印危险标志。<br>2) 升降机上下限位开关失效，更换上下限位开关，禁止屏蔽。<br>3) 及时关闭升降机防护栏 | |
| | 物体打击 | 升降机导向绳太松，现场受训人员进行拉紧，如拉紧后仍然松的，停止使用，联系厂家进行处理 | |
| 升降机安装 | 高空坠落 | 1) 工作前检查安全衣是否良好，操作前穿好安全衣，确认安全衣挂点是否牢靠。<br>2) 工具在高空使用时做好防坠落处理，高空作业，下方严禁站人。<br>3) 严禁高空交叉作业 | |
| 交通安全 | 车辆伤害 | 1) 恶劣天气严禁出车。<br>2) 控制车辆承载物数量及重量，严禁发生超载现象。<br>3) 由项目负责人或作业负责检查司机的状态，乘坐项目车辆人员监控项目车辆行车情况，发现不符合需及时纠正或沟通，严重情况接触合作。<br>4) 项目自主管理执行情况，事业部对车辆 GPS 数据监控。<br>5) 每年对司机进行不少于 4 次安全教育，杜绝违章驾驶行为 | |
| | 中毒和窒息 | 车内睡觉熄火，打开两扇车窗 2cm | |
| | 化学性爆炸 | 严禁携带易燃易爆炸等危险品上车 | |

续表

| 工作内容 | 危险点 | 预控措施 | 备注 |
|---|---|---|---|
| 库房作业 | 火灾 | 1）清理消防通道，保留足够的安全通行距离。<br>2）每月巡检时查看，发现过期、失效灭火器及时更换、重装。<br>3）仓储场地禁止吸烟，对员工安全告知．培训，库房张贴警示标志。<br>4）组织开展火灾应急预案演练。<br>5）易燃物要单独存放在库房内，禁止与备件．油品等物资混放 | |
| | 触电 | 1）每周对库房内用电情况进行检查，确保无老化发热现象。<br>2）库房内禁止临时用电或私拉线路 | |
| | 坍塌 | 将货物进行固定，货架上方禁止存放重物或大件 | |
| | 化学性爆炸 | 将厂家物资张贴标识，存入危化品库房或交由厂家管理 | |
| | 其他伤害 | 1）货物分类摆放，禁止超高堆叠。<br>2）在化学品灌装桶上张贴标识。<br>3）严格执行库房6S管理，张贴安全标志，危化品柜内物品分类摆放，易燃废弃物及时清理 | |
| 自然环境 | 其他伤害 | 1）温度超过37度尽量避免户外作业，温度超过40度禁止户外作业。<br>2）社会环境不良，流行疾病，暴力恐怖袭击事件严格执行应急处置方案 | |

**附表5　　　　　　　　　　变电站内设备安装及定检**

| 工作内容 | 危险点 | 预控措施 | 备注 |
|---|---|---|---|
| 1. 变压器安装及定检。<br>2. 断路器安装及定检。<br>3. 隔离开关安装及定检。<br>4. 电压互感器安装。<br>5. 电流互感器安装。<br>6. 避雷器安装及定检。<br>7. 高压开关柜安装及定检。<br>8. 设备更换。<br>9. 设备检修 | 触电 | 1）高压设备接地时巡视穿绝缘靴，戴绝缘手套。<br>2）雷雨天气巡视设备穿绝缘靴。<br>3）带电设备装设遮拦围栏，并上锁。<br>4）运行带电设备装设围栏并上锁，架构爬梯上锁，装设警示牌，防止人员误入。<br>5）设备投运前，防误闭锁装置同时验收投运。<br>6）将检修设备的各方面电源断开取下熔断器，在开关或刀闸操作把手上挂"禁止合闸，有人工作！"的标示牌。<br>7）清扫设备时，注意防止短路，必要时采取停电措施。<br>8）操作后的检查项写入操作票，严禁随意解除防误装置，严禁移开或越过遮栏。<br>9）进行二次工作，严禁TA开路。<br>10）在电流互感器与短路端子之间导线上进行任何工作，应有严格的安全措施，并填写"二次工作安全措施票"。必要时申请停用有关保护装置、安全自动装置或自动化监控系统。<br>11）电容类、电抗类设备必须逐项充分放电。<br>12）进行绝缘摇测时，须两人进行，有人监护下开展；摇测绝缘前，验明所测试设备无电；摇测绝缘时佩戴绝缘手套。<br>13）严禁私拉乱扯现场临时施工电源。<br>14）高压开关柜内手车开关拉出后，隔离带电部位的挡板封闭后禁止开启，并设置"止步，高压危险！"的标示牌。<br>15）全部工作完毕后，工作班应清扫、整理现场。工作负责人应先周密地检查，待全体作业人员撤离工作地点后，再向运维人员交代所修项目、发现的问题、试验结果和存在问题等，并与运维人员共同检查设备状况、状态，有无遗留物件，是否清洁等，然后在工作票上填明工作结束时间。经双方签名后，表示工作终结。<br>16）使用安全工器具前对工器具进行检查，确保工器具完好并在有效期内 | |

续表

| 工作内容 | 危险点 | 预控措施 | 备注 |
|---|---|---|---|
| 1. 变压器安装及定检。<br>2. 断路器安装及定检。<br>3. 隔离开关安装及定检。<br>4. 电压互感器安装。<br>5. 电流互感器安装。<br>6. 避雷器安装及定检。<br>7. 高压开关柜安装及定检。<br>8. 设备更换。<br>9. 设备检修 | 物体打击 | 1）大风天气，禁止在变电站架构下穿越。<br>2）进入升压站必须正确佩戴安全帽。<br>3）按照徒手搬运操作规程进行搬运重物。<br>4）外来有人员进入变电站，必须在运维人员的监护下开展工作，必须佩戴安全帽。<br>5）在继电保护装置、安全自动装置及自动化监控系统屏（柜）上或附近进行打眼等振动较大的工作时，应采取防止运行中设备误动作的措施，必要时向调控中心申请，经值班调控人员或运维负责人同意，将保护暂时停用。<br>6）上下传递物件应用绳索拴牢传递，禁止上下抛掷。<br>7）做好物品防坠落的措施 |  |
|  | 高空坠落 | 1）临边作业时，使用合格的安全带。<br>2）使用前检查劳保品完好。<br>3）高处作业人员在作业过程中，应随时检查安全带是否拴牢。高处作业人员在转移作业位置时不得失去安全保护 |  |
|  | 中毒和窒息 | 进入 35kV 配电室及 GIS 室检查气体检测仪无告警 |  |
|  | 其他伤害 | 1）进出开关室扶好门。<br>2）冬季雪后及时清理积雪。<br>3）工作许可人与工作负责人检查所做的安全措施是否正确完备。<br>4）工作前对工作班成员进行危险点告知，交代安全措施和技术措施，并确认每一个工作班成员已知晓。<br>5）各项定期轮换实验应按照时间节点完成 |  |
|  | 灼烫 | 刚焊接完成的焊口或焊条头温度较高，不得触碰 |  |
|  | 火灾 | 1）动火作业前准备消防设备，并清理易燃物。<br>2）升压站杂物定点存放，避免与电源线距离过近。防火设施配置齐全，定期检查。<br>3）禁止把氧气瓶及乙炔气瓶放在一起运送，也不准与易燃物品或装有可燃气体的容器一起运送。<br>4）使用中的氧气瓶和乙炔气瓶应垂直放置并固定起来，氧气瓶和乙炔气瓶的距离不得小于 5m，气瓶的放置地点不准靠近热源，应距明火 10m 以外。<br>5）凡盛有或盛过易燃易爆等化学危险物品的容器、设备、管道等生产、储存装置，在动火作业前应将其与生产系统彻底隔离，并进行清洗置换，经分析合格后，方可动火作业。<br>6）在设备区工作，禁止吸烟 |  |

附表 6　　　　　　　　　　　　　　　电气设备故障处理

| 工作内容 | 危险点 | 预控措施 | 备注 |
|---|---|---|---|
| 1. 电气设备检修。<br>2. 故障处理。<br>3. 安全装置管理 | 高空坠落 | 1）攀登杆塔作业前，应先检查根部、基础和拉线是否牢固。<br>2）新立杆塔在杆基未完全牢固或做好临时拉线前，禁止攀登。<br>3）遇有冲刷、起土、上拔或导地线、拉线松动的杆塔，应先培土加固，打好临时拉线或支好架杆后，再行登杆 | |
| | 触电 | 1）临时用电根据载荷要求规范接线，做好标记，严禁私拉乱接。<br>2）严格要求人员进出入生产作业区必须严格佩戴安全帽；根据安全帽有效期，及时进行更换报废。<br>3）投运前严格对设备接线进行验收，保证设备接线与设备实际接线；工作前对设备充分进行验电。<br>4）使用安全工器具前对工器具进行检查，确保工器具完好并在有效期内。<br>5）五防万能解锁钥匙封存管理，使用需要进行审批登记。<br>6）防误闭锁装置系统安装完毕后进行验收逻辑是否正确；操作前先在五防机上进行模拟操作，操作合格后方可进行遥控操作。<br>7）在电流互感器与短路端子之间导线上进行任何工作，应有严格的安全措施，并填写"二次工作安全措施票"。必要时申请停用有关保护装置、安全自动装置或自动化监控系统。<br>8）电容类、电抗类设备必须逐项充分放电 | |
| | 机械伤害 | 1）使用合理适宜的消缺工具。<br>2）工具要按照使用说明书的方法进行使用。<br>3）正确穿戴好齐全的劳动防护用品。<br>4）搬运时正确使用搬运工器具，防止设备损坏，人员受伤 | |

附表 7　　　　　　　　　　　　　　　站外巡检作业

| 工作内容 | 危险点 | 预控措施 | 备注 |
|---|---|---|---|
| 1. 更换拉线。<br>2. 更换架空地线金具。<br>3. 更换绝缘子。<br>4. 拆除作业。<br>5. 线路巡视 | 触电 | 1）拉合跌落熔断器有人监护。<br>2）拉合跌落熔断器必须佩戴安全帽、穿绝缘靴、戴绝缘手套，先拉开中间相，后拉开两边。<br>3）送电前检查送电范围内接地线均已拆除。<br>4）各设备双重名称标识粘贴清晰。<br>5）操作按钮的分合指示、旋转方向等标注明确。<br>6）线路巡线时，注意观察，发现电线坠落，不得靠近。<br>7）箱变操作有人监护；操作箱变高压负荷开关使用专用绝缘杆，戴绝缘手套。<br>8）送电前摇测绝缘合格方可送电。<br>9）送电时两人进行，监护操作。<br>10）测量作业时，2人一组进行监护；解开或恢复杆塔、配电变压器和避雷器的接地引线时，应戴绝缘手套。<br>11）在电流互感器与短路端子之间导线上进行任何工作，应有严格的安全措施，并填写"二次工作安全措施票"。必要时申请停用有关保护装置、安全自动装置或自动化监控系统 | |

续表

| 工作内容 | 危险点 | 预控措施 | 备注 |
|---|---|---|---|
| 1. 更换拉线。<br>2. 更换架空地线金具。<br>3. 更换绝缘子。<br>4. 拆除作业。<br>5. 线路巡视 | 物体打击 | 1) 拉合跌落熔断器必须佩戴安全帽、穿绝缘靴、戴绝缘手套，有人监护。<br>2) 接地线装设必须确保三相均已接地，按照规定的深度埋设。<br>3) 严禁带张力进行剪线工作。<br>4) 巡视线路时，下车必须佩戴安全帽，防止高空坠物。<br>5) 修剪线路周围树木时，砍剪树木应有专人监护，待砍剪的树木下面和倒树范围内不准有人逗留；城区、人口密集区应设置围栏，防止砸伤行人；为防止树木（树枝）倒落在导线上，应设法用绳索将其拉向与导线相反的方向。<br>6) 上下传递物件应用绳索拴牢传递，禁止上下抛掷。<br>7) 杆塔上有人作业，严禁下方人员停留，防止物体掉落伤人，设专人监护。<br>8) 攀登有覆冰、积雪的杆塔时，攀登前，清理杆塔上的覆冰及积雪，设专人监护 | |

附表 8　　　　　　　　　　停电送电操作

| 工作内容 | 危险点 | 预控措施 | 备注 |
|---|---|---|---|
| 1. 变压器停送电操作。<br>2. 断路器操作。<br>3. 隔离开关操作。<br>4. 互感器操作。<br>5. 接地刀闸操作。<br>6. 接地线。<br>7. 倒闸操作 | 触电 | 1) 操作过程必须佩戴安全帽，穿绝缘靴，戴绝缘手套。<br>2) 与带电设备保持安全距离。<br>3) 调令录音、复诵，调令书面记录，典型票多人审核修订，操作前模拟预演，安排对设备熟悉人员操作、监护。<br>4) 安全工器具每月检查，临期送检，操作借用前检查。<br>5) 送电前确认工作结束，安排拆除人员撤离，具备送电条件。<br>6) 严禁雷雨天气倒闸操作。<br>7) 装拆高压熔断器（保险），戴护目镜和绝缘手套，正确使用绝缘工具 | |
| | 物体打击 | 1) 使用绝缘凳时专人扶好。<br>2) 夜间操作保证照明充足，携带合格的照明器具 | |

# 参 考 文 献

[1] 邵联合，周建强．风力发电机组运行与维护［M］．北京：中国电力出版社，2018.

[2] 叶杭冶．风力发电机组监测与控制［M］．2 版．北京：机械工业出版社，2019.

[3] 洪霞，黄华圣，郑宁，等．风力发电技术［M］．2 版．北京：中国电力出版社，2019.

[4] 李昆．风力发电设备原理［M］．北京：中国电力出版社，2020.

[5] 风力发电职业技能鉴定教材编写委员会．风力发电机组维修保养工：初级［M］．北京：知识产权出版社，2016.

[6] 风力发电职业技能鉴定教材编写委员会．风力发电机组维修保养工：中级［M］．北京：知识产权出版社，2016.

[7] 风力发电职业技能鉴定教材编写委员会．风力发电机组维修保养工：高级［M］．北京：知识产权出版社，2016.

[8] 付蓉，马海啸．新能源发电与控制技术［M］．北京：中国电力出版社，2015.

[9] 新疆金风科技股份有限公司．风力发电机组运维职业技能教材［M］．北京：知识产权出版社，2022.

[10] 姚兴佳，宋俊．风力发电机组原理与应用［M］．4 版．北京：机械工业出版社，2021.

[11] 刘靖，张润华．风电场运行维护与检修技术［M］．北京：化学工业出版社，2015.

[12] 汤晓华，黄华圣，郑宁，等．风力发电技术［M］．北京：中国电力出版社，2014.

[13] 朱莉，潘文霞，霍志红，等．风电场并网技术［M］．北京：中国电力出版社，2011.

[14] 方占萍，张康，冯黎成．风力发电机组安装与调试［M］．北京：化学工业出版社，2023.

[15] 邵联合．风力发电机组运行维护与调试［M］．3 版．北京：化学工业出版社，2021.